U0258160

图解三菱PLC、变频器与触摸屏综合应用

第2版

李响初　余雄辉　章建林　尹冠博等　编著

机械工业出版社

本书系统介绍了三菱 FX_{2N} 系列 PLC、FR－E700 系列变频器和 GOT－F900系列触摸屏综合应用。主要内容包括图解可编程序控制器入门与提高、图解三菱 FR－E700 系列变频器入门与提高、图解三菱 GOT－F900系列触摸屏入门与提高，以及图解三菱 PLC、变频器与触摸屏的综合应用。本书以大量的工程案例为载体，内容编排采取循序渐进、由浅入深、够用和实用的原则，将枯燥的理论与实践紧密结合起来，符合读者的认知规律；具有选材新颖、结构合理、语言通俗易懂、图文并茂、趣味性、科学性和实用性等特点。

本书适用于从事 PLC、变频器和触摸屏应用及开发的工程技术人员作为自学资料和技术革新、设备改造的关键素材；也可作为高等学校和职业院校电气工程、机电一体化等相关专业的教材以及教学参考用书。

图书在版编目（CIP）数据

图解三菱 PLC、变频器与触摸屏综合应用/李响初等编著 . —2 版 . —北京：机械工业出版社，2016.10（2024.8 重印）
ISBN 978－7－111－55176－8

Ⅰ.①图… Ⅱ.①李… Ⅲ.①PLC 技术—图解 ②变频器—图解 ③触摸屏—图解 Ⅳ.①TM571.6－64 ②TN773－64 ③TP334.1－64

中国版本图书馆 CIP 数据核字（2016）第 250453 号

机械工业出版社（北京市百万庄大街22号 邮政编码100037）
策划编辑：徐明煜 责任编辑：徐明煜 朱 林
封面设计：马精明 责任校对：赵 蕊
责任印制：单爱军
保定市中画美凯印刷有限公司印刷
2024 年 8 月第 2 版第 10 次印刷
184mm×260mm · 21.5 印张 · 577 千字
标准书号：ISBN 978－7－111－55176－8
定价：59.00 元

前　言

本书第 1 版出版至今已过去三个年头，在这几年里，PLC、变频器与触摸屏技术均得到了高速发展，三菱 PLC 编程软件已由 SWOPC-FXGP/WIN-C 升级为 GX Developer，三菱变频器与触摸屏产品升级与更新换代也在快速推进。为了能够使读者更好地学习和掌握三菱 PLC、变频器与触摸屏综合应用新技术，我们决定对《图解三菱 PLC、变频器与触摸屏综合应用》一书进行修订。

由于 PLC 编程软件版本升级以及变频器与触摸屏产品的更新换代，第 2 版与第 1 版相比会有较多不同，主要体现在以下两个方面：

第一，以重点突出新技术、新产品应用研究为原则，本次修订对部分章节内容进行了较大幅度的优化和替换。例如编程软件 GX Developer 替换 SWOPC-FXGP/WIN-C，FR-E700 系列新型变频器替换 FR-A540 型变频器，新添加仿真软件 GX Simulator-6 应用研究内容等，进一步凸显本次修订的新颖性和实用性。

第二，为了使读者能够更好地理解和掌握所讲解的内容，本次修订特意在第 1 版的基础上增加和优化了大量工程案例。同时，为便于读者理解和掌握，将工程案例编写体例变更为项目驱动式，内容编排循序渐进、由浅入深，将枯燥的理论与实践紧密结合起来，更加符合读者的认知规律。

本书主要由湖南有色金属职业技术学院李响初、余雄辉、章建林、尹冠博统稿编著，参加本书编写工作的还有王资、阚爱仁、李喜初、李哲、刘拥华、陆运华、蔡振华、李四金、阚敬生、黄桂英、廖艳姚、谢莉、刘志勇、雷远飞、朱执桥、刘艺群、蔡晓春等同仁。

在编撰本书过程中，参考了大量的国内外书刊资料，并采用了其中的一些资料，限于篇幅有限，难以一一列举，在此一并向有关作者表示衷心的感谢。

限于编者学识水平，书中不足和疏漏之处在所难免，恳请有关专家与广大读者朋友批评指正。

编　者
2016 年 8 月于株洲

目　　录

第3篇　图解三菱 GOT – F900 系列触摸屏入门与提高

第4篇　图解三菱 PLC、变频器与触摸屏的综合应用

第1篇 图解可编程序控制器入门与提高

第1章 可编程序控制器（PLC）基础知识

导读：PLC 是以微处理器为核心，综合了计算机技术、自动控制技术和通信技术，由此发展起来的一种通用工业自动控制装置，已成为现代工业控制的三大支柱（PLC、机器人和 CAD/CAM）之一。本章主要介绍其基本结构及工作原理。

1.1 PLC 的产生与发展

1.1.1 PLC 的产生与定义

20 世纪 60 年代末，现代制造业为适应市场需求、提高竞争力，生产出小批量、多品种、多规格、低成本、高质量的产品，要求生产设备的控制系统必须具备更灵活、更可靠、功能更齐全、响应速度更快等特点。随着微处理器技术、计算机技术、现代通信技术的飞速发展，可编程序控制器（PLC）应运而生。

1. PLC 的发展简史

早期的自动化生产设备基本上都是采用继电 – 接触器控制方式，系统复杂程度不高，但自动化水平有限。主要存在的问题包括机械触点、系统运行可靠性差；工艺流程改变时要改变大量的硬件接线，要耗费大量人力、物力和时间；功能局限性大；体积大、耗能多。由此产生的设计开发周期、运行维护成本、产品调整能力等方面的问题，越来越不能满足工业成长的需求。

由于美国汽车制造工业竞争激烈，为适应生产工艺不断更新的需要，1968 年，美国通用汽车（GM）公司根据汽车制造生产线的需要，希望用电子化的新型控制系统替代采用继电 – 接触器控制方式的机电控制盘，以减少汽车改型时，重新设计、制造继电 – 接触器控制装置的成本和时间。通用汽车公司首次公开招标的新型控制器 10 项指标为：

1）编程简单，可在现场修改程序；

2）维护方便，采用插件式结构；

3）可靠性高于继电 – 接触器控制系统；

4）体积小于继电 – 接触器控制系统；

5）成本可与继电 – 接触器控制系统竞争；

6）数据可以直接送入计算机；

7）输入可为市电（PLC 主机电源可以使用 115V 交流电压）；

8）输出可为市电（115V 交流电压，电流达 2A 以上），能直接驱动电磁阀、接触器等；

9）通用性强，易于扩展；

10）用户存储器容量大于 4KB。

1969 年，美国数字设备公司（DEC）根据 GM 公司招标的技术要求，研制出第一台可编程序控制器，并在 GM 公司汽车自动装配线上试用，获得成功。其后，日本、德国等相继引入这项新技术，可编程序控制器由此而迅速发展起来。

在 20 世纪 70 年代初、中期，可编程序控制器虽然引入了计算机的设计思想，但实际上只能完成顺序控制，仅有逻辑运算、定时、计数等控制功能。所以人们将其称为可编程序逻辑控制器，简称 PLC（Programmable Logic Controller）。

20 世纪 70 年代末至 80 年代初，随着微处理器技术的发展，可编程序控制器的处理速度大大提高，增加了许多特殊功能，使得可编程序控制器不仅可以进行逻辑控制，而且可以对模拟量进行控制。因此，美国电气制造商协会（National Electrical Manufactures Association，简称 NEMA）将可编程序控制器命名为 PC（Programmable Controller），但由于 PC 容易和个人计算机（Personal Computer）混淆，故人们仍习惯 PLC 作为可编程序控制器的缩写。

80 年代以来，随着大规模和超大规模集成电路技术的迅猛发展，以 16 位和 32 位微处理器为核心的可编程序控制器得到了迅速发展。这时的 PLC 具有了高速计数、中断技术、PID 调节和数据通信等功能，从而使 PLC 的应用范围和应用领域不断扩大。

近 10 年来，我国的 PLC 研制、生产、应用也发展很快，特别是在应用方面，在引进一些成套设备的同时，也配套引进了不少 PLC。如上海宝钢第一期工程，就采用了 250 台 PLC 进行生产控制，第二期又采用了 108 台。又如天津化纤厂、秦川核电站、北京吉普生产线等都采用了 PLC 控制。

综上所述，可编程序控制器从诞生到现在，经历了三次换代，如表 1-1 所示。

表 1-1　可编程序控制器的发展过程

代次	核心器件	功能特点	应用范围
第一代 1969～1972	1 位微处理器	逻辑运算、定时、计数	替代传统的继电 - 接触器控制
第二代 1973～1975	8 位微处理器及存储器	数据的传送和比较，模拟量的运算，产品系列化	能同时完成逻辑控制、模拟量控制
第三代 1976～1983	高性能 8 位微处理器	处理速度提高，向多功能及联网通信发展	复杂控制系统及联网通信
第四代 1984～至今	32 位、16 位微处理器	实现逻辑、运算、数据处理、联网等多功能	分级网络控制系统

2. PLC 的定义

PLC 的发展初期，不同的开发制造商对 PLC 有不同的定义。为使这一新型的工业控制装置的生产和发展规范化，国际电工委员会（IEC）于 1987 年 2 月颁布的 PLC 标准草案（第三稿）中对 PLC 做了如下定义：可编程序控制器是一种数字运算操作的电子系统，专为在工业环境下应用而设计，它采用可编程序的存储器，用来在其内部存储执行逻辑运算、顺序控制、定时、计数和算术运算等操作命令，并通过数字式、模拟式的输入和输出，控制各种类型的机械或生产过程。可编程序控制器及其有关的外部设备，都应按易于与工业控制系统联成一个整体、易于扩充其功能的原则而设计。

1.1.2　PLC 的特点

PLC 是综合继电－接触器控制系统的优点及计算机灵活、方便的优点而设计制造和发展的，这就使 PLC 具有许多其他控制系统所无法比拟的特点。

1. 可靠性高，抗干扰能力强

由 PLC 的定义知道，PLC 是专门为工业环境下应用而设计的工业计算机，因此人们在设计 PLC 时，从硬件和软件上都采取了抗干扰的措施，提高了其可靠性。

（1）硬件措施

1）屏蔽：对 PLC 的电源变压器、内部 CPU、编程器等主要部件采用导电、导磁良好的材料进行屏蔽，以防外界的电磁干扰。

2）滤波：对 PLC 的输入输出线路采用多种形式的滤波，以消除或抑制高频干扰。

3）隔离：在 PLC 内部的微处理器和输入输出电路之间，采用了光电隔离等措施，有效地隔离了输入输出之间电的联系，减少了故障和误动作。

4）采用模块式结构：这种结构有助于在故障情况下的短时修复。因为一旦查出某一模块出现故障，就能迅速更换，使系统恢复正常工作。

（2）软件措施

1）故障检测：设计了故障检测软件，定期地检测外界环境。如掉电、欠电压、强干扰信号等，以便及时进行处理。

2）信息保护和恢复：信息保护和恢复软件使 PLC 偶发性故障出现时，将 PLC 内部信息进行保护，不遭破坏。一旦故障消失，可恢复原来的信息，使之正常工作。

3）设置了警戒时钟 WDT：如果 PLC 程序循环执行时间超过了 WDT 规定的时间，预示程序进入死循环，立即报警。

4）对程序进行检查和检验，一旦程序有错，立即报警，并停止执行。

由于采用了以上抗干扰的措施，一般 PLC 的平均无故障时间可达到 $(3 \sim 5) \times 10^4 \mathrm{h}$ 以上。

2. 编程直观，简单

PLC 是面向用户、面向现场的控制类器件，常采用梯形图、指令语句表、状态流程图等进行编程。其中梯形图与继电器原理图类似，形象直观，易学易懂。电气工程师和具有一定电气知识基础的电工、操作人员都可以在短时间内学会，使用起来得心应手。

3. 通用性好、使用方便

目前，PLC 产品已标准化、系列化、模块化，可灵活方便地进行系统配置，组成规模不同、功能不同的控制系统。

4. 功能完美，接口功能强

目前，PLC 具有数字量和模拟量的输入/输出、逻辑和算术运算、定时、计数、顺序控制、通信、人机对话、自检、记录和显示等功能，可使设备控制功能大大提高。此外，利用 PLC 接口功能强的特点，可以很方便地将 PLC 与各种不同的现场控制设备相连接，组成应用系统。例如，输入接口可直接与各种开关量和传感器进行连接，输出接口在多数情况下也可直接与各种传统的继电器、接触器及电磁阀等相连接。

5. 安装简单、调试方便、维护工作量小

PLC 控制系统的安装接线工作量比继电－接触器控制系统少得多，只需将现场的各种设备与 PLC 相应的 I/O 端相连。PLC 软件设计和调试大多可在实验室里进行，用模拟实验开关代替输入

信号，其输出状态可以观察 PLC 上相应的发光二极管，也可以另接输出模拟实验板。模拟调试后，再将 PLC 控制系统安装到现场，进行联机调试，这样既省时间又很方便。此外，PLC 配备有许多监控提示信号，能动态地监视控制程序的执行情况，检查出自身的故障，并随时显示给操作人员，为现场的调试和维护提供了方便。

6. 体积小、重量轻、功耗低

由于 PLC 采用半导体大规模集成电路，因此，整个产品结构紧凑、体积小、重量轻、功耗低，以三菱 FX_{0N}–24M 型 PLC 为例，其外形尺寸仅为 130mm×90mm×87mm，重量只有 600g，功耗小于 50W。所以，PLC 很容易装入机械设备内部，是实现机电一体化的理想控制设备。

综上所述，可编程序控制器在性能上优于继电器逻辑控制，与微型计算机、单片机一样，是一种用于工业自动化控制的理想工具。

PLC、继电–接触器控制系统及计算机控制系统的性能比较见表 1-2。

表 1-2　PLC、继电–接触器控制系统及计算机系统的性能比较

项目	PLC	继电–接触器控制系统	计算机控制系统
功能	用程序可以实现各种复杂控制	利用大量继电器布线实现顺序控制	用程序实现各种复杂控制、功能最强
改变控制内容	修改程序，较简单容易	改变硬件接线，工作量大	修改程序，技术难度较大
工作方式	顺序扫描	并行处理	中断处理，响应最快
接口功能	直接与生产设备连接	直接与生产设备连接	要设计专门的接口
可靠性	平均无故障工作时间长	受机械触点寿命限制	一般比 PLC 差
环境适应性	可适应一般工业生产现场环境	环境差会降低可靠性和寿命	要求有较好的环境
抗干扰能力	一般不专门考虑抗干扰问题	能抗一般电磁干扰	要专业设计抗干扰措施
维护	现场检查、维修方便	定期更换继电器，维修费时	技术难度较高
系统开发	设计容易、安装简单、调试周期短	图样多、安装接线工作量大、调试周期长	系统设计较复杂、调试技术难度大，需要有系统的计算机知识
通用性	较好，适应面广	一般是专用	需进行软、硬件改造
硬件成本	比计算机控制系统高	少于 30 个继电器的系统成本最低	一般比 PLC 低

1.2　PLC 的应用和发展前景

1.2.1　PLC 的典型应用

在工程技术中，PLC 在国内外已广泛应用于钢铁、石化、机械制造、汽车装配、电力、轻纺等行业。PLC 的应用形式可归纳为以下几种类型。

1. 开关量逻辑控制

PLC 具有强大的逻辑运算能力，可以实现各种简单和复杂的逻辑控制。它取代了传统的继电–接触器控制系统。

2. 模拟量控制

PLC 中配置有 A-D 和 D-A 转换模块。其中 A-D 模块能将现场的温度、压力、流量 、速度等模拟量经过 A-D 转换变为数字量，再经 PLC 中的微处理器进行处理去进行控制或经 D-A 模块转换后，变成模拟量去控制被控对象，这样就可实现 PLC 对模拟量的控制。

3. 过程控制

现代大中型的 PLC 一般都配备了 PID 控制模块，可进行闭环过程控制。当控制过程中某一个变量出现偏差时，PLC 能按照 PID 算法计算出正确的输出去控制生产过程，把变量保持在整定值上。目前，许多小型 PLC 也具有 PID 功能。

4. 定时和计数控制

PLC 具有很强的定时和计数功能，它可以为用户提供几十甚至上百个、上千个定时器和计数器。其计时的时间和计数值可以由用户在编写用户程序时任意设定，也可以由操作人员在工业现场通过编程器进行设定，实现定时和计数的控制。如果用户需要对频率较高的信号进行计数，则可以选择高速计数模块。

5. 顺序控制

在工业控制中，可采用 PLC 步进指令编程或用移位寄存器编程来实现顺序控制。

6. 数据处理

现代的 PLC 不仅能进行算术运算、数据传送、排序、查表等，而且还能进行数据比较、数据转换、数据通信、数据显示和打印等，它具有很强的数据处理能力。

7. 通信和联网

现代 PLC 一般都具有通信功能，它可以对远程 I/O 进行控制，又能实现 PLC 与 PLC 之间的通信，PLC 与计算机之间的通信，这样用 PLC 可以方便地进行分布式控制。

1.2.2　PLC 的发展前景

近年来，随着电子技术的发展和市场需求的增加，PLC 的结构和功能正在不断改进，各个生产厂家不断推出 PLC 新产品，平均 3～5 年更新换代一次，有些新型中小型 PLC 的功能甚至达到或超过了过去大型 PLC 的功能。现代可编程序控制器具有如下发展前景。

1. 向高速度、大容量方向发展

为了提高 PLC 的处理能力，要求 PLC 具有更快的响应速度和更大的存储容量。目前，有的 PLC 的扫描速度可达 0.1ms/千步左右。PLC 的扫描速度已成为很重要的一个性能指标。

在存储容量方面，有的 PLC 最高可达几十兆字节。为了扩大存储容量，有的公司已使用了磁棒存储器或硬盘。

2. 向超大型、超小型两个方向发展

当前中小型 PLC 比较多，为了适应市场的不同需求，今后 PLC 将向多品种方向发展，特别是向超大型和超小型两个方向发展。现已有 I/O 点数达 14336 点的超大型 PLC，其使用 32 位微处理器、多 CPU 并行工作和大容量存储器，功能较强。

小型 PLC 由整体结构向小型模块化结构发展，可以使配置更加灵活，为了市场需要已开发了各种简易、经济的超小型及微型 PLC，最小配置的 I/O 点数为 8～16 点，以适应单机及小型自动控制的需要，如三菱公司的 α 系列 PLC。

3. 大力开发智能模块，加强联网通信能力

为满足各种自动化控制系统的要求，近年来不断开发出许多功能模块，如高速计数模块、温度控制模块、远程 I/O 模块、通信和人机接口模块等。这些带 CPU 和存储器的智能 I/O 模块既扩展了 PLC 的功能，使用也更灵活方便，扩大了 PLC 的应用范围。

加强 PLC 联网通信的能力是 PLC 技术进步的潮流。PLC 的联网通信有两类：一类是 PLC 之间的联网通信，各 PLC 生产厂家都有自己的专用联网技术；另一类是 PLC 与计算机之间的联网通信，一般 PLC 都有专用通信模块与计算机通信。为了加强联网通信能力，PLC 生产厂家之间也在协商制订通用的通信标准，以便构成更大的网络系统，PLC 已成为集散控制系统（DCS）不可缺少的重要组成部分。

4. 增强外部故障的检测与处理能力

根据统计资料表明，在 PLC 控制系统的故障中，CPU 故障占 5%，I/O 接口故障占 15%，输入设备故障占 45%，输出设备故障占 30%，线路故障占 5%。前两项共 20% 的故障属于 PLC 的内部故障，它可以通过 PLC 本身的软件和硬件实现检测、处理；而其余 80% 的故障属于 PLC 的外部故障。因此，PLC 生产厂家都在致力于研制、开发用于检测外部故障的专用智能模块，以进一步提高系统的可靠性。

5. 编程语言多样化

在 PLC 系统结构不断发展的同时，PLC 的编程语言也越来越丰富，功能也在不断提高。除了大多数 PLC 使用的梯形图语言外，为了适应各种控制要求，出现了面向顺序控制的步进编程语言、面向过程控制的流程图语言、与计算机兼容的高级语言（BASIC、C 语言等）等。多种编程语言的并存、互补与发展是 PLC 进步的一种表现。

6. 标准化

生产过程自动化的要求在不断提高，PLC 的控制功能也在不断增强，过去那种不开放、各品牌自成一体的结构显然不适合，为提高兼容性，在通信协议、总线结构、编程语言等方面需要一个统一的标准。国际电工委员会（IEC）为此制定了国际标准 IEC61131。该标准由总则、设备性能和测试、编程语言、用户手册、通信、模糊控制的编程、可编程序控制器的应用和实施指导八部分内容和两个技术报告组成。

几乎所有的 PLC 生产厂家都表示支持 IEC61131，并开始向该标准靠拢。

1.3　PLC 的基本结构及工作原理

PLC 由于自身的特点，在工业生产的各个领域得到了越来越广泛的应用。而作为 PLC 的用户，要正确地应用 PLC 去完成各种不同的控制任务，首先应了解 PLC 的基本结构和工作原理。

1.3.1　PLC 的基本结构

目前，可编程序控制器的产品很多，不同厂家生产的 PLC 以及同一厂家生产的不同型号 PLC 其结构各不相同，但其基本结构和基本工作原理大致相同。它们都是以微处理器为核心的结构，其功能的实现不仅基于硬件的作用，更要靠软件的支持。PLC 基本结构框图如图 1-1 所示。

PLC 的基本结构可分为两大部分：硬件系统和软件系统。

硬件系统是指组成 PLC 的所有具体单元电路，主要包括中央处理器单元（CPU）、存储器、输入/输出接口、通信接口、编程器和电源等部分，此外还有扩展设备、EPROM 的读写器和打印机等选配的设备。为了维护、调试的方便，许多 PLC 采用模块结构，由中央处理器、存储器组成主控模块，输入单元组成输入模块，输出单元组成输出模块，三者通过专用总线构成主机，并由电源模块集中对其供电。编程器可采用袖珍式编程器，也可采用带有 PLC 编程软件的通用计算机，通过通信接口对 PLC 进行编程。

软件系统是指管理、控制、使用 PLC，并确保 PLC 正常工作的一整套程序。这些程序有来自 PLC 生产厂家的，也有来自用户的，一般称前者为系统程序，后者为用户程序。系统程序是指控制和完成 PLC 各种功能的程序，它侧重于管理 PLC 的各种资源，控制和协调各硬件的正常动作及关系，以便充分发挥整个可编程序控制器的使用效率，方便广大用户的直接使用。用户程序是指使用者根据生产工艺要求编写的应用控制程序，它侧重于应用，侧重于输入、输出之间的逻辑控制关系。

硬件系统、软件系统的具体内容，本书将在第 2 章予以详细介绍。

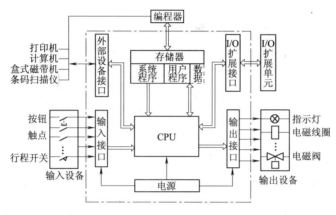

图 1-1 PLC 基本结构框图

1.3.2 PLC 的工作原理

1. PLC 的工作过程

PLC 是采用"顺序扫描，不断循环"的方式进行工作的，即在 PLC 运行时，CPU 根据用户按控制要求编制好并存放于用户程序存储器中的程序，按指令步序号（或地址号）做周期性循环扫描，在无中断或跳转的情况下，按存储地址号递增的方向顺序逐条执行用户程序，直至程序结束。然后重新返回第一条指令，开始下一轮新的扫描。在每次扫描过程中，还要完成对输入信号的采样和对输出状态的刷新等工作。PLC 的扫描工作方式示意图如图 1-2 所示。

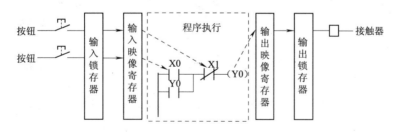

图 1-2 PLC 的扫描工作方式示意图

由图 1-2 可知，PLC 扫描过程主要分为 3 个阶段：输入采样、程序执行、输出刷新。

（1）输入采样阶段

PLC 在开始执行程序之前，首先以扫描方式将所有输入端的通断状态转换成电平的高低状态"1"或"0"并存入输入锁存器中，然后将其写入各自对应的输入映像寄存器中，即刷新输入。随即关闭输入端口，进入程序执行阶段。

需要注意的是，只有采样时刻，输入映像寄存器中的内容才与输入信号一致，而其他时间范围内输入信号的变化是不会影响输入映像寄存器中的内容的，输入信号的变化状态只能在下一个扫描周期的输入处理阶段被读入。

（2）程序执行阶段

PLC 按顺序从 0000 号地址开始的程序进行逐条扫描执行，并分别从输入映像寄存器、输出映像寄存器以及辅助继电器中获得所需的数据进行运算处理，再将程序执行的结果写入输出映像寄存器。但这个结果在全部程序未被执行完毕之前不会送到输出端口。

（3）输出刷新阶段

输出刷新阶段又称为输出处理阶段。在此阶段，当程序执行到 END 指令，即执行完用户所有程序后，PLC 将输出映像寄存器中的内容送到输出锁存器中，并通过一定的驱动装置（继电器、晶体管或晶闸管）驱动相应输出设备工作。

由上述分析很容易看出，PLC 在初始化后，进行循环扫描。PLC 一次扫描的过程包括 5 个主要环节：公共处理、执行程序、循环时间计算处理、I/O 刷新、RS－232 端口服务和外设端口服务。如图 1-3 所示。

图 1-3 中各环节作用如下。

公共处理：复位监视定时器；进行硬件检查、用户内存检查等。检查正常后，方可进行下一步的操作。如果有异常情况，则根据错误的严重程度发出报警或错误警示甚至停止 PLC 运行。

执行程序：CPU 按从左向右和自上而下的顺序对每条指令进行解释、执行；且 CPU 从输入映像寄存器和元件映像寄存器中读出各继电器的状态，根据用户程序给出的逻辑关系（串并联关系等）进行逻辑运算，并将运算结果再写入元件映像寄存器中。

循环时间计算处理：在扫描周期计算处理阶段，若设定扫描周期为固定值，则进入等待循环，直到该指令值到达，再往下进行；若设定扫描周期为不定值（即决定于用户程序的长短等），则进行扫描周期的计算。

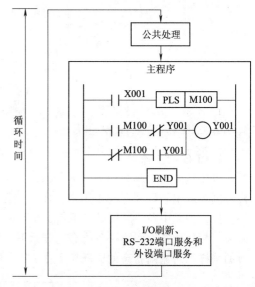

图 1-3　PLC 扫描周期示意图

I/O 刷新：CPU 从输入电路中读取各输入点状态，并将此状态写入输入映像寄存器中；同时将元件映像寄存器的状态传送到输出锁存电路，再经输出电路隔离和功率放大，驱动外部负载。

RS－232 端口服务和外设端口服务：完成与外设端口连接的外围设备或通信适配器的通信处理。

PLC 完成一次扫描 5 个环节所需的时间称为扫描周期（或工作周期），在不考虑外部因素（与编程器通信等）时，其扫描周期 T 为

$$T =（读入一点的时间 \times 输入点数）+（运算速度 \times 程序步数）+$$
$$（输出一点的时间 \times 输出点数）+ 故障诊断时间$$

显然，PLC 扫描时间主要取决于程序的长短，一般每秒钟可扫描数十次以上，这对于工业设备通常没有什么影响。但对控制时间要求较严格、响应速度要求快的控制系统，就应该精确计算响应时间，合理选用指令，精简程序，以尽可能减少扫描周期造成的响应延时等不良影响。

2. I/O 信号传递的滞后现象

根据上述 PLC 的工作过程，可以得出从输入端子到输出端子的信号传递过程，如图 1-4 所示。

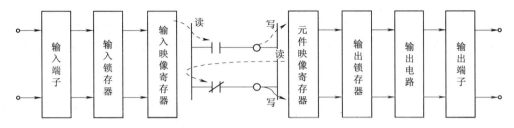

图 1-4 信号传递过程

从微观上来考虑，由于 PLC 特定的扫描工作方式，程序在执行过程中所用的输入信号是本周期内采样阶段的输入信号。若在程序执行过程中，输入信号发生变化，其输出不能及时做出反应，只能等到下一个扫描周期开始时采样该变化了的输入信号。另外，程序执行过程中产生的输出不是立即去驱动负载，而是将处理的结果存放在输出映像寄存器中，等程序全部执行结束，才能将输出映像寄存器的内容通过锁存器输出到端口上。

由上述分析可知，从 PLC 的输入端输入信号发生变化，到 PLC 输出端对该变化做出响应需要一段时间，这段时间称作响应时间或滞后时间，这种现象称为 PLC 输入/输出响应的滞后现象。综合分析该现象产生原因，大致有以下几个方面。

1）以扫描的方式执行程序，其输入/输出信号间的逻辑关系存在着原理上的滞后。这是 PLC 输入/输出响应出现滞后的最主要原因。

2）输入滤波器存在时间常数。输入电路中的滤波器对输入信号有延迟作用，时间常数越大，延迟作用越大。

3）输出继电器存在机械滞后。从输出继电器的线圈得电到其触点闭合需要一段时间，这取决于输出电路的硬件参数，如 FX_{2N} 系列 PLC 输出继电器的滞后时间为 14ms。

由于 CPU 的运算处理速度很快，因此 PLC 的扫描周期都相当短，对于一般工业控制设备来说，这种滞后还是完全可以被接受的。而对于一些输入/输出需要做出快速响应的工业控制设备，PLC 除了在硬件上采用快速响应模块、高速计数模块等以外，也可在软件系统上采用中断处理等措施，来尽量缩短滞后时间。同时，PLC 在循环扫描过程中，占据时间最长的是用户程序的处理阶段，所以对于一些大型的用户程序，如果用户选择指令恰当、编写合理，也有助于缩短滞后时间。

1.3.3 PLC 的分类和常见品牌

1. PLC 的分类

目前，各个厂家生产的 PLC，其品种、规格及功能都各不相同。其分类也没有统一标准，这里仅介绍常见的 3 种分类方法供参考。

（1）按 I/O 点数，可分为小型、中型和大型

I/O 点数为 256 点以下的为小型 PLC，I/O 点数为 64 点以下的为超小型或微型 PLC。

I/O 点数为 256 点以上、2048 点以下的为中型 PLC。

I/O 点数为 2048 点以上的为大型 PLC，I/O 点数为 8192 点以上的为超大型 PLC。

（2）按结构形式，可分为整体式、模块式和紧凑式

整体式 PLC 是将各部分单元电路包括 I/O 接口电路、CPU、存储器、稳压电源均封装在一个

机壳内，称为主机。主机可通过电缆与 I/O 扩展单元、智能单元、通信单元相连接。

模块式 PLC 是将各部分单元电路做成独立的模块，如 CPU 模块、I/O 模块、电源模块以及各种功能模块，其他各种智能单元和特殊功能单元也制成各自独立的模块，然后通过插槽板以搭积木的方式将它们组装在一起，构成完整的控制系统。

紧凑式 PLC 是将整体式、模块式两者优点结合为一体的一种 PLC 结构。其 CPU 和存储器、电源、I/O 等单元依然是各自独立的模块，但它们之间通过电缆进行连接，并且可一层层地叠装，这样既保留了模块式 PLC 可灵活配置之所长，也体现了整体式 PLC 体积小巧的优点。

（3）按功能，可分为低档、中档、高档等

低档 PLC 具有逻辑运算、定时、计数、移位及自诊断、监控等基本功能，有的还有少量的模拟量 I/O、数据传送、运算及通信等功能。

中档 PLC 除具有低档 PLC 的基本功能外，还增加了模拟量输入输出、算术运算、数据传送和比较、数制转换、远程 I/O、子程序调用、通信联网等功能，有些还增设了中断控制、PID 控制等功能。

高档 PLC 除具有中档 PLC 的功能外，还增加了带符号算术运算、矩阵运算、位逻辑运算、二次方根运算及其他特殊功能函数运算、制表及表格传送等。此外，高档 PLC 具有更强的通信联网功能。

不同类型 PLC 常见外形如图 1-5 所示。

a)　　　　　　　　　　　b)　　　　　　　　　　　c)

图 1-5　PLC 常见外形

a）整体式　b）模块式　c）紧凑式

2. PLC 的常见品牌

目前，国内外生产 PLC 的厂家众多，每个厂家的 PLC 都自成系列，可根据 I/O 点数、容量、功能上的需求做出不同选择。PLC 的常见品牌及其典型产品系列如表 1-3 所示。

表 1-3　PLC 的常见品牌及其典型系列产品

常见品牌	国家与地区	产品系列	主要特点
A – B（Allen&Bradley）	美国	PLC – 5	模块式，最大 4096 点
		SLC500	小型模块式，最大 3072 点
通用电气（GE – Fanuc）	美国	Versamax PLC	256 ~ 4096 点
		90 – 30	4096 点基于 Intel386EX 的处理器
		90 – 70	基于 Intel 的处理器
西门子（SIEMENS）	德国	S7 – 200	小型，最大 256 点
		S7 – 300	中型，最大 2048 点
		S7 – 400	大型，最大 32 × 1024 点

（续）

常见品牌	国家与地区	产品系列	主要特点
施耐德（SCHNEIDER）	法国	Twido	紧凑式，最大264点
		Modicon	512～1024点
三菱（MITSUBISHI）	日本	FX	小型，最大256点
		A	中型，最大2048点
		Q	有基本型、高性能型、过程型等
欧姆龙（OMRON）	日本	CPM	小型，最大362点
		C200H SYSMAC a	中型，最大640点
		CV、CS	大型，CS最大5120点
松下电工（Matsushlta Electric）	日本	FP－X	内置高速脉冲输出，最大300点
		FPO	超小型，最大128点
		FP、FP2SH	中型，最大2048点
LS产电（LS Industrial）	韩国	Master－K	最大1024点
		XGB、XGT	XGB最大256点，XGT最大3072点
		GLOFA	最大16000点
台达（DELTA）	中国台湾地区	DVP－E	紧凑式，最大512点
		DVP－S	模块式，最大238点
永宏（FATEK）	中国台湾地区	FBS－MA	经济型，采用自研芯片SoC开发
		FBS－MN NC	定位控制型

在20世纪70年代末和80年代初，我国由于进口国外成套设备、专用设备，引进了不少国外的PLC。此后，在传统设备改造和新设备设计中，PLC的应用逐年增多，且取得了良好效果。目前，我国不少科研单位和工厂也在研制和生产PLC。如辽宁无线电二厂引进德国西门子技术生产的S1－101U、S5－115U系列PLC；与日本合资的无锡华光公司生产的SR－20、SU－516、SG－8等型号的PLC；中国科学院自动化研究所自主研发的0088系列PLC等。但这些产品目前的市场占有率还比较有限。

1.4　PLC的技术规格与产品选型

1.4.1　PLC的技术规格

1. PLC的一般技术规格

PLC的一般技术规格，主要指的是PLC所具有的电气、机械、环境等方面的规格。不同生产厂家的不同产品规格各不相同。大致有如下几种。

1）电源电压。PLC所需要外接的电源电压，通常分为交流电源和直流电源两种形式。

2）允许电压范围。PLC外接电源电压所允许的波动范围，分为交流电压和直流电压两种形式。

3）消耗功率。PLC所消耗电功率的最大值。与上面相对应，分为交流和直流两种形式。

4）冲击电流。PLC能承受的冲击电流最大值。

5）绝缘电阻。交流电源外部所有端子与外壳端子间的绝缘电阻。

6）耐压。交流电源外部所有端子与外壳端子间，在 1min 内可承受的交流电压的最大值。

7）抗干扰性。PLC 可以抵抗的干扰脉冲的峰 - 峰值、脉宽、上升沿。

8）抗振动。PLC 能承受的机械振动的频率、振幅、加速度及在 X、Y、Z 三个方向的时间。

9）耐冲击。PLC 能承受的冲击力强度及 X、Y、Z 三个方向上的次数。

10）环境温度。使用 PLC 的温度范围。

11）环境湿度。使用 PLC 的湿度范围。

12）环境气体状况。使用 PLC 时，是否允许周围有腐蚀性气体等方面的气体环境要求。

13）保存温度。保存 PLC 所需的温度范围。

14）电源保持时间。PLC 要求电源保持的最短时间。

2. PLC 的基本技术性能指标

PLC 的技术性能主要是指 PLC 所具有的软、硬件方面的性能指标。各厂家的 PLC 产品技能、性能也各不相同，且各有特色，这里只介绍一些基本的、常见的技术性能指标。

1）存储容量。存储容量是指用户程序存储器的容量。一般来说，小型 PLC 的用户存储器容量为几 KB，而大型 PLC 的用户存储器容量为几十 ~ 几百 KB。

2）输入/输出点数（I/O 点数）。指 PLC 外部输入、输出端子的总和，是衡量 PLC 性能的重要指标。一般来说，I/O 点数越多，外部可接的输入设备和输出设备就越多，控制规模就越大。

3）扫描速度。一般以执行 1 千步指令所需时间来衡量，故单位为 ms/千步。有时也以执行一步指令的时间计，如 μs/步。

4）指令的功能与数量。指令功能的强弱、数量的多少也是衡量 PLC 性能的重要指标。编程指令的功能越强、数量越多，PLC 的处理能力和控制能力也越强，用户编程也越简单和方便，越容易完成复杂的控制任务。

5）内部元件的种类与数量。在编制 PLC 程序时，需要用到大量的内部元件来存放变量、中间结果、保持数据、定时计数、模块设置和各种标志位等信息。这些元件的种类与数量越多，表示 PLC 存储和处理各种信息的能力越强。

6）特殊功能模块。特殊功能模块种类的多少与功能的强弱是衡量 PLC 产品的另一个重要指标。近年来各种 PLC 厂商非常重视特殊功能模块的开发，特殊功能模块种类日益增多，功能越来越强，使 PLC 的控制功能也日益增强。

7）可扩展能力。PLC 的可扩展能力包括 I/O 点数的扩展、存储容量的扩展、联网功能的扩展、各功能模块的扩展等。在选择 PLC 时，经常需要考虑 PLC 的可扩展能力。

1.4.2 PLC 的产品选型技巧

目前，国内外生产 PLC 的厂家及产品系列众多，且各种类型的 PLC 各有优缺点，又能满足用户的各种需求，但在组成、功能、编程等方面，尚无统一的标准，无法进行横向比较。下面提出在自动控制系统设计中对 PLC 产品选型的一些看法，可以在选择 PLC 时作为参考。

1. 基本单元的选择

基本单元又称为 CPU 单元，是机型选择时首先应考虑的问题，具体包括以下方面：

（1）合理的结构型式

小型 PLC 中，整体式结构比模块式结构价格便宜，体积也较小，只是硬件配置不如模块式灵活。例如，整体式结构的 PLC I/O 点数之比一般为 3∶2，实际应用需求中可能与此值相差甚远。模块式结构的 PLC 就能很方便地变换该比值。此外，模块式结构的 PLC 故障排除所需的时间较短。

（2）配套的功能要求

对于开关量控制的应用系统，且对控制速度要求不高时，可选用小型 PLC，如对小型泵的顺序控制和单台机械的自动控制等。对于控制要求较高的应用系统，则应优先选择中型或大型 PLC。

（3）响应速度的要求

对于以开关量控制为主的系统，PLC 的响应速度一般都可满足实际需要，没有必要特别考虑；而对于模拟量控制的系统，特别是具有较多闭环控制的系统，则必须考虑 PLC 的响应速度。

（4）尽量做到机型统一

对于一个大型企业系统，应尽量做到机型统一。因为同一机型的 PLC，其模块可互为备用，便于设备的采购和管理；同时，其功能及编程方法统一，有利于技术力量的培训、技术水平的提高和功能的开发；此外，由于其外部设备通用，资源可以共享，故配以上位计算机即可把控制各独立系统的多台 PLC 连成一个多级分布式控制系统，便于相互通信，集中管理。

（5）扩展能力

扩展能力即 PLC 能带扩展单元的能力，包括所能带扩展单元的数量、种类以及扩展单元所占的通道数、扩展口的形式等。

（6）通信功能

如果要求将 PLC 接入工业以太网或连接其他智能化设备，则应考虑选择有相应的通信接口的 PLC，同时要注意通信协议。

（7）确定负载类型

根据 PLC 输出端所带的负载是直流型还是交流型，是大电流还是小电流，以及 PLC 输出点动作的频率等，从而确定输出端采用继电器输出，还是晶体管输出或晶闸管输出。不同的负载选用不同的输出方式，对系统的稳定运行是很重要的。

（8）售后服务

选择 PLC 机型时还要考虑产品要有可靠的技术支持。这些支持包括必要的技术培训，帮助安装、调试、提供备件和备品、保证维修等，以减少后顾之忧。一般情况下，大公司生产的 PLC 质量有保障，且技术支持好，一般售后服务也较好，还有利于产品的扩展与软件升级，故应尽量选用大公司的产品。

此外，还应考虑 PLC 的安装方式、系统可靠性等要求。

2. PLC 的容量选择

（1）I/O 点数的选择

进行 PLC 的容量选择时，确定 I/O 点数一般是必须说明的首要问题。一般情况下，根据控制系统功能说明书，可统计出 PLC 控制系统的开关量 I/O 点数及模拟量 I/O 通道数，以及开关量和模拟量的信号类型。考虑控制系统功能扩展及系统升级，通常 I/O 点数是根据被控对象的输入、输出信号的实际需要，再加上 10% ~30% 的备用量进行确定。

此外，对于一个控制对象，由于采用的控制方法不同或编程水平不同，I/O 点数也应有所不同。

典型传动设备及常用电气元件所需的开关量 I/O 点数如表 1-4 所示。

表1-4　典型传动设备及常用电气元件所需的开关量 I/O 点数

序　号	电气设备	输入点数	输出点数
1	Y－△起动的笼型异步电动机	4	3
2	单向运行的笼型异步电动机	3	1
3	可逆运行的笼型异步电动机	5	2
4	单线圈电磁阀	—	1
5	双线圈电磁阀	—	2
6	信号灯	—	1
7	三档波段开关	3	—
8	行程开关	1	—
9	按钮	1	—
10	光电开关	1	—

（2）存储器容量的选择

PLC 系统所用的存储器基本上由 PROM、EPROM 及 RAM 3 种类型组成。一般小型机的最大存储容量低于 6KB，中型机的最大存储容量可达 64KB，大型机的最大存储容量可达数兆字节。使用时可以根据程序及数据的存储需要来选用合适的机型，必要时也可专门进行存储器的扩展设计。目前，存储器容量的选择方法主要有如下两种：

1）根据用户程序使用的节点数精确计算存储器的实际使用容量。

2）根据控制规模和应用目的，按照公式进行估算。估算存储器容量的方法如下：

①模拟量控制时存储器容量

$$M = Km（10DI + 5DO + 100AI）$$

式中　DI——数字（开关）量输入信号；

　　　DO——数字（开关）量输出信号；

　　　AI——模拟量输入信号；

　　　Km——每个节点采样点存储器的字节数；

　　　M——存储器容量。

②多路采样控制时存储器容量

$$M = Km［10DI + 5DO + 100AI + （1 + 采样点 \times 0.25）］$$

③一般继电控制时存储器容量

$$M = Km（10DI + 5DO）$$

一般情况下，考虑控制系统功能扩展及系统升级，通常存储器容量是根据被控对象的存储容量的实际需要或估算值，再加上 25% ~ 30% 的备用量进行确定。

3. I/O 模块的选择

（1）开关量输入模块

PLC 的输入模块用来检测来自现场的（如按钮、行程开关等）电平信号，并将其转换为PLC 内部的标准电平信号。进行选择时，主要考虑输入电压等级、接线方式、点数和抗干扰能力等。

（2）开关量输出模块

PLC 的输出模块将控制器的输出信号转换成有较强驱动能力的、执行结构所需的信号。进行选择时，主要考虑开关方式（继电器、晶体管、晶闸管）、开关频率、输出功率和电压等级等。

（3）模拟量输入模块

模拟量输入模块的选择主要考虑模拟量值的输入范围、转换准确度、采样时间、输入信号的连接方式、抗干扰能力等。

（4）模拟量输出模块

模拟量输出模块的选择主要考虑模拟量输出范围、输出形式（电源、电压）和对负载的要求等。

（5）通信模块

通信模块的选择主要考虑通信协议、通信速率、通信模块所能连接的设备、系统的自诊断能力、应用软件编制方法等。

其他各模块可根据系统需要，通过查阅操作手册，了解相应的参数和要求进行选择。

第 2 章 FX$_{2N}$ 系列 PLC 的硬、软件资源

导读：硬、软件系统资源是保证 PLC 正常工作的必备条件之一，其性能好坏直接决定着 PLC 的各项性能指标。本章以三菱 FX$_{2N}$ 系列 PLC 为例，介绍其硬、软件配置。

2.1 FX$_{2N}$ 系列 PLC 简介

2.1.1 认识 FX$_{2N}$ 系列 PLC

目前，PLC 产品按地域可分为三大流派：一是美国产品；二是欧洲产品；三是日本产品。其中，美国和欧洲的 PLC 技术是在相互隔离情况下独立研究开发的，因此其产品有明显的差异性；而日本的 PLC 技术是由美国引进的，对美国的 PLC 产品有一定的继承性。美国和欧洲以大中型 PLC 而闻名，而日本则以小型 PLC 著称。

日本三菱公司的 PLC 是较早进入中国市场的产品。三菱公司近年来推出的 FX$_{2N}$ 系列 PLC 有 FX$_0$、FX$_2$、FX$_{0S}$、FX$_{0N}$、FX$_{2C}$、FX$_{1S}$、FX$_{1N}$、FX$_{2N}$、FX$_{2NC}$ 等系列型号。其中 FX$_{2N}$ 是三菱公司系列 PLC 中功能最强，速度最高的小型可编程序控制器。FX$_{2N}$ 系列 PLC 常用产品如图 2-1 所示。

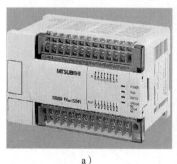  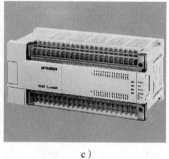

a)   b)   c)

图 2-1   FX$_{2N}$ 系列 PLC 产品

a) FX$_{2N}$ –32MR   b) FX$_{2N}$ –48MR   c) FX$_{2N}$ –64MR

图 2-2 所示为三菱 FX$_{2N}$ –32MT 型 PLC 的面板，主要包含型号、状态指示灯、工作模式转换开关与通信接口、PLC 的电源端子与输入端子、输入指示灯、输出指示灯和输出端子等几个区域。

（1）输入接线端

PLC 输入接线端可分为外部电源输入端、+24V 直流电源输出端、输入公共端（COM 端）和输入接线端子 4 部分。FX$_{2N}$ –32MR 型 PLC 输入接线端如图 2-3 所示。

1）外部电源输入端。接线端子 L 接电源的相线，N 接电源的中线。电源电压一般为 AC 100~240V，为 PLC 提供工作电压。

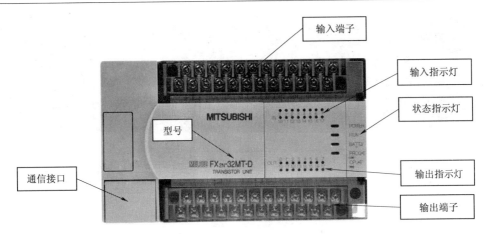

图 2-2　FX$_{2N}$ 系列 PLC 控制面板

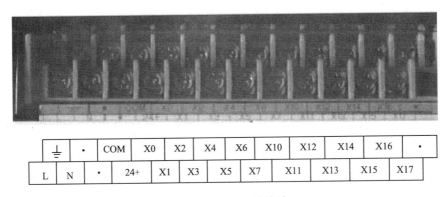

⏚	·	COM	X0	X2	X4	X6	X10	X12	X14	X16	·
L	N	·	24+	X1	X3	X5	X7	X11	X13	X15	X17

图 2-3　PLC 输入接线端

2)　+24V 直流电源输出端。PLC 自身为外围设备提供的直流 +24V 电源，主要用于传感器或其他小容量负载的供给电源。

3)　输入接线端和公共端 COM。在 PLC 控制系统中，各种按钮、行程开关和传感器等主令电器直接接到 PLC 输入接线端和公共端子 COM 之间，PLC 每个输入接线端子的内部都对应一个电子电路，即输入接口电路。

注意：

◇ 三菱 PLC 的输入接线端用文字符号 X 表示，采用八进制编号方法，FX$_{2N}$ – 32MR 的输入端共有 16 个，即 X0 ~ X7 和 X10 ~ X17。

◇ 在进行安装、配线作业时，一定要在全部关闭外部电源之后进行。否则，容易电震、损伤产品。

（2）输出接线端

PLC 输出接线端可分为输出接线端子和公共端两部分，如图 2-4 所示。

注意：

◇ 三菱 PLC 的输出接线端用符号 Y 表示，也采用八进制编号方法；

◇ 输出设备使用不同的电压类型和等级时，FX$_{2N}$ 系列 PLC 输出接线端与公共端组合对应关系见表 2-1；当输出设备使用相同的电压类型和等级时，则将 COM1、COM2、COM3、COM4 用导线短接即可。

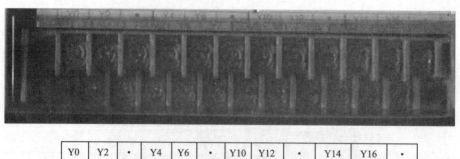

Y0	Y2	·	Y4	Y6	·	Y10	Y12	·	Y14	Y16	·
COM1	Y1	Y3	COM2	Y5	Y7	COM3	Y11	Y13	COM4	Y15	Y17

图 2-4　PLC 输出接线端

表 2-1　PLC 输出端子与公共端子组合的对应关系

组　　次	公共端子	输出端子
第一组	COM1	Y0、Y1、Y2、Y3
第二组	COM2	Y4、Y5、Y6、Y7
第三组	COM3	Y10、Y11、Y12、Y13
第四组	COM4	Y14、Y15、Y16、Y17

（3）工作模式转换开关与通信接口

将 FX$_{2N}$ 系列 PLC 通信接口区域的盖板打开，可见到其模式转换开关与通信接口位置，如图 2-5 所示。

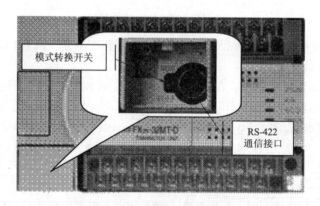

图 2-5　模式转换开关与通信接口

1）模式转换开关。模式转换开关用来改变 PLC 的工作模式，PLC 电源接通后，将转换开关打到 RUN 位置，则 PLC 的运行指示灯（RUN）发光，表示 PLC 正处于运行状态。将转换开关打到 STOP 位置，则 PLC 的运行指示灯（RUN）熄灭，表示 PLC 正处于停止状态。

2）RS-422 通信接口。RS-422 通信接口用来连接手持式编程器或计算机（对应配套软件），保证 PLC 与手持式编程器或计算机的通信。

注意：通信线与 PLC 连接时，务必注意通信线接口内的"针"与 PLC 上的接口正确对应后才可将通信线接口用力插入 PLC 的通信接口，以免损坏接口。

（4）状态指示栏

FX₂N 系列 PLC 的状态指示栏包括输入状态指示、输出状态指示、运行状态指示 3 部分，如图 2-6 所示。

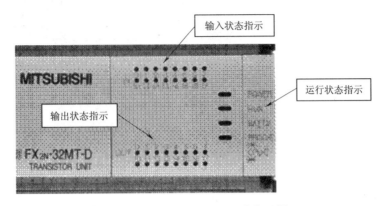

图 2-6　FX₂N 系列 PLC 的状态指示栏

1）输入状态指示。为 FX₂N 系列 PLC 的输入（IN）指示灯，当 PLC 输入接线端有信号输入时，对应输入点的指示灯亮，否则不亮。

2）输出状态指示。为 FX₂N 系列 PLC 的输出（OUT）指示灯，当 PLC 输出接线端有信号输出时，对应输出点的指示灯亮，否则不亮。

3）运行状态指示。FX₂N 系列 PLC 提供 4 盏指示灯，实现 PLC 运行状态指示功能。其含义如表 2-2 所示。

表 2-2　PLC 运行状态指示灯含义

指示灯	指示灯的状态与当前运行的状态
POWER：电源指示灯（绿灯）	PLC 接通电源后，该灯点亮，正常时仅有该灯点亮表示 PLC 处于编辑状态
RUN：运行指示灯（绿灯）	当 PLC 处于正常运行状态时，该灯点亮
BATT. V：锂电池电压低指示灯（红灯）	如果该指示灯点亮，说明 PLC 内部锂电池电压不足，应更换
PROG - E/CPU - E：程序出错指示灯（红灯）	如果该指示灯闪烁，说明出现以下类型的错误： 1）程序语法错误 2）锂电池电压不足 3）定时器或计数器未设置常数 4）干扰信号使程序出错 5）程序执行时间超过允许时间或 CPU 出错时，该灯连续亮

2.1.2　FX₂N 系列 PLC 的型号

三菱 FX₂N 系列 PLC 型号标注含义如图 2-7 所示。

FX₂N 系列 PLC 型号标注含义如下：

1）系列序号：0、2、0S、0N、2C、1S、1N、2N、2NC，即 FX₀、FX₂、FX₀S、FX₀N、FX₂C、FX₁S、FX₁N、FX₂N、FX₂NC。

2）I/O 总点数：10 ~ 256。

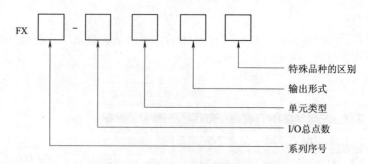

图 2-7　FX$_{2N}$ 系列 PLC 的型号标注含义

3）单元类型。

M—基本单元；

E—输入输出混合扩展单元与扩展模块；

EX—输入专用扩展模块；

EY—输出专用扩展模块。

4）输出形式。

R—继电器输出；

T—晶体管输出；

S—晶闸管输出。

5）特殊品种的区别。

D—DC 电源，DC 输出；

A1—AC 电源，AC 输入；

H—大电流输出扩展模块（1A/点）；

V—立式端子排的扩展模块；

C—接插口输入输出方式；

F—输入滤波器 1ms 的扩展模块；

L—TTL 输入型扩展模块；

S—独立端子（无公共端）扩展模块。

特殊品种默认通常指 AC 电源、DC 输入、横式端子排，其中继电器输出：2A/1 点；晶体管输出：0.5A/1 点；晶闸管输出：0.3A/1 点。

例如 FX$_{2N}$ – 32MRD，其标注含义为三菱 FX$_{2N}$ 型 PLC，有 32 个 I/O 点的基本单元，继电器输出型，使用 DC24V 电源。

2.1.3　FX$_{2N}$ 系列 PLC 的硬件性能指标

FX$_{2N}$ 系列 PLC 的硬件性能指标包括一般技术指标、输入技术指标、输出技术指标、电源技术指标，见表 2-3 ~ 表 2-6。使用中必须符合这些性能指标。

表 2-3　一般技术指标

项　目	规　格
环境温度	使用温度 0 ~ 55℃，存储温度 – 20 ~ + 70℃
环境湿度	使用时 35% ~ 85% RH（无凝露）

（续）

项　目	规　格
抗振性能	JIS C0911 标准，10～55Hz，3 轴方向各 2h（用 DIN 导轨安装时 0.5g）
抗冲击性	JIS C0912 标准，10G，3 轴方向各 3 次
抗干扰性	用噪声模拟器产生电压（峰峰值）为 1000V，脉冲宽度为 1μs，频率为 30～100Hz 的噪声
绝缘耐压	AC1500V，1min
绝缘电阻	5MΩ 以上（DC500V 绝缘电阻表）
接地	第三种接地，不能接地时也可以浮空
使用环境	无腐蚀性气体，无可燃性气体，无导电性尘埃

表 2-4　输入技术指标

项　目	FX_{2N} 的 X0～X7	FX_{2N} 的 X10～X17
输入信号电压	DC24V	
输入信号电流	7mA/DC24V	4mA/DC24V
输入阻抗	3.3kΩ	4.3kΩ
输入接通电流	4.5mA 以下	3.5mA 以下
输入断开电流	1.5mA 以下	1.5mA 以下
输入响应时间	约 10ms，但 FX_{2N} 的 X0～X7 为 0～60ms 可变	
输入信号形式	无电压触点或 NPN 集电极开路输出晶体管	
电路隔离	光耦合器隔离	
输入状态显示	输入接通时 LED 亮	

表 2-5　输出技术指标

项　目		继电器输出	晶闸管输出	晶体管输出
外部电流		AC250V 或 DC30V 以下（需外部整流二极管）	AC85～240V	DC5～30V
最大负载	电阻负载	2A/1 点、8A/4 点、8A/8 点	0.3A/1 点、0.8A/4 点	0.5A/1 点、0.8A/4 点
	感性负载	80VA	15VA/AC100V	12W/DC24V
	灯负载	100W	30W	1.5W/DC24V
开路漏电流		—	1mA/AC100V 2mA/AC200V	0.1ms
响应时间		约 10ms	ON 时：1ms OFF 时：10ms	ON 时：<0.2ms OFF 时：<0.2ms 大电流时：<0.4ms
电路隔离		继电器隔离	光控晶闸管隔离	光耦合器隔离
输出状态显示		继电器通电时 LED 亮	光控晶闸管驱动时 LED 亮	光耦合器驱动时 LED 亮

表 2-6　电源技术指标

型　　号	电流电压	允许瞬时断电时间	电源熔断器	消耗功率	传感器电流
FX$_{2N}$ – 16M				35VA	
FX$_{2N}$ – 16E			250V 3.15A（3A）	30VA	DC24V 250mA
FX$_{2N}$ – 32M				40VA	以下
FX$_{2N}$ – 32E	AC100 ~ 240V	瞬时断电时间在		35VA	
FX$_{2N}$ – 48M	+10%	10ms 继续工作		50VA	
FX$_{2N}$ – 48E	−15%			45VA	
FX$_{2N}$ – 64M	50/60Hz		250V 5A	60VA	DC24V 460mA
FX$_{2N}$ – 80M				70VA	以下
FX$_{2N}$ – 128M				100VA	

综上所述，FX$_{2N}$系列 PLC 具有如下特点：

1) 先进美观的外部结构。三菱公司 FX$_{2N}$系列 PLC 吸收了整体式和模块式可编程序控制器的优点，它的基本单元、扩展单元和扩展模块的高度和宽度相同。它们的相互连接不用基板，仅用扁平电缆连接，紧密拼装后组成一个整齐的长方体。其体积小，很适合在机电一体化产品中使用。

2) 灵活多变的系统配置。FX$_{2N}$系列 PLC 的系统配置灵活，用户除了可以选用不同型号的 FX$_{2N}$系列 PLC 外，还可以选用各种扩展单元和扩展模块，组成不同 I/O 点和不同功能的控制系统。

3) 提供多种系列机型供用户选用。表 2-7 列出了 FX$_{0S}$、FX$_{0N}$、FX$_{2N}$系列 PLC 的性能比较，供用户选型时参考。

表 2-7　FX$_{0S}$、FX$_{0N}$、FX$_{2N}$系列 PLC 的性能比较

型号	I/O 点数	用户程序步数	功能指令/条	通信功能	基本指令执行时间/μs	模拟量模块	基本指令/条	步进指令/条
FX$_{0S}$	10 ~ 30	800 步 EPROM	50	无	1.6 ~ 3.6	无	20	2
FX$_{0N}$	24 ~ 128	2000 步 EPROM	55	较强	1.6 ~ 3.6	有	20	2
FX$_{2N}$	16 ~ 256	内附 8K 步 RAM	298	强	0.08	有	27	2

其中 FX$_{0S}$系列的功能简单实用，价格便宜，可用于小型开关量控制系统；FX$_{0N}$系列可用于要求较高的中小型控制系统；FX$_{2N}$系列的功能最强，可用于要求很高的系统。由于不同系列的 PLC 可供不同的用户系统选用，避免了功能的浪费，使用户能用最少的投资来满足系统的要求。

4) 丰富的元件资源。辅助继电器 3072 点，定时器 256 点，计数器 255 点，数据寄存器 8000 点。

5) 组网能力强。通过连接扩展板或允许使用 FX$_{2N}$网络模块的特殊适配器能实现多种通信和数据连接。可连接到流行的开放式网络 CC – link、Profibus DP 和 DeviceNet 等。串行通信模块包括 RS – 232C、RS – 422 或 RS – 485。

6) 特殊功能强，增加了过程控制。增加大量的特殊功能模块，满足 A-D 转换、D-A 转换、高速计数和通信等特殊需要。过程控制可使用 FX$_{2N}$PID 指令或 FX$_{2N}$ – 2LC 温度模块。

2.2　FX₂ₙ系列 PLC 的硬件配置

目前，PLC 的种类繁多，结构形式尚无统一标准，但其硬件配置基本相同。三菱 FX₂ₙ 系列 PLC 的硬件配置如图 2-8 所示。

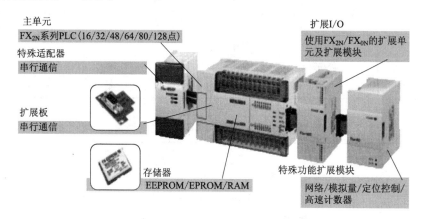

图 2-8　FX₂ₙ系列 PLC 的硬件配置图

三菱 FX₂ₙ系列 PLC 的硬件系统主要由基本单元、扩展模块、输入/输出模块、各种特殊功能模块及编程器等外部设备组成。

2.2.1　FX₂ₙ系列 PLC 的基本单元

基本单元是构成 PLC 控制系统的核心部件，由 CPU 模块、输入/输出（I/O）模块、通信接口和扩展接口等组成。三菱 FX₂ₙ系列 PLC 常用基本单元如表 2-8 所示，供用户选用时参考。

表 2-8　FX₂ₙ系列 PLC 常用基本单元

型　　号			输入点数	输出点数	扩展模块可用点数
继电器输出	晶闸管输出	晶体管输出			
FX₂ₙ－16MR	—	FX₂ₙ－16MT	8	8	24～32
FX₂ₙ－32MR	FX₂ₙ－32MS	FX₂ₙ－32MT	16	16	24～32
FX₂ₙ－48MR	FX₂ₙ－48MS	FX₂ₙ－48MT	24	24	48～64
FX₂ₙ－64MR	FX₂ₙ－64MS	FX₂ₙ－64MT	32	32	48～64
FX₂ₙ－80MR	FX₂ₙ－80MS	FX₂ₙ－80MT	40	40	48～64
FX₂ₙ－128MR	—	FX₂ₙ－128MT	64	64	48～64

2.2.2　FX₂ₙ系列 PLC 的扩展设备

三菱 FX₂ₙ系列 PLC 的扩展设备包括扩展单元、扩展模块和特殊功能模块，各扩展设备作用如下：

扩展单元：用于增加 I/O 点数的装置，内部设有电源。

扩展模块：用于增加 I/O 点数及改变 I/O 比例，内部无电源，用电由基本单元或扩展单元供给。由于扩展单元与扩展模块无 CPU，必须与基本单元一起使用。

特殊功能模块：用于特殊功能控制，如模拟量输入、模拟量输出、温度传感器输入、高速计数、PID 控制、位置控制、通信等。

表 2-9 和表 2-10 所示为三菱 FX_{2N} 系列 PLC 常用扩展单元和特殊功能模块，供用户选型时参考。

表 2-9　FX_{2N} 系列 PLC 扩展单元

型　号			输入点数	输出点数
继电器输出	晶闸管输出	晶体管输出		
$FX_{2N} - 32ER$	$FX_{2N} - 32ES$	$FX_{2N} - 32ET$	16	16
$FX_{2N} - 48ER$	—	$FX_{2N} - 48ET$	24	24

表 2-10　FX_{2N} 系列 PLC 特殊功能模块

种　类	型　号	功 能 概 要
定位高速计数器	$FX_{2N} - 1PG$	脉冲输出模块、单轴用，最大频率 100kHz，顺序程序控制
	$FX_{2N} - 1HC$	高速计数模块，1 相 1 输入，1 相 2 输入：最大 50kHz；2 相序输入：最大 50kHz
模拟量输入模块	$FX_{2N} - 4AD$	模拟量输入模块，12 位 4 通道电压输入：直流 ±10V；电流输入：直流 ±20mA
模拟量输出模块	$FX_{2N} - 4AD - PT$	模拟量输出模块，12 位 4 通道电压输出：±10V；电流输出：（+4 ~ ±20mA）
	$FX_{2N} - 4AD - TC$	PT - 100 型温度传感器模块，4 通道输入
	$FX_{2N} - 4AD - PT$	热电偶型温度传感器模块，4 通道输入
通信模块	$FX_{2N} - 232IF$	RS - 232C 通信用，1 通道
功能扩展模块	$FX_{2N} - 8AV - BD$	容量转接器，模拟量 8 点
	$FX_{2N} - 232 - BD$	RS - 232C 通信用模块（用于连接各种 RS - 232 设备）
	$FX_{2N} - 422 - BD$	RS - 422 通信用模块（用于连接外围设备）
	$FX_{2N} - 485 - BD$	RS - 485 通信用模块（用于计算机链路，并联链路）
	$FX_{2N} - CNV - BD$	FX_{0N} 转接器连接用模块（不需电源）

2.2.3　FX_{2N} 系列 PLC 的输入/输出（I/O）模块

I/O 模块按信号的流向可分为输入模块和输出模块；按信号的形式可分为开关量 I/O 模块和模拟量 I/O 模块；按电源形式可分为直流型和交流型、电压型和电流型 I/O 模块；按功能可分为基本 I/O 模块和特殊 I/O 模块。本节以开关量基本 I/O 模块为例，介绍其连接方式。

1. 输入模块连接方式

FX_{2N} 系列 PLC 输入模块与外部用户设备的接线形式有汇点式输入接线和分隔式输入接线两种，其对应接线示意图分别如图 2-9 和图 2-10 所示。

由图 2-9 可知，汇点式输入接线各输入回路有一个公共端（汇集端）COM。它以全部输入点为一组，共用一个公共端和一个电源。根据 PLC 型号的不同，输入电源可以是内部电源，也可以是外部电源，如图 2-9a 所示。汇点式输入也可以将全部输入点分为若干组，每组有一个公共端和一个独立电源，如图 2-9b 所示。

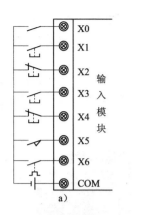
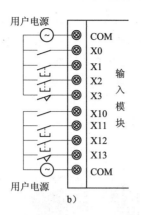
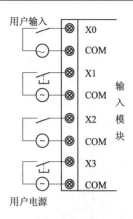

图 2-9　汇点式输入接线示意图
a）直流输入模块　b）交流输入模块

图 2-10　分隔式输入接线示意图

注意：汇点式输入接线可用于直流输入模块，也可用于交流输入模块，直流输入模块的电源一般由 PLC 内部的自身电源提供，而交流输入模块的电源通常由外部电源提供。

由图 2-10 可知，分隔式输入接线每一个输入回路都有两个接线端，由一个电源供电，这里交流电源由用户提供。控制信号通过用户设备（如开关、按钮、行程开关、继电器和传感器）的触点输入。

PLC 控制系统常用用户输入设备如图 2-11 所示。

图 2-11　常用用户输入设备实物图
a）按钮　b）行程开关　c）传感器

2. 输出模块连接方式

FX₂ₙ系列 PLC 输出模块与外部用户设备的接线形式也有汇点式输出接线和分隔式输出接线两种，其对应接线示意图分别如图 2-12 和图 2-13 所示。

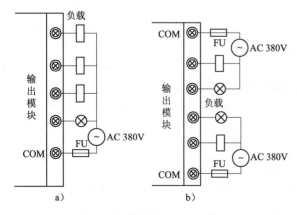
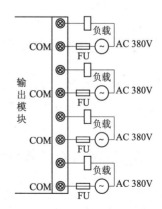

图 2-12　汇点式输出接线示意图
a）汇集为一组输出　b）分为若干组输出

图 2-13　分隔式输出接线示意图

　　图 2-12a 表示把全部输出点汇集成一组，共用一个公共端 COM 和一个电源；图 2-12b 所示为将所有输出点分成若干组，每组有一个公共端 COM 和一个独立电源，两种形式的电源均由用户从外部提供，根据输出模块的实际情况确定选用直流或交流电源。

　　图 2-13 中，每个输出点构成一个单独回路，由用户单独提供一个独立电源，每个输出点之间相互隔离，负载电源按输出模块的实际情况可选用直流电源，也可选用交流电源。

　　常用用户输出设备（现场执行元件）如图 2-14 所示。

　　　　　　a)　　　　　　　　　　　　　b)　　　　　　　　　　　　c)

图 2-14　常用现场执行元件实物图

a) 电磁阀　b) 继电器　c) 接触器

　　以上介绍了开关量基本 I/O 模块的连接方式，实际上，不同生产厂家生产的 PLC 输入/输出模块不尽相同，使用中应仔细阅读 PLC 用户手册，按规格要求接线和配置电源。

　　此外，输入部件和输出部件接线时要注意：

　　1）输入部件导线尽可能远离输出部件导线、高压线、电动机等干扰源。

　　2）不能将输入部件和输出部件接到带"·"端子上。

　　3）PLC 的各"COM"端均为独立关系，当各负载使用不同电压时，可采用分隔式输出接线方式；当各个负载使用相同电压时，可采用汇点式输出接线方式，这时可使用型号为 AFP1803 的短路片将它们的"COM"端短接起来。

　　4）若输出端接感性负载时，需根据负载的不同情况接入相应的保护电路。即在交流感性负载两端并接 RC 串联电路；在直流感性负载两端并接二极管保护电路；在带低电流负载的输出端并接一个泄放电阻以避免漏电流的干扰。

　　5）若 PLC 内部输出接口电路中没有熔断器，为防止因负载短路而造成输出短路，应在外部输出电路中安装熔断器。

2.3　FX$_{2N}$ 系列 PLC 的软件配置

　　为了替代继电–接触器控制系统，PLC 除了合理配置硬件系统外，还需进行软件资源配置，PLC 软件系统主要由指令系统和编程软元件等组成。其中指令系统将在本书第 3、4 章中进行详细介绍。

2.3.1　FX$_{2N}$ 系列 PLC 的软件性能指标

　　FX$_{2N}$ 系列 PLC 的软件性能指标包括运行方式、运算速度、程序容量、编程语言、指令的类型和数量以及编程器件的种类和数量等。表 2-11 给出了 FX$_{2N}$ 系列 PLC 的主要软件性能指标，供使用时参考。

表 2-11　FX₂ₙ系列 PLC 主要软件性能指标

项　　目		规　　格	
运算控制方式		通过存储的程序反复周期运算（专用 LSI）	
I/O 控制方式		批处理方式（在执行 END 指令时），但有 I/O 刷新指令，中断输入处理	
用户编程语言		梯形图、指令表、顺序功能图	
用户程序容量		内置 8k 步 RAM，使用存储器卡盒可扩展至 16k 步 RAM、EPROM 或 EEPROM	
运算速度	基本指令	0.08μs/条	
	功能指令	1.52～数百 μs/条	
指令数目	基本指令	27 条	
	步进指令	2 条	
	功能指令	128 种 298 条	
输入继电器（X）		X0～X267　184 点	总共 368 点
输出继电器（Y）		Y0～Y267　184 点	
辅助继电器（M）	一般	M0～M499　500 点	
	保持	M500～M3071　2572 点	
	特殊	M8000～M8255　256 点	
状态继电器（S）	初始	S0～S9　10 点	
	一般	S10～S499　490 点	
	保持	S500～S899　400 点	
	报警	S900～S999　100 点	
定时器（T）	通用 100ms	T0～T199　200 点　范围：0～3276.7s	
	通用 10ms	T200～T245　46 点　范围：0～327.67s	
	积算 1ms	T246～T249　4 点　范围：0～32.767s	
	积算 100ms	T250～T255　6 点　范围：0～3276.7s	
计数器（C）	加计数 一般	C0～C99　100 点　范围：1～32767 数 16 位	
	加计数 保持	C100～C199　100 点　范围：1～32767 数 16 位	
	加减计数 一般	C200～C219　35 点	范围：−2147483648～＋2147483647 数 32 位
	加减计数 保持	C220～C234　15 点	
	高速 单相无启动/复位	C235～C240　6 点	32 位加/减计数器 双相 60kHz　2 点、10kHz　4 点 双相 30kHz　1 点、5kHz　1 点
	高速 单相有启动/复位	C241～C245　5 点	
	高速 双相	C246～C250　5 点	
	高速 A－B 相	C251～C255　5 点	
数据寄存器（D）	一般	D0～D199　200 点	每个数据寄存器均为 16 位 两个数据寄存器合并为 32 位
	保持	D200～D7999　7800 点	
	特殊	D8000～D8255　256 点	
	文件	D1000～D7999　7000 点	
	变址	V0～V7、Z0～Z7　16 点	

（续）

项　目		规　格
指针（P/I）	转移用	P0 ~ P127　128 点
	中断用	I6□□ ~ I8□□　共 15 点：6 点输入、3 点定时器、6 点计时器
嵌套层次		N0 ~ N7　8 点
常数	十进制 K	16 位：-32768 ~ +32767　32 位：-2147483648 ~ +2147483647
	十六进制 H	16 位：0000 ~ FFFF　32 位：00000000 ~ FFFFFFFF
	浮点	32 位：$\pm 1.175 \times 10^{-38}$；$\pm 3.403 \times 10^{38}$（不能直接输入）

2.3.2　FX$_{2N}$系列 PLC 的软元件

FX$_{2N}$系列 PLC 内部有 CPU、存储器、输入/输出接口单元等硬件资源，这些硬件资源在其系统软件的支持下，使 PLC 具有很强的功能。对某一特定的控制对象，若用 PLC 进行控制，必须编写控制程序。与 C++ 高级语言或 MCS-51 汇编语言编程一样，在 PLC 的 RAM 中应有存放数据的存储单位。由于 PLC 是由继电-接触器控制发展而来的，而且在设计时考虑到便于电气技术人员容易学习与应用，因此将其存放数据的存储单元用继电器来命名。按存储数据的性质把这些数据存储器（RAM）命名为输入继电器区、输出继电器区、辅助继电器区、状态继电器区、定时器和计数器区、数据寄存器区、变址寄存器区等。在工程技术中，通常把这些继电器称为编程软元件（简称元件），用户在编程时必须了解这些编程元件的符号与编号。

需要特别指出的是，不同厂家，甚至同一厂家不同型号的 PLC 的编程元件的数量和种类都不一样，下面我们以 FX$_{2N}$系列为例，介绍 PLC 的内部编程元件。

1. 输入、输出继电器

（1）输入继电器

输入继电器（X）与 PLC 的输入端口相连，是 PLC 接收外部开关信号的接口。PLC 将外部信号的状态读入并存储在输入映像寄存器内，即输入继电器中。当外部输入电路接通时，对应的映像寄存器为"1"状态，表示该输入继电器常开触点闭合，常闭触点断开。

需要注意的是，输入继电器只能由外部信号进行驱动，不能用程序或内部指令进行驱动，其触点也不能直接输出去驱动执行元件。

（2）输出继电器

输出继电器（Y）的外部输出触点连接到 PLC 的输出端口上，输出继电器是 PLC 用来传递信号到外部负载的元件。每一个输出继电器有一个外部输出的常开触点。输出继电器的常开、常闭触点当作内部编程的接点使用时，使用次数不限。

FX$_{2N}$系列 PLC 的输入继电器和输出继电器的元件用字母和八进制数码表示，输入继电器、输出继电器的编号与接线端子的编号一致。表 2-12 给出了 FX$_{2N}$系列 PLC 的输入/输出继电器元件号。

表 2-12　FX$_{2N}$系列 PLC 的输入/输出继电器元件号

形式	型　号						
	FX$_{2N}$-16M	FX$_{2N}$-32M	FX$_{2N}$-48M	FX$_{2N}$-64M	FX$_{2N}$-80M	FX$_{2N}$-128M	扩展时
输入	X0 ~ X7 8 点	X0 ~ X17 16 点	X0 ~ X27 24 点	X0 ~ X37 32 点	X0 ~ X47 40 点	X0 ~ X77 64 点	X0 ~ X267 184 点

（续）

形式	型　号						
	FX$_{2N}$ - 16M	FX$_{2N}$ - 32M	FX$_{2N}$ - 48M	FX$_{2N}$ - 64M	FX$_{2N}$ - 80M	FX$_{2N}$ - 128M	扩展时
输出	Y0 ~ Y7 8 点	Y0 ~ Y17 16 点	Y0 ~ Y27 24 点	Y0 ~ Y37 32 点	Y0 ~ Y47 40 点	Y0 ~ Y77 64 点	Y0 ~ Y267 184 点

注意：在 PLC 中继电器并非真实的物理继电器，而是一个"命名"而已。但为了便于理解与应用，也利用线圈和触点描述其功能，即用"○或（ ）"表示继电器的线圈，用"—┤├—"表示常开触点，用"—┤/├—"表示常闭触点，这些触点和线圈我们把它理解为软线圈和软触点，在梯形图中可以无限次使用。

图 2-15 描述了输入、输出继电器的作用。

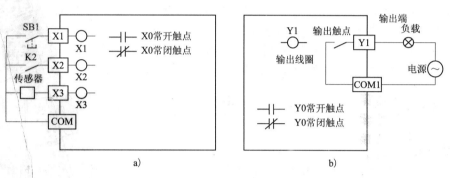

图 2-15　输入、输出继电器工作原理

a）输入继电器　b）输出继电器

2. 辅助继电器

在 PLC 逻辑运算中，经常需要一些中间继电器作为辅助运算用，这些元件不直接对外输入、输出，经常用作暂存和移动运算等。这类继电器称为辅助继电器。还有一类特殊用途的辅助继电器，如定时时钟、进位/借位标志、起停控制、单步运行等，它们能对编程提供许多方便。PLC 内辅助继电器与输出继电器一样，其线圈只能由 PLC 内部程序控制，常开、常闭触点在 PLC 编程时可以无限次地自由使用。但这些触点不能直接驱动外部负载，外部负载必须由输出继电器进行驱动。

FX$_{2N}$ 系列 PLC 的辅助继电器分为 3 种：通用辅助继电器、断电保持辅助继电器和特殊辅助继电器。

（1）通用辅助继电器

FX$_{2N}$ 系列 PLC 的通用辅助继电器共 500 个，其元件地址号按十进制编号（M0 ~ M499）。

（2）断电保持辅助继电器

FX$_{2N}$ 系列 PLC 在运行中若发生断电，输出继电器和通用辅助继电器全部成为断开状态，上电后，这些状态不能恢复。某些控制系统要求记忆电源中断瞬间的状态，重新通电后再呈现其状态，断电保持辅助继电器（M500 ~ M3071）可以用于这种场合。它由 PLC 内置锂电池提供电源。

（3）特殊辅助继电器

FX$_{2N}$ 系列 PLC 内有 256 个特殊辅助继电器，地址编号为 M8000 ~ M8255，它们用来表示 PLC 的某些状态，提供时钟脉冲和标志（如进位、借位标志灯），设定 PLC 的运行方式，或者用于步进顺序控制、禁止中断、设定计数器的计数方式等。特殊辅助继电器通常分为如下两大类：

1）只能利用其触点的特殊辅助继电器。

此类特殊辅助继电器的线圈由 PLC 系统程序驱动。在用户程序中可直接使用其触点。

M8000：运行监视继电器。当 PLC 执行用户程序时，M8000 为 ON；停止执行时，M8000 为 OFF。

M8002：初始化脉冲继电器。仅在 PLC 运行开始瞬间接通一个扫描周期。M8002 的常开触点常用于某些元件的复位和清零，也可作为启动条件。

M8005：锂电池电压监控继电器。当锂电池电压下降至规定值时变为 ON，可以用它的触点驱动输出继电器和外部指示灯，提醒工作人员更换锂电池。

M8011 ~ M8014：时钟脉冲继电器。分别产生 10ms、100ms、1s 和 1min 的时钟脉冲输出。

2）可驱动线圈的特殊辅助继电器。

此类特殊辅助继电器的线圈由 PLC 用户程序驱动。用户驱动后，PLC 可作特定动作。

M8033：输出保持特殊辅助继电器。该继电器线圈"通电"时，PLC 由 RUN 进入 STOP 状态后，映像寄存器与数据寄存器中的内容保持不变。

M8034：禁止全部输出特殊辅助继电器。该继电器线圈"通电"时，PLC 全部输出被禁止。

M8039：定时扫描特殊辅助继电器。该继电器线圈"通电"时，PLC 以 D8039 中指定的扫描时间工作。

由于篇幅有限，其余特殊辅助继电器的功能在这里不一一列举，读者可查阅 FX$_{2N}$ 系列 PLC 用户手册。

3. 状态继电器

状态继电器是构成状态流程图的重要软元件，它与后述的步进顺控指令 STL 组合使用。状态继电器有下面 5 种类型：

1）初始状态继电器：S0 ~ S9，共 10 点。

2）回零状态计数器：S10 ~ S19，共 10 点，供返回原点使用。

3）通用状态继电器：S20 ~ S499，共 480 点。没有断电保持功能，但是程序可以将它们设定为有断电保持功能状态。

4）断电保持状态继电器：S500 ~ S899，共 400 点。

5）报警用状态继电器：S900 ~ S999，共 100 点。

各状态元件的常开、常闭触点在 PLC 程序中可以自由使用，使用次数不限。不使用步进顺控指令时，状态元件可以作为辅助继电器使用。

4. 定时器

定时器在 PLC 中的作用相当于继电 - 接触器控制系统中的时间继电器。FX$_{2N}$ 系列 PLC 为用户提供了 256 个定时器，可分为通用定时器和积算定时器。

（1）通用定时器

FX$_{2N}$ 系列 PLC 具有 246 个通用定时器，地址编号为 T0 ~ T245。通用定时器的类型、地址编号和设定值如下：

T0 ~ T199（200 点）：100ms 定时器（其中 T192 ~ T199 为中断服务程序专用），设定值范围为 0.1 ~ 3276.7s。

T200 ~ T245（46 点）：10ms 定时器，设定值范围为 0.01 ~ 327.67s。

图 2-16a 所示为 FX$_{2N}$ 系列 PLC 通用定时器的一种应用电路和波形图。

在图 2-16a 中，当 X000 接通时，T0 的当前值计数器对 100ms 的时钟脉冲进行累积计数。当该值与设定值 K12 相等时，定时器的输出触点动作，即输出触点是在其线圈被驱动后的 12 ×

100ms = 1200ms = 1.2s 时才动作，当 T0 触点闭合后，Y000 就有输出。当 X000 断开或停电时，定时器 T0 复位，输出触点也复位。

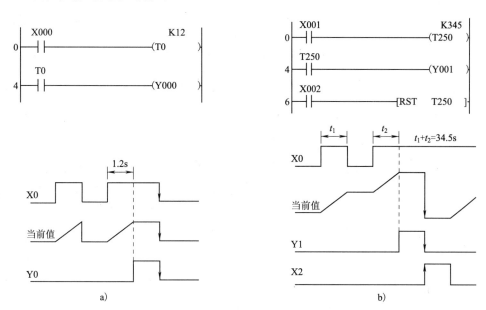

图 2-16 FX₂N 系列 PLC 定时器工作原理
a) 通用定时器 b) 积算定时器

（2）积算定时器

FX₂N 系列 PLC 具有 10 点积算定时器，地址编号为 T246 ~ T255。积算定时器的类型、地址编号和设定值如下：

T246 ~ T249（4 点）：1ms 定时器，设定值范围为 0.001 ~ 32.767s。

T250 ~ T255（6 点）：100ms 定时器，设定值范围为 0.1 ~ 3276.7s。

图 2-16b 所示为 FX₂N 系列 PLC 积算定时器的一种应用电路和波形图。

图 2-16b 中，当 X001 接通时，T250 的当前值计数器对 100ms 的时钟脉冲进行累积计数。当计数过程中 X001 断开或系统断电时，当前值保持。X001 再接通或复电时，计数在原有值的基础上继续进行。当累积时间为 $t_1 + t_2 = 345 \times 100ms = 34500ms = 34.5s$ 时，T250 的输出触点动作，驱动 Y001 输出。当 X002 接通时，定时器 T250 复位，其输出触点也复位。

5. 计数器

计数器（C）用于累计其计数输入端接收到的脉冲个数。计数器可提供无数对常闭和常开触点供编程时使用，其设定值由程序赋予。

（1）16 位计数器

FX₂N 系列 PLC 具有 200 点 16 位计数器，地址编号为 C0 ~ C199。其中 C0 ~ C99 为通用型，C100 ~ C199 共 100 点为断电保持型（即断电后能保持当前值待通电后继续计数）。16 位计数器的设定值范围为 1 ~ 32 767。

图 2-17a 所示为 FX₂N 系列 PLC 通用型 16 位计数器的一种应用电路和波形图。

（2）32 位加/减计数器

FX₂N 系列 PLC 具有 35 点 32 位加/减计数器，地址编号为 C200 ~ C234。其中 C200 ~ C219（共 20 点）为通用型，C220 ~ C234（共 15 点）为断电保持型。这类计数器与 16 位计数器除位数不同外，还在于它能通过控制实现加/减双向计数，设定值范围均为 -214 783 648 ~ +214 783 647（32 位）。

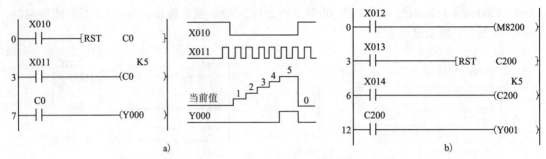

图 2-17　FX$_{2N}$ 系列 PLC 计数器工作原理

a) 通用型 16 位计数器　b) 32 位加/减计数器

此外，32 位加/减计数器的递加计数和递减计数功能转换由特殊辅助继电器 M8200～M8234 设定，计数器与特殊辅助继电器一一对应，如 C210 与 M8210 对应。当特殊辅助继电器接通（ON）时，对应的计数器为递减计数器，反之，则对应计数器为递加计数器。

如图 2-17b 所示，X012 用来控制 M8200，X012 闭合时为递减计数，否则为递加计数方式。X013 为复位信号，X014 为计数输入，C200 的设定值为 5。

（3）高速计数器

FX$_{2N}$ 系列 PLC 中共有 21 点高速计数器，地址编号为 C235～C255，这 21 点高速计数器在 PLC 中共享 6 个高速计数输入端 X0～X5。当高速计数器的一个输入端被某个计数器占用时，这个输入端就不能再用于其他高速计数器，也不能作为其他的输入。因此，最多只能同时使用 6 个高速计数器。高速计数器按中断方式运行，独立于扫描周期。

6. 指针（P/I）

指针（P/I）包括分支用指针（P）和中断用指针（I）。

（1）分支用指针（P）

分支用指针 P0～P63，共 64 点。指针 P0～P63 作为标号，用来指定条件跳转、子程序调用等分支的跳转目标。

（2）中断用指针（I）

中断用指针 I0□□～I8□□，共 15 点。其中 I00□～I50□用于外部中断；I6□□～I8□□用于定时中断；I010～I060 用于计数中断。

7. 数据寄存器

在一个复杂的 PLC 控制系统中需大量的工作参数和数据，这些参数和数据存储在数据寄存器中。FX$_{2N}$ 系列 PLC 的数据寄存器的长度为双字节（16 位）。我们也可以把两个寄存器合并起来存放一个 4 字节（32 位）的数据。

（1）通用数据寄存器

通用数据寄存器 D0～D199，共 200 点。当 PLC 由运行到停止时，该类数据寄存器数据为零。但是当特殊辅助继电器 M8031 置 1，PLC 由运行转向停止时，数据可以保持。

（2）断电保持数据寄存器

断电保持数据寄存器 D200～D511，共 312 点。该类数据寄存器只要不改写，原有的数据就保持不变。电源接通与否，PLC 是否运行，都不会改变数据寄存器的内容。

（3）文件寄存器

文件寄存器 D1000～D7999，共 7000 点。该类数据寄存器实际上是一类专用数据寄存器，用于存储大量的数据。例如数据采集、多组控制数据等。

（4）特殊数据寄存器

特殊数据寄存器 D8000～D8255，共 256 点。该类数据寄存器供监视 PLC 运行方式用，其内容在电源接通时，写入初始化数据。未定义的特殊数据寄存器，用户不能使用。

（5）变址寄存器 V/Z

变址寄存器通常用来修改元件的地址编号，V 和 Z 都是 16 位寄存器，可进行数据的读与写。将 V 与 Z 合并使用，可进行 32 位操作，其中 V 为低 16 位。

FX$_{2N}$系列 PLC 的变址寄存器共有 16 点，V0～V7 和 Z0～Z7。

8. 常数（K/H）

常数前缀 K 表示该常数为十进制常数；常数前缀 H 表示该常数为十六进制常数。如 K30 表示十进制的 30；H24 表示十六进制的 24，对应十进制的 36。常数一般用于定时器和计数器的设定值，也可以作为功能指令的源操作数。

注意：

◇ 不同厂家、不同系列的 PLC，其内部软继电器的功能和编号都不相同，因此在编制程序时，必须熟悉所选用 PLC 编程元件的功能和编号。

◇ FX$_{2N}$系列 PLC 软继电器编号由字母和数字组成，其中输入继电器和输出继电器用八进制数字编号，其他软继电器均采用十进制数字编号。

2.3.3　PLC 编程基础

PLC 的程序有系统程序和用户程序两种。其中用户程序是指工控技术人员根据控制要求利用编程软件编制的控制程序，编程软件是由可编程序控制器生产厂家提供的编程语言。由于可编程序控制器种类较多，各个不同机型对应的编程软件也存在一定的差别，特别是不同生产厂家的可编程序控制器之间，它们的编程软件不能通用，但是因为可编程序控制器的发展过程是相同的，所以可编程序控制器的编程语言基本相似，规律也基本相同。

FX$_{2N}$系列 PLC 的编程语言包括梯形图、指令语句表、状态流程图、逻辑符号图和高级编程语言。其中最常用的编程语言是梯形图和指令语句表。本节仅介绍梯形图和指令语句表。

1. 梯形图

梯形图是通过连线把 PLC 指令的梯形图符号连接在一起的连接图，用以描述所使用的 PLC 指令及其先后顺序。梯形图沿袭了继电 - 接触器控制系统电气原理图的形式，即梯形图是在电气控制系统中常用的继电器、接触器逻辑控制基础上简化符号之后演变而来的，具有形象、直观、实用、电气技术人员容易接受等特点，是目前使用最广泛的一种 PLC 程序设计（编程）语言。图 2-18 所示为继电 - 接触器控制线路及其对应的 PLC 梯形图。

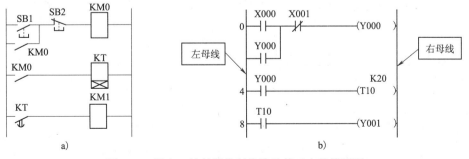

图 2-18　继电 - 接触器控制线路及其对应的梯形图

a）继电 - 接触器控制线路图　b）梯形图

由图 2-18 可见，梯形图是 PLC 模拟继电 – 接触器控制系统的编程方法，与继电 – 接触器控制系统相似，梯形图也是由触点、线圈或功能方框等元素构成。

梯形图左、右两边的垂直竖线称为左、右母线（右母线可以省略不画）。对于初学者，可以把左母线理解为提供能量的电源相线。触点闭合可以使能量流过，通到下一个元件；触点断开则阻断能量流过，这种能量流称之为"能流"。

画梯形图时必须遵循：

1）梯形图程序按逻辑行从上至下，每一行从左至右顺序编写。PLC 程序执行顺序与梯形图的编写顺序一致。

2）左母线只能直接接各类继电器的触点，继电器线圈不能直接接左母线。

3）右母线只能直接接各类继电器的线圈（不含输入继电器线圈），继电器的触点不能直接接右母线。

4）一般情况下，同一编号的线圈在梯形图中只能出现一次，而同一编号的触点在梯形图中可以重复出现。

5）梯形图中触点可以任意串、并联，而输出线圈只能并联不能串联。

注意：

◇ 梯形图与继电 – 接触器控制系统虽然相对应，但绝不是一一对应的关系，两者有本质区别：继电 – 接触器控制系统使用的是硬件电气元器件，依靠硬件连接组成控制系统。而梯形图中的继电器、定时器、计数器等编程元件不是实物，实际上是 PLC 存储器中的存储位（即软元件），相应的位为"1"状态，表示该继电器线圈通电、常开触点闭合、常闭触点断开。

◇ 梯形图左右两端的母线不接任何电源。梯形图中并没有真实的物理电流流动，而是概念电流（假想电流）。假想电流只能从左到右，从上到下。假想电流是执行用户程序时满足输出执行条件的形象理解。

2. 指令语句表

梯形图虽然直观、简便，但要求 PLC 配置显示器方可输入图形符号。在许多小型、微型 PLC 的编程器中没有屏幕显示，就只能用一系列 PLC 操作命令组成的指令程序将梯形图控制逻辑功能描述出来，并通过编程器输入到 PLC 中去。

指令语句表是一种类似于计算机汇编语言的、用一系列操作代码组成的汇编语言，又称为语句表、命令语句、梯形图助记符等。它比汇编语言通俗易懂，更为灵活，适应性广。由于指令语言中的助记符与梯形图符号存在严格对应关系，因此对于熟知梯形图的电气工程技术人员，只要了解助记符与梯形图符号的对应关系，即可对照梯形图，直接由编程器键入指令语言编写的用户程序。此外，利用生产厂家提供的编程软件也可由梯形图程序直接转换为指令语句表程序，反之亦然。表 2-13 是利用 FX$_{2N}$ 系列 PLC 指令语句表完成图 2-18b 所示梯形图控制功能编写的程序。

表 2-13　FX$_{2N}$ 系列 PLC 指令语句表

步序	指令操作码（助记符）	操作数（参数）	说　明
0	LD	X000	输入 X000 常开触点，逻辑行开始
1	OR	Y000	并联 Y000 联锁触点
2	INI	X001	串联 X001 常闭触点
3	OUT	Y000	输出 Y000，逻辑行结束

（续）

步序	指令操作码（助记符）	操作数（参数）	说　明
4	LD	Y000	输入 Y000 常开触点，逻辑行开始
5	OUT	T10 K20	驱动定时器 T10
8	LD	T10	输入 T10 常开触点，逻辑行开始
9	OUT	Y001	输出 Y001，逻辑行结束

由表 2-12 可见，指令语句表编程语言是由若干条语句组成的程序，语句是最小独立单元。每个操作功能均由一条语句来表示。PLC 的指令语句由程序（语句）步编号、指令助记符和操作数组成，下面分别予以介绍。

（1）程序步编号

程序步编号简称步序，是用户程序中语句的序号，一般由编程器自动依次给出，只有当用户需要改变语句时，才通过插入键或删除键进行增删调整。由于用户程序总是依次存放在用户程序存储器内，故程序步也可以看作语句在用户程序存储器内的地址代码。

（2）指令助记符

指令助记符是指 PLC 指令系统中的指令代码。如"LD"表示"取"，"OR"表示"或"，"ANI"表示"与非"，"OUT"表示"输出"等。它用来说明要执行的功能，告诉 CPU 该进行什么操作。例如，逻辑运算的与、或、非，算术运算的加、减、乘、除，时间或条件控制中的计时、计数和移位等功能。

（3）操作数

操作数一般由标识符和参数组成。标识符表示操作数类别，例如输入继电器、定时器和计数器等。参数表示操作数地址或预定值。

值得注意的是，某些基本指令仅由程序步编号和指令助记符组成，如程序结束指令"END"和空操作指令"NOP"指令等。

综上所述，一条语句就是给 CPU 的一条指令，规定其对谁（操作数）做什么工作（指令助记符）。一个控制动作由一条或多条语句组成的应用程序来实现。PLC 对用指令语句表编写的用户程序循环扫描，即从第一条开始至最后一条，周而复始。

2.4　编程器及编程软件的应用

编程器是 PLC 主要的外围设备，它不仅能对 PLC 进行程序的写入、修改和读出，还能对 PLC 的运行状况进行监控（监视和测试）。

FX₂N系列 PLC 的编程器可分为 FX - 20P - E 手持式（简易）编程器、GP - 80FX - E 图形编程器和 SWOPC - FXGP/WIN - C 计算机软件编程器。本书主要介绍 FX - 20P - E 简易编程器和 SWOPC - FXGP/WIN - C 计算机软件编程器的应用。

2.4.1　FX - 20P - E 型手持式编程器的应用

FX₂N系列 PLC 常用 FX - 10P - E 型和 FX - 20P - E 型手持式编程器（本书以 FX - 20P - E 为例进行介绍），FX - 20P - E 型手持式编程器实物如图 2-19 所示。手持式编程器与 PLC 主机之间采用专用电缆连接，主机的型号不同，电缆的型号也不同。连接方式如图 2-20 所示。

图 2-19　FX – 20P – E 型手持式编程器

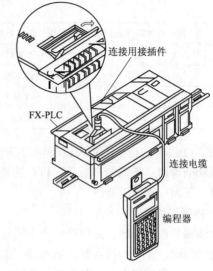

图 2-20　连接示意图

1. FX – 20P – E 型手持式编程器简介

　　FX – 20P – E 型手持式编程器由液晶显示屏、ROM 写入器接口、存储器卡盒接口，以及功能键、指令键、元件符号和数字键等键盘组成，其操作面板如图 2-21 所示。

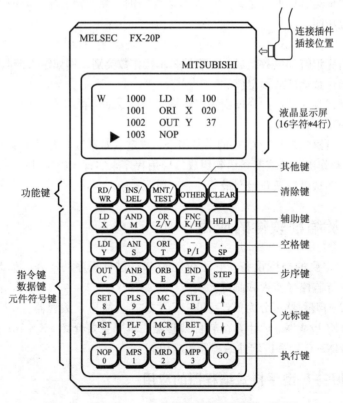

图 2-21　FX – 20P – E 型手持式编程器操作面板图

　　（1）液晶显示屏

　　FX – 20P – E 型手持式编程器液晶显示屏的显示画面如图 2-22 所示。

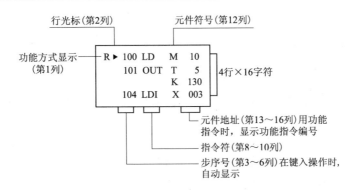

图 2-22　液晶显示器上的显示画面

液晶显示屏左上角的黑三角提示符是功能方式说明，各字母功能含义如下：

R（Read）—读出；

W（Write）—写入；

I（Insert）—插入；

D（Delete）—删除；

M（Monitor）—监视；

T（Test）—测试。

（2）键盘

键盘由 35 个按键组成，包括功能键、指令键、元件符号键和数字键等。键盘上各键的作用如下：

1）功能键。

［RD/WR］—读出/写入键，R—程序读出，W—程序写入。

［INS/DEL］—插入/删除键，I—程序插入，D—程序删除。

［MNT/TEST］—监视/测试键，M—监视，T—测试。

上述三键为双功能键，按一次选择第一功能，再按一次则选择第二功能，如再按一次又返回第一功能。如按一次 RD/WR 键选择并显示 R（程序读出功能），再按一次则选择并显示 W（程序写入）功能，如再按一次又返回选择并显示 R。

2）执行键。

［GO］—用于指令确认、执行、显示画面和检索。

在键入某指令后，再按 GO 键，编程器就将该指令写入 PLC 的用户程序存储器，该键还可实现选择工作方式等功能。

3）清除键。

［CLEAR］—在未按［GO］键之前，按下［CLEAR］键，则清除键入的指令或数据。另外，该键还用来清除屏幕上的错误内容或恢复原来的画面。

4）其他键。

［OTHER］—在任何状态下按此键，都将显示项目菜单。安装 ROM 写入模块时，在脱机方式项目上进行项目选择。

5）辅助键。

［HELP］—按下 FNC 键后按［HELP］键，屏幕上显示应用指令的分类菜单，再按下相应的数字键，就会显示出该类指令的全部指令名称。在监视方式下按［HELP］键，可用于使字编程元件内的数据在十进制和十六进制之间进行切换。

6）空格键。

［SP］—输入多参数的指令时，用来指定操作数或常数。在监视工作方式下，若要监视位编程元件，先按下［SP］键，再输入该编程元件和元件号。

7）步序键。

［STEP］—设定程序步序号。此外，若需要显示某步的指令，先按［STEP］键，再输入步序号。

8）光标键。

［↑］、［↓］—移动光标和提示符；指定当前元件的前一个或后一个地址号元件；作行滚动。

9）指令键、元件符号键和数字键。

此类按键均为双功能键，键的上面是指令助记符，下面是数字或元件符号。上、下部的功能根据当前所执行的操作自动进行切换，其中下面的元件符号 Z/V、K/H、P/I 交替使用，即反复按键时，交替切换。

2. FX‑20P‑E 型手持式编程器基本编程操作步骤

FX‑20P‑E 具有在线编程（亦称联机编程）和离线编程（亦称脱机编程）两种方式。在线编程时，编程器和 PLC 直接连接，对 PLC 用户程序存储器直接进行操作；离线编程时，编制的用户程序先写入编程器内部的 RAM，再由编程器传送到 PLC 的用户程序存储器。但无论是在线编程，还是脱机编程，基本编程操作相同，其步骤如图 2-23 所示。

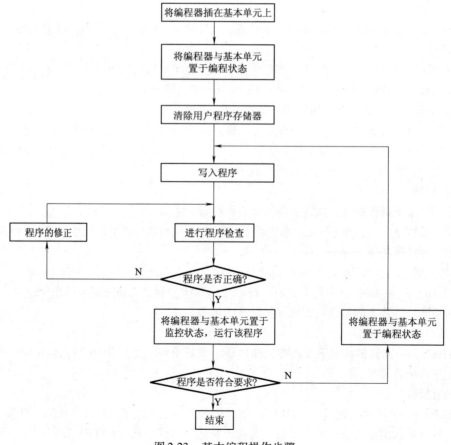

图 2-23　基本编程操作步骤

随着生产厂家对 PLC 硬件接口、软件包的逐步开发和家用计算机的普及（特别是笔记本电脑的普及），利用计算机加上适当的 PLC 硬件接口和软件包构成编程器已逐渐成为编程工具首选，除个别特殊控制系统需要用到手持式编程器外，其他控制系统已基本不用。

表 2-14 所示为 FX－20P－E 型手持式编程器出错信息一览表，表 2-15 所示为 FX－20P－E 型手持式编程器程序出错信息码。

表 2-14　FX－20P－E 型手持式编程器出错信息一览表

错误信息	原　因	处　理
HPP 通信有错	与 PLC 之间的通信不良	检查 PLC 及电缆有无异常
HPP 参数有错	HPP 参数不良	设定正确的参数
禁止写入	写入 EPROM	改变首先写入的存储器
	写入 EEPROM 时，保护开关为 ON	将 EEPROM 的保护开关置于 OFF，再写入
无引导程序	未找到指定的程序	转入后面的操作
关键字出错	进行关键字禁止的操作	只进行不禁止的操作
功能不能实现	选择不能使用的功能	选择可使用的功能
清除出错	ROM 内容未清除	用 EPROM 清除器清除或换用新的 ROM
校核发现有错	校核结果有不一致的地方	通过读出、写入的操作，使内容一致
步溢出	指定的步数超过最大值	设定正确的步序号
设定错误	设定值数据不恰当	输入正确的数据值
PLC 参数有错	PLC 参数不良	设定正确的参数
PLC 型号不一致	指定的 PLC 型号与实际连接的 PLC 型号不同	确认型号，请采用指定的型号
PLC 在 RUN 中	PLC 在 RUN 方式下进行写入操作	将 PLC 置于 STOP 状态，再写入
ROM 误连接	①ROM 写入器模块中未装有存储器卡盒②ROM 写入器模块中装的存储器卡盒不是 EPROM，而是 EEPROM	在 ROM 写入器模块中正确安装 EPROM
无程序区	无程序区	设定参数
程序溢出	程序有超容量的危险（不执行）	进行 NOP 成批清除或重估程序容量
指令有错	使用的指令不对	输入正确的指令
软元件有错	设定不正确的软元件及指针	输入正确的软元件及指针

表 2-15　FX－20P－E 型手持式编程器程序出错信息码

错误信息	出错码	错误内容
PLC 硬件有错 *	6101	RAM 有错
	6102	运算电路有错
	6103	I/O 总线有错（M8069 驱动时）
PLC 通信有误 *	6201	奇偶校验出错、超越误差、成帧错误
	6202	通信字符不良
	6203	通信数据求和不一致
	6204	数据格式不良
	6205	命令不良

（续）

错误信息	出错码	错误内容
通信错误 *	6301	奇偶校验出错、超越误差、成帧错误
	6302	通信字符不良
	6303	通信数据求和不一致
	6304	数据格式不良
	6305	命令不良
	6306	警戒时钟超时
参数有错	6401	程序求和不一致
	6402	存储器容量设定不良
	6403	保护区设定不良
	6404	注释区设定不良
	6405	文件寄存器区设定不良
	6409	其他设定不良
语法有错	6501	指令、软元件符号、软元件组合不良
	6502	设定值前无 OUT T、C
	6503	有 OUT T、C，而无设定值，应用指令操作数不足
	6504	标号重复，中断输入及高速计数器输入重复
	6505	软元件号超范围
	6509	其他
回路有错	6601	①LD、LDI 和 ANB、ORB 的关系不正常
	6602	②STL、RET、MCR、P（指针）、EI、DI、SRET 等指令未连至母线
	6603	MPS 的连续使用次数超过 12 次
	6604	MPS 和 MRD、MPP 的关系不正常
	6605	①STL 的连续使用次数超过 9 次
		②STL 内有 MC、MCR、I（中断）、SRET 等
		③STL 外有 RET，无 STL
	6606	①无 P（指针）、I（中断）
		②无 SRET、IRET
		③I（中断）、SRET、IRET 在主程序中
		④STL、RET、MC、MCR 在子程序和中断程序中
	6607	①FOR 和 NEXT 的关系不正常，嵌套超过 6 次
		②在 FOR 和 NEXT 间有 STL、RET、MC、MCR、IRET、SRET 等指令
	6608	①MC 和 MCR 关系不正常
		②MCR 无编号
	6609	③在 MC 和 MCR 间有 SRET、IRET、I（中断）
		其他
运算有错 *	6701	无 CJ、CALL 的跳转
	6702	CALL 的嵌套级数大于 6
	6703	中断嵌套级数大于 3
	6704	FOR ~ 的嵌套级数大于 6
	6705	功能指令的操作数错用软元件
	6706	作为功能指令操作数的软元件号范围及数据值溢出
	6707	未设定文件寄存器，而对文件寄存器进行存取
	6708	FOR/NEXT 程序错误
	6709	其他关系不正常等

注：“ * ”表示只有联机方式才能检出的错误信息。

2.4.2 GX Developer 编程软件应用

目前，三菱电机公司提供的 PLC 编程软件是 GX – Developer 和 FXGP/WIN – C。其中 GX – Developer（简称 GX 软件）是三菱 PLC 的新版编程软件，能够进行 FX 系列、Q/QnA 系列、A 系列 PLC 的梯形图、语句指令表和 SFC 等编程，且已完全实现了 FXGP/WIN – C 的兼容。因此，GX 编程软件有取代 FXGP/WIN – C 的趋势。

与 FXGP/WIN – C 相比，GX 软件的主要特点如下：

1）GX 软件可以采用标号编程、功能块编程和宏编程等多种方式编程，还可以将 Excel、Word 等办公软件编辑的文字与表格复制、粘贴到 PLC 程序中，使用起来非常方便。

2）将三菱公司开发的 GX Simulator – 6 仿真软件和 GX 编程软件装在一个软件包时，GX 软件不仅具有编程功能，还具有仿真功能，能在脱机（无 PLC）状态下对程序进行调试。这对初学者学习 PLC 的编程有很大帮助。

3）GX 软件在 FXGP/WIN – C 的基础上新增了回路监视、软件同时监视和软件登录监视等多种功能，可以进行 PLC 的 CPU 诊断、CC – link 网络诊断。

本节主要介绍 GX 软件的基本功能、程序编辑功能、仿真功能的使用。对不熟悉软件使用的读者能基本学会软件的使用，更多的功能希望读者在实际应用中逐步学习，逐步掌握和应用。

1. GX Developer 编程软件的安装

（1）安装环境

运行 GX 软件的计算机最低配置如下：

CPU：奔腾 133MHz 以上，推荐奔腾 300MHz 以上；

内存：32MB 以上，推荐 64MB 以上；

硬盘、CD – ROM：安装运行均需 80MB 以上，需要 CD – ROM 驱动器用于安装；

显示器：分辨率 800 × 600 点以上，16 色或更高；

操作系统：Windows 95、Windows 98、Windows NT、Windows 2000、Windows Me、Windows XP。

（2）软件安装

安装前，做好将 GX 软件和 GX Simulator – 6 仿真软件放到一个文件夹下的准备。例如，文件夹名为"三菱编程仿真软件"，如图 2-24 所示。打开文件夹，可以看到软件内有两个文件夹，如图 2-25 所示。

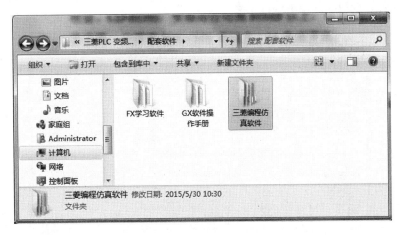

图 2-24　"三菱编程仿真软件"文件夹

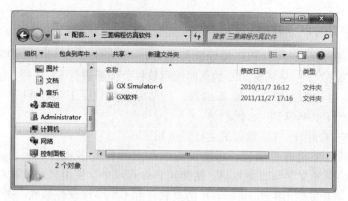

图 2-25 　"三菱编程仿真软件"文件夹中的文件

1）GX 编程软件环境安装。

打开文件夹"GX 软件"，如图 2-26 所示。图中"EnvMEL"文件夹是对三菱软件的环境安装包，"Developer"文件夹是 GX 软件的正式安装包。

图 2-26 　"GX 软件"文件夹中的文件

初次安装三菱编程软件时，首先安装 EnvMEL 文件夹中的"SETUP. EXE"安装软件，这是对 GX 软件的环境安装。具体操作步骤是，双击 EnvMEL 文件夹，弹出图 2-27 所示的界面，双击 SETUP. EXE 文件，按照软件提示进行环境安装。

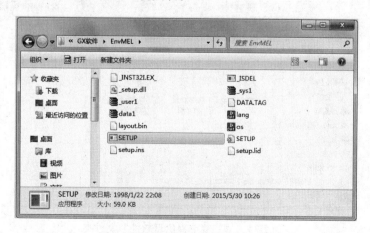

图 2-27 　EnvMEL 文件夹中的文件

2）GX 软件安装。

环境安装完成后，返回图 2-26 所示界面，双击 Developer 文件夹，弹出界面后，双击 SET-UP. EXE 文件按照软件提示进行 GX 软件安装。值得注意的是，在安装过程中，"监视专用 GX Developer"选项不能勾选，其他选项均可以勾选，如图 2-28 所示。

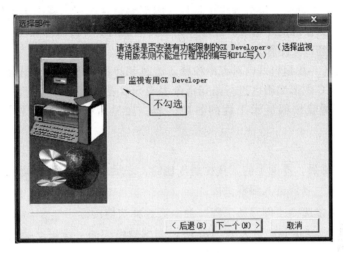

图 2-28　监视专用界面

（3）GX Simulator - 6 仿真软件安装

GX 软件安装完成后，返回图 2-25 所示界面，双击 GX Simulator - 6 文件夹，弹出界面后，双击 SETUP. EXE 文件按照软件提示即可进行 GX Simulator - 6 仿真软件安装。

注意：

◇ 必须先安装 GX 软件，才可以安装 GX Simulator - 6 仿真软件。

◇ 安装好编程软件和仿真软件后，仿真软件被集成到 GX 软件中，在桌面或者开始菜单中没有仿真软件的图标，其实质是仿真软件相当于编程软件的一个插件。

2. 学会使用 GX Developer 编程软件

（1）GX 软件界面介绍

单击"开始"→"程序"→"MELSOFT 应用程序"→"GX Developer"，即进入 GX 软件编程初始界面，创建新工程后进入如图 2-29 所示的编程界面。

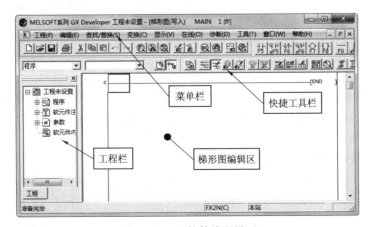

图 2-29　GX 软件编程界面

由图 2-29 可见，GX – Developer 编程界面主要分成以下 4 个区：

1）菜单栏。共 10 个下拉菜单，如果选择了所需要的菜单，相应的下拉菜单就会显示，然后可以选择各种功能。若下拉菜单的最右边处有"▶"标记，则可以显示选择项目的下拉菜单；当功能名称旁边有"…"标记时，将光标移至该项目时就会出现设置对话框。

2）快捷工具栏。工具栏又可分为主工具栏、图形编辑工具栏、视图工具栏等。工具栏内容快捷图标仅在相应的操作范围才可见。此外，在工具栏上的所有按钮都有注释，只要慢慢移动鼠标到按钮上面就能看到中文注释。

3）梯形图编辑区。在编辑区内对程序注释、注解和参数等进行梯形图编辑，也可转换为语句指令表逻辑区或 SFC 图形编辑区进行语句指令表或 SFC 图形编辑。

4）工程栏。以树状结构显示工程的各项内容，如显示程序、软元件注释和 PLC 参数设置等。

（2）创建新工程

启动 GX 编程软件后，界面上的工具栏是灰色的，表示未进入编程界面。此时，利用"创建工程"或"打开工程"才能进入编程页面。

单击"工程"菜单选择"创建新工程"命令或选择快捷图标" ❏ "，如图 2-30 所示。按图中顺序操作，创建工程结束便可进入图 2-29 所示程序编辑界面。在程序编辑完成并保存后，所创建的新工程可以在下次重新启动 GX 软件后用打开方式进行打开与编辑。

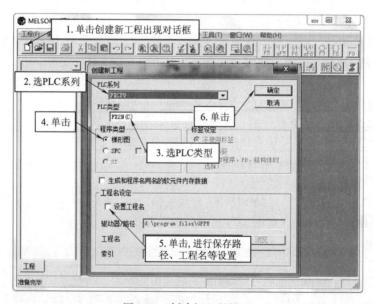

图 2-30　创建新工程界面

（3）梯形图编辑

GX 软件提供快捷方式输入、键盘输入和菜单输入 3 种梯形图输入法。

1）快捷方式输入法。

GX 软件梯形图符号工具条如图 2-31 所示。

图 2-31　梯形图符号工具条

　　各项功能说明（按顺序）：【F5】"常开触点"、【sF5】"并联常开触点"、【F6】"常闭触点"、【sF6】"并联常闭触点"、【F7】"线圈"、【F8】"应用指令"、【F9】"画横线"、【sF9】"画竖线"、【cF9】"横线删除"、【cF10】"竖线删除"、【sF7】"上升沿脉冲"、【sF8】"下降沿脉冲"、【aF7】"并联上升沿脉冲"、【aF8】"并联下降沿脉冲"、【aF5】"取运算结果的脉冲上升沿脉冲"、【caF5】"取运算结果的脉冲下降沿脉冲"、【caF10】"运算结果取反"、【F10】"画线输入"、【aF9】"画线删除"。

　　快捷方式操作方式如下：要在某处输入触点、指令、划线和分支等，先要把蓝色光标移动到要编辑梯形图的地方，然后在工具条上单击相应的快捷图标，或按一下快捷图标下方所标注的快捷键即可。

　　例如，要输入 X000 常开触点，单击快捷图标" "，或按快捷键【F5】，出现如图 2-32 所示的"梯形图输入"对话框。

图 2-32　"梯形图输入"对话框

　　键盘输入 X000，单击"确定"按钮，在梯形图编辑区出现一个标号为 X000 的常开触点，且其所在程序行变成灰色，表示该程序行进入编辑状态，如图 2-33 所示。

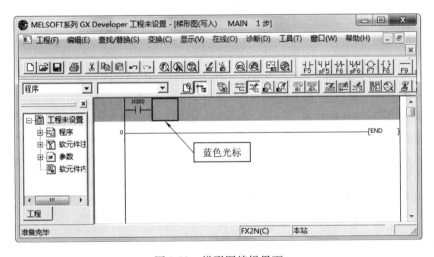

图 2-33　梯形图编辑界面

　　同理，其他的触点、线圈、指令和划线等都可以通过上述方法完成输入。但唯独"画线输入（F10）"图标单击后会呈按下状，再用鼠标左键压住光标进行拖动就形成了下拉右撇的分支线，如图 2-34 所示。

　　如果修改或者删除，也先要把蓝色光标移动到需要修改或删除之处，修改只要重新单击输入即可；删除只要按下键盘上的【DEL】键或右击选择"删除"功能即可。但"竖直线"必须单击快捷图标" "才能删除。

　　快捷输入方式的优点是工具化、简单快捷。PLC 初学者只要掌握工具条中各个图标的使用方法，便可以完成梯形图输入功能。

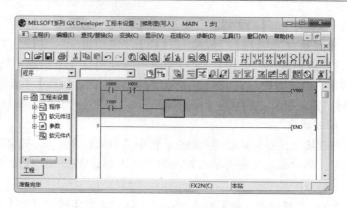

图 2-34 梯形图画线输入

2）键盘输入法。

如果键盘使用熟练，直接从键盘输入则更方便，效率更高。键盘输入操作方法：在梯形图编辑区定位光标，利用键盘输入指令和操作数，在光标的下方会出现对应的对话框，然后单击"确定"按钮即可。

例如，在开始输入 X000 常开触点时，输入首字母"L"后，即出现"梯形图输入"对话框，如图 2-35 所示。

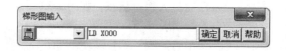

图 2-35 "梯形图输入"对话框

继续输入指令"LD X000"，单击"确定"按钮，常开触点 X000 编辑完成，如图 2-33 所示。同理，其他的触点、线圈等都可以通过上述方法完成输入。值得注意的是，碰到"画竖线"和"画横线"等画线输入仍然需要单击对应图标实现。梯形图的修改、删除和快捷方式相同。

3）菜单输入法。

单击菜单栏中的"编辑"→"梯形图标记"→"常开触点"后，同样出现"梯形图输入"对话框，输入元件号后单击"确认"按钮，常开触点 X000 即已经编辑完成。

在 GX 软件中，很多程序都需运用两种或两种以上的操作方式。为了节省篇幅，在后续的讲解中，基本上只用一种方式介绍 GX 软件的各种编辑操作，希望读者注意。

（4）梯形图程序编译、与指令表程序切换及保存

1）梯形图程序的编译。

在利用 GX 软件输入完一段程序后，其颜色是灰色状态，若不对其进行编译，则程序无效，不能进行保存、传送和仿真。

GX 软件可用 3 种方法进行梯形图程序编译操作：①直接按功能键【F4】；②单击"变换（C）"菜单，选择"变换（C）"命令；③单击工具栏程序变换图标"▣"。编译无误后，程序灰色部分变白。

若梯形图程序在格式或语法等方面有错误，则进行编译时，系统会提示错误，必须重新修改错误的程序后，重新编译，直到使灰色程序变成白色。

2）梯形图与指令语句表程序切换。

梯形图编译后，还可以转换成指令语句表程序，其操作方法为单击梯形图/指令表切换图标

"　"，显示已经切换好的指令语句表程序。再次单击，又切换为梯形图程序。

3）程序保存。

GX 软件保存操作和其他软件操作一样，单击菜单栏中的"工程"→"另存工程为"，出现"另存工程为"对话框，如图 2-36 所示。选择"驱动器/路径"，输入"工程名"，单击"保存"按钮，即可完成程序的保存。

图 2-36　"另存工程为"对话框

（5）梯形图程序注释

由于梯形图程序的可读性较差，加上程序编制因人而异。给程序加上注释，可以增加程序的可读性，方便交流和对程序进行修改。

GX 软件对梯形图有注释编辑、声明注释和注解编辑三种注释内容，三种注释均有菜单注释和图标注释两种操作方法。本模块仅介绍图标注释法。

1）注释编辑。

注释编辑对梯形图中的触点和输出线圈添加注释。操作方法是，单击注释编辑图标"　"，梯形图之间的行距拉开。此时把光标移到待注释的触点或线圈，双击光标，出现如图 2-37 所示的"注释输入"对话框。在对话框内填入注释内容后，单击"确定"按钮，注释文字便出现在待注释触点或线圈下方。

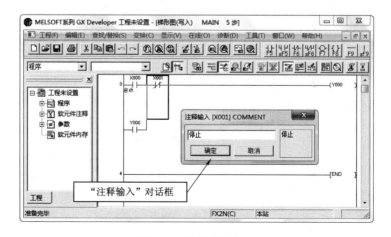

图 2-37　注释编辑界面

注意：

◇ 光标移到哪个触点或线圈处，就可以注释哪个触点或线圈。

◇ 对一个触点进行注释后，梯形图中所有这个触点（常开触点、常闭触点）都会在其下方出现注释内容。

2）声明编辑。

声明编辑对梯形图中某一程序行或某一段程序进行说明注释。操作方法是，单击声明编辑图标"![]"，将光标移到要编辑程序行的行首，双击光标，出现如图 2-38 所示的"行间声明输入"对话框。在对话框内填入声明文字后，单击"确定"按钮，声明文字加到相应的行首。

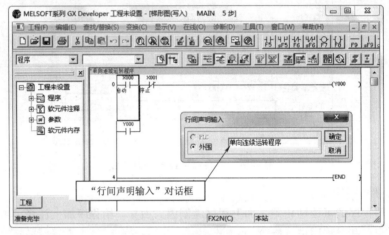

图 2-38　声明编辑界面

3）注解编辑。

注解编辑对梯形图中输出线圈或功能指令进行说明注释。操作方法是，单击注解编辑图标"![]"，将光标移到待编辑输出线圈或功能指令处，双击光标，出现如图 2-39 所示的"输入注解"对话框。在对话框内填入注解文字后，单击"确定"按钮，注解文字加到相应的输出线圈或功能指令的左上方。

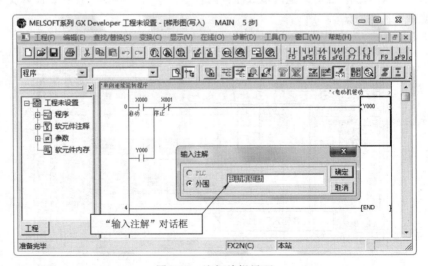

图 2-39　注解编辑界面

4）批量表注释。

对于编程元件的注释，GX 软件还设计了专门的批量表注释，操作方法是，单击工程栏中"软元件注释"→"COMMENT"，出现图 2-40 所示的"批量表注释"设置界面。

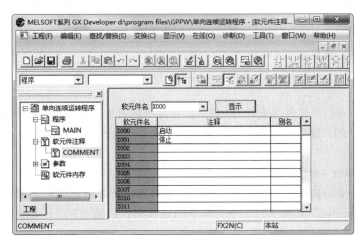

图 2-40　"批量表注释"设置界面

此时，可在"注释"栏内，编辑软元件名相应的内容。例如，"启动"和"停止"。照此操作，一次性可将所有需要注释的编程元件进行注释。然后单击工程栏中"程序"→"MAIN"（或单击菜单栏"窗口"→"梯形图（写入）"），返回梯形图编辑界面，在触点和输出线圈处均会显示注释的内容。

5）程序的写入与读取。

程序的写入将利用 GX 软件编制好的程序输入 PLC，程序的读取将 PLC 中原有的程序读取到GX 软件。GX 软件程序的写入与读取操作方法如下：

单击"在线"菜单，在下拉菜单中有"PLC 读取"和"PLC 写入"等操作，如图 2-41 所示。若要把编制好的程序写到 PLC 里面，则选择"PLC 写入"（或单击快捷图标"　"）；若要把 PLC 中原有的程序读取到 GX 软件，则选择"PLC 读取"（或单击快捷图标"　"）。

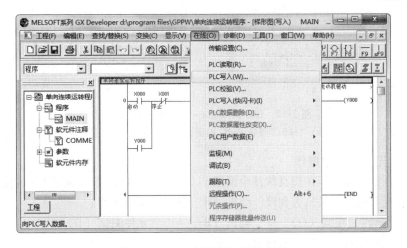

图 2-41　PLC 在线写入/读取界面

注意：

◇ 计算机的 RS - 232C 端口及 PLC 之间必须用指定的缆线及变换器连接。

◇ 执行完"PLC 读取"后，计算机原有的程序将被读取的程序替代，PLC 模式改变成被设定的模式。

◇ 在"PLC 写入"时，PLC 应停止运行，程序必须在 RAM 或 EEPROM 内存保护关断的前提下写入，然后进行校验。

2.4.3　GX Simulator - 6 仿真软件应用

GX Simulator - 6 仿真软件是安装 GX 软件的计算机内追加的软元件包，和 GX 软件配合使用能够实现不带 PLC 的离线仿真模拟调试，调试内容包括软元件的监视测试、外部输入、输出的模拟操作等。

1. GX Simulator - 6 仿真软件启动

GX Simulator - 6 仿真软件必须在程序编译后（由灰色转为白色后）才能启动。启动方法有两种：①单击菜单栏中"工具（T）"→"梯形图逻辑测试启动（L）"；②单击快捷工具栏梯形图逻辑测试启动/结束图标"![]"。

单击后出现如图 2-42a 所示"LADDER LOGIC TEST TOOL"（梯形图逻辑测试）对话框，框中"RUN"和"ERROR"均为灰色。同时出现"PLC 写入"窗口，显示程序写入进度，写入完成后，单击"取消"按钮，GX Simulator - 6 仿真软件启动成功。

启动成功后，对话框中"RUN"变成黄色，蓝色光标变成蓝色方块，凡是当前接通的触点或线圈均显示蓝色。所有定时器显示当前计时时间，计数器则显示当前计数值，梯形图程序已进入仿真监控状态。

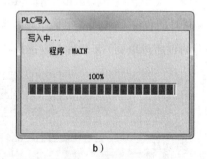

a)　　　　　　　　　　　　　　b)

图 2-42　GX Simulator - 6 仿真软件启动界面

a)"梯形图逻辑测试"对话框　b)"PLC 写入"窗口

2. 启动软元件的强制操作

软元件的强制操作是指在仿真软件中模拟 PLC 的输入元件动作（强制 ON 或强制 OFF），观察程序运行情况，运行结果是否和设计结果一致，操作方法有 3 种。

1) 单击菜单栏"在线（O）"→"测试（B）→"软元件测试（D）"；

2) 单击快捷工具栏软元件测试图标"![]"；

3) 将蓝色方块移动至需强制操作触点处，单击右键选择"软元件测试（D）"。

进行上述操作后，出现图 2-43 所示的"软元件测试"对话框。

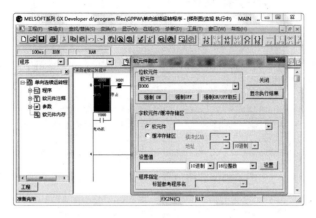

图 2-43　"软元件测试"对话框

在"软元件"中，填入需要强制操作的位元件，例如，X000，单击"强制 ON"按钮后，程序会按位元件强制后状态进行运行。此时可以仔细观察程序中各个触点及输出线圈的状态变化，看它们的动作结果是否和设定的一致。如果触点变成蓝色，表示该触点处于接通状态；输出线圈两边显示蓝色，表示该输出线圈接通。图 2-38 所示单向连续运转程序中软元件 X000"强制 ON"后，程序运行结果如图 2-44 所示。

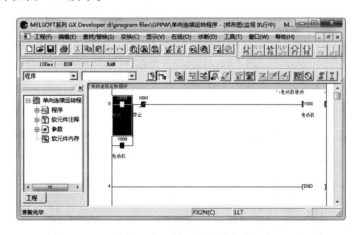

图 2-44　单向连续运转程序离线仿真运行界面

如果要停止"强制 ON"，可单击"强制 OFF"按钮。但如果要停止程序运行，则必须打开"LADDER LOGIC TEST TOOL"对话框，单击运行状态栏"STOP"，再单击"RUN"，程序恢复仿真运行状态。

3. 软元件的监控

软元件监控操作如下：打开图 2-42a 所示"梯形图逻辑测试"对话框，单击"菜单起动(S)"→"继电器内存监视"，出现如图 2-45 所示的对话框。

单击"软元件（D)"→"位软元件窗口"，选择"X"，出现软元件 X 的监控窗口，如图 2-46 所示。

同理，可以调出所需要监视的各个位元件（Y、M 等）的窗口，并把它们缩小并列在一起，如图 2-47 所示。

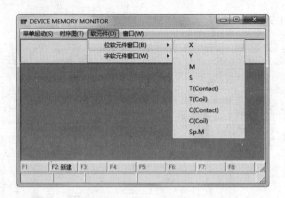

图 2-45　"继电器内存监视"对话框

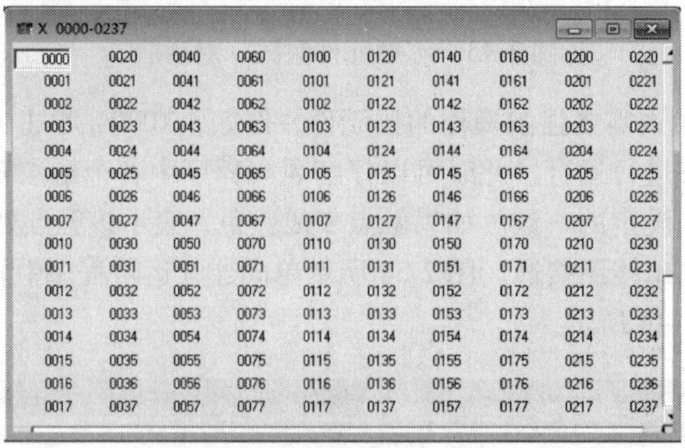

图 2-46　软元件 X 监控窗口

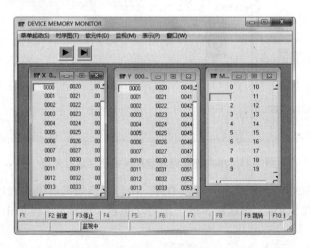

图 2-47　软元件监控窗口

启动仿真后，会看到监控窗口里，显示黄色表示相应的软元件为接通，显示白色为关断。由上述分析可见，采用软元件监控功能，可以同时监控多个软元件的变化过程，便于程序编制与调试。

利用图 2-47 所示的软元件监控窗口，也可以对位元件进行强制操作。操作方法是，对准需要操作的位元件，双击左键，该元件被强制"ON"，显示黄色；再次双击，被强制"OFF"，显示白色。

如果监控结果导致要对程序进行修改时，就要提出 PLC 仿真运行，退出时单击梯形图逻辑测试启动/结束图标""，出现结果梯形图逻辑测试窗口，如图 2-48 所示，单击"确定"按钮即可退出仿真测试。

图 2-48　结束仿真测试窗口

4. 时序图监控

在图 2-45 所示的"继电器内存监视"对话框中，单击"时序图"，出现如图 2-49 所示窗口。

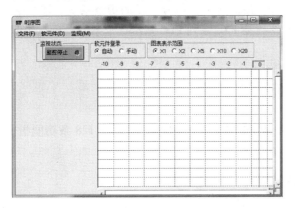

图 2-49　时序图监控窗口（一）

单击"监控停止（红灯）"，变成"正在进行监控（绿灯）"。此时窗口左边出现了程序中的位元件，如图 2-50 所示。双击左键强制元件，出现了脉冲波形的时序图，便于分析各元件之间的时序逻辑关系。

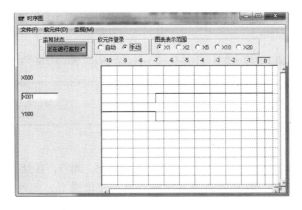

图 2-50　时序图监控窗口（二）

第3章　基本指令系统编程技巧及工程案例

导读：PLC 所使用的各种指令的集合称为 PLC 的指令系统。基本指令系统是 PLC 中最基本的指令集合。本章主要介绍三菱 FX$_{2N}$ 系列 PLC 基本指令系统，重点讲解指令的含义、梯形图与指令的格式及其应用。

3.1　基本指令系统

FX$_{2N}$ 系列 PLC 有 27 条基本指令，2 条步进顺控指令，128 条功能指令（或称应用指令），本节主要介绍其基本指令系统。

3.1.1　逻辑取、输出指令

逻辑取、输出指令助记符、名称、功能、梯形图及指令语句表、可用软元件（或称为操作数）如表 3-1 所示。

表 3-1　逻辑取、输出指令

助记符	指令名称	功能	梯形图	可用软元件	程序步长
LD	取	常开触点和左母线连接	├─┤ ├──(Y0)─┤	X、Y、M、T、C	1
LDI	取反	常闭触点和左母线连接	├─┤/├──(Y0)─┤	X、Y、M、T、C	1
OUT	输出	线圈驱动	├─┤ ├──(Y0)─┤	Y、M、T、C	Y、M：1；特 M：2；T：3；C：3~5

1. 指令应用技巧

1）LD 指令。取指令，其功能是将常开触点接到左母线上。此外，在分支电路接点处也可使用。

2）LDI 指令。取反指令，其功能是将常闭触点接到左母线上。此外，在分支电路接点处也可使用。

3）OUT 指令。输出指令或驱动指令，其功能输出逻辑运算结果，即根据逻辑运算结果去驱动一个指定的线圈。

2. 应用实例

LD、LDI 和 OUT 指令的应用实例如图 3-1 所示。

图 3-1 中，当输入端口 X0 有信号输入时，输入继电器 X0 的常开触点闭合，输出继电器 Y0 的线圈得电，其主触点闭合驱动输出设备工作。

当输入端口 X1 无信号输入时，输入继电器 X1 的常闭触点保持闭合状态，M100、T0 的线圈得电，定时器 T0 开始计时，计时结束后，其常开触点闭合，输出继电器 Y1 的线圈得电，其主触点闭合驱动输出设备工作。当输入端口 X1 有信号输入时，输入继电器 X1 的常闭触点分断，辅助继电器 M100、定时器 T0 的线圈失电，定时器 T0 复位。

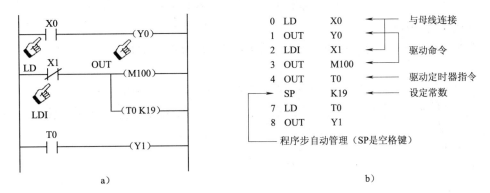

图 3-1　LD、LDI 和 OUT 指令的应用实例

a）梯形图　b）指令语句表

值得注意的是，OUT 指令用于驱动定时器 T、计数器 C 时，还需要第二个操作数用于设定参数。参数可以是常数 K 或数据寄存器 D。常数 K 的设定范围、定时范围如表 3-2 所示。

表 3-2　定时器/计数器常数设定值范围

定时器/计数器	K 的设定范围	定时时间范围
1ms 定时器	1 ~ 32 767	0.001 ~ 32.767s
10ms 定时器	1 ~ 32 767	0.01 ~ 327.67s
100ms 定时器	1 ~ 32 767	0.1 ~ 3276.7s
16 位计数器	1 ~ 32 767	1 ~ 32767s
32 位计数器	− 2 147 483 648 ~ + 2 147 483 647	− 2 147 483 648 ~ + 2 147 483 647

3.1.2　触点串、并联指令

触点串、并联指令助记符、名称、功能、梯形图及指令语句表、可用软元件如表 3-3 所示。

表 3-3　触点串、并联指令

助记符	指令名称	功能	梯形图	可用软元件	程序步长
AND	与	常开触点串联连接	⊣├─┤├─(Y0)⊢	X、Y、M、S、T、C	1
ANI	与非	常闭触点串联连接	⊣├─┤╱├─(Y0)⊢	X、Y、M、S、T、C	1
OR	或	常开触点并联连接	(Y0)	X、Y、M、S、T、C	1
ORI	或非	常闭触点并联连接	(Y0)	X、Y、M、S、T、C	1

1. 指令应用技巧

1）AND 指令。与指令，用于一个触点与另一个常开触点的串联。

2）ANI 指令。与非指令，用于一个触点与另一个常闭触点的串联。

3）OR 指令。或指令，用于一个触点与另一个常开触点的并联。

4）ORI 指令。或非指令，用于一个触点与另一个常闭触点的并联。

注意：

◇ AND、ANI 指令和 OR、ORI 指令串联、并联触点的数量不受限制。

◇ 当串联的是两个或两个以上的并联触点，或并联的是两个或两个以上的串联触点时，需用到后面将要讲述的块与（ANB）指令和块或（ORB）指令。

2. 应用实例

AND、ANI 指令的实用实例如图 3-2 所示。

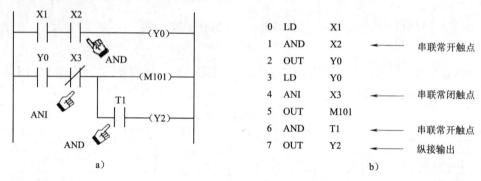

图 3-2　AND、ANI 指令的应用实例

a）梯形图　b）指令语句表

图 3-2 中，串联常开触点用 AND 指令，串联常闭触点用 ANI 指令。此外，OUT M101 后的 OUT Y2 称为纵接输出或连续输出。一般情况下，纵接输出可重复多次使用。但限于图形编程器和打印机页面限制，应尽量做到一行不要超过 10 个触点和一个线圈，行数不要超过 24 行。

OR、ORI 指令的实用实例如图 3-3 所示。图中，并联常开触点用 OR 指令，并联常闭触点用 ORI 指令。

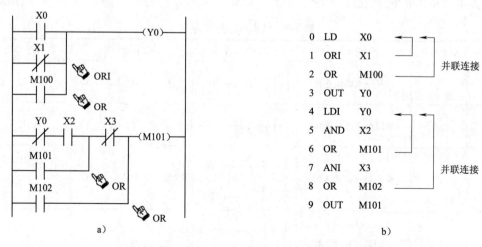

图 3-3　OR、ORI 指令的应用实例

a）梯形图　b）指令语句表

3.1.3 电路块连接指令

电路块连接指令助记符、名称、功能、梯形图及指令语句表、可用软元件如表 3-4 所示。

表 3-4 ORB 和 ANB 指令

助记符	指令名称	功能	梯形图	可用软元件	程序步长
ORB	电路块或	串联电路块的并联连接	⊣⊢⊣⊢──(Y0)── ⊣⊢⊣⊢	无	1
ANB	电路块与	并联电路块的串联连接	⊣⊢⊣⊢──(Y0)── ⊣⊢⊣⊢	无	1

1. 指令应用技巧

1）ORB 指令。电路块或指令，用于串联电路块与前面的触点或电路块并联。

2）ANB 指令。电路块与指令，用于并联电路块与前面的触点或电路块串联。

注意：

◇ 两个或两个以上触点串联的电路称为串联电路块；两个或两个以上触点并联的电路称为并联电路块。建立电路块用 LD 或 LDI 开始。

◇ 若对每个电路块分别使用 ANB、ORB 指令，则串联或并联的电路块的个数没有限制；也可成批使用 ANB、ORB 指令，但成批使用次数限制在 8 次以下。

2. 应用实例

ORB 指令的实用实例如图 3-4 所示。

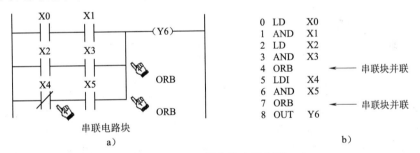

图 3-4 ORB 指令的应用实例

a）梯形图 b）指令语句表

ANB 指令的实用实例如图 3-5 所示。

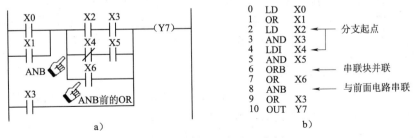

图 3-5 ANB 指令的应用实例

a）梯形图 b）指令语句表

3.1.4 脉冲式触点指令

脉冲式触点指令助记符、名称、功能、梯形图及指令语句表、可用软元件如表 3-5 所示。

表 3-5 脉冲式触点指令

助记符	指令名称	功能	梯形图	可用软元件	程序步长
LDP	取脉冲上升沿	上升沿检测运算开始	⊢↑⊢—(Y0)—	X、Y、M、S、T、C	2
LDF	取脉冲下降沿	下降沿检测运算开始	⊢↓⊢—(Y0)—	X、Y、M、S、T、C	2
ANDP	与脉冲上升沿	上升沿检测串联连接	⊢⊢↑⊢—(Y0)—	X、Y、M、S、T、C	2
ANDF	与脉冲下降沿	下降沿检测串联连接	⊢⊢↓⊢—(Y0)—	X、Y、M、S、T、C	2
ORP	或脉冲上升沿	上升沿检测并联连接	⊢⊢↑⊢—(Y0)—	X、Y、M、S、T、C	2
ORF	或脉冲下降沿	下降沿检测并联连接	⊢⊢↓⊢—(Y0)—	X、Y、M、S、T、C	2

1. 指令应用技巧

1）LDP 指令。取脉冲上升沿指令，其功能是将触点（上升沿有效）接到左母线上。此外，在分支电路接点处也可使用。

2）LDF 指令。取脉冲下降沿指令，其功能是将触点（下降沿有效）接到左母线上。此外，在分支电路接点处也可使用。

3）ANDP 指令。与脉冲上升沿指令，用于一个触点与另一个触点（上升沿有效）的串联。

4）ANDF 指令。与脉冲下降沿指令，用于一个触点与另一个触点（下降沿有效）的串联。

5）ORP 指令。或脉冲上升沿指令，用于一个触点与另一个触点（上升沿有效）的并联。

6）ORF 指令。或脉冲下降沿指令，用于一个触点与另一个触点（下降沿有效）的并联。

注意：

◇ LDP、ANDP、ORP 指令是用来进行上升沿检测的指令，仅在指定位软元件的上升沿时（OFF→ON），继电器得电一个扫描周期 T 之后失电，又称为上升沿微分指令。

◇ LDF、ANDF、ORF 指令是用来进行下降沿检测的指令，仅在指定位软元件的下降沿时（ON→OFF），继电器得电一个扫描周期 T 之后失电，又称为下降沿微分指令。

2. 应用实例

脉冲式触点指令的实用实例如图 3-6 所示。

图 3-6 中，在 X2 的上升沿或 X3 的上升沿，Y0 有输出，且接通一个扫描周期。对于 M1 输出，仅当 X0 的下降沿和 X1 的上升沿同时到达时，M1 输出一个扫描周期。

必须指出的是，图中的一个扫描周期是为了分析问题而被放大了的，在实际工作中是几乎看不到的一个极其短暂的瞬间。

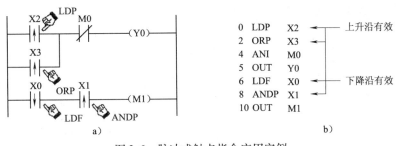

图 3-6　脉冲式触点指令应用实例

a）梯形图　b）指令语句表

3.1.5　多重输出指令

在三菱 FX$_{2N}$ 系列 PLC 中，均设置有存储运算中间结果的存储器，称为堆栈存储器。这个堆栈存储器将触点之间的逻辑运算结果存储后，可以用多重输出指令将这个结果读出，再参与其他触点之间的逻辑运算。多重输出指令助记符、名称、功能、梯形图及指令语句表、可用软元件如表 3-6 所示。

表 3-6　MPS、MRD、MPP 指令

助记符	指令名称	功能	梯形图	可用软元件	程序步长
MPS（Push）	入栈	将运算结果压入堆栈存储器	MPS ——（Y0）	无	1
MRD（Read）	读栈	将栈的第一层内容读出来	MPD ——（Y1）	无	1
MPP（Pop）	出栈	将栈的第一层内容弹出来	MPP ——（Y2）	无	1

1. 指令应用技巧

1）MPS 指令。入栈指令，其功能为将该时刻的运算结果压入堆栈存储器的最上层，堆栈存储器原来存储的数据依次向下自动移一层。

2）MRD 指令。读栈指令，其功能为将堆栈存储器中最上层的数据读出。执行 MRD 指令后，堆栈存储器中的数据不发生任何变化。

3）MPP 指令。出栈指令，其功能为将堆栈存储器中最上层的数据取出，堆栈存储器原来存储的数据依次向上自动移一层。

注意：

◇ 编程时，MPS 与 MPP 必须成对出现使用，且连续使用次数最多不能超过 11 次。MRD 指令可根据实际情况决定是否使用。

◇ MPS、MRD、MPP 指令只对堆栈存储器的数据进行操作，因此，默认操作元件为堆栈存储器，在使用时无需指定操作元件。

◇ 在 MPS、MRD、MPP 指令之后若有单个常开（或常闭）触点串联，应使用 AND（或 ANI）指令。

2. 应用实例

多重输出指令的应用实例如图 3-7 所示。

图 3-7 中，使用 MPS 指令后，将常开触点 X0 的逻辑值（X0 闭合为 "1"，X0 断开为 "0"）存入到堆栈存储器最上层，同时，这个结果与常开触点 X1 的逻辑值进行 "与" 逻辑运算，运算

结果为 "1" 时，线圈 Y0 被驱动。

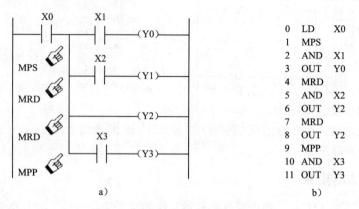

图 3-7　多重输出指令的应用实例

a）梯形图　b）指令语句表

第一次执行 MRD 指令时，堆栈存储器最上层内容被读出，与多重输出中第二个逻辑行中触点 X2 的逻辑值进行 "与" 逻辑运算，其运算结果如果为 "1"，线圈 Y1 被驱动。第二次执行 MRD 指令时，堆栈存储器第一层内容若为 "1"，将直接驱动线圈 Y2。

在执行 MPP 指令后，将堆栈存储器中第一层内容取出，与多重输出最后一个逻辑行中的触点 X3 的逻辑值进行 "与" 逻辑运算，如果运算结果为 "1"，将驱动线圈 Y3。执行这一条指令后，堆栈存储器中数据发生向上推移。

3.1.6　主控触点指令

主控触点指令助记符、名称、功能、梯形图及指令语句表、可用软元件如表 3-7 所示。

表 3-7　MC、MCR 指令

助记符	指令名称	功能	梯形图	可用软元件	程序步长
MC	主控	主控电路块起点	─┤├──[MC N0 Y或M]	嵌套级数 N；Y、M	3
MCR	主控复位	主控电路块终点	──────[MCR N0]	嵌套级数 N	2

1. 指令应用技巧

1）MC 指令。主控指令，其功能为通过 MC 指令的操作元件 Y 或 M 的常开触点将左母线临时移到一个所需的位置，产生一个临时左母线，形成一个主控电路块。其操作元件分为两部分：一部分是主控标志（N0 ~ N7），也称主控嵌套级数；另一部分是具体操作元件，可以是输出继电器 Y 或辅助继电器 M，但不能是特殊辅助继电器。

2）MCR 指令。主控复位指令，其功能为取消临时左母线，即将左母线返回到原来位置，结束主控电路块。其操作元件只有主控指令嵌套级数 N0 ~ N7，但一定要与 MC 指令中嵌套级数相一致。

注意：

◇ 主控指令相当于条件分支，符合主控条件时可以执行主控指令后的程序，否则不予执行，直接跳过 MC 和 MCR 程序段，执行 MCR 后面的指令。MCR 指令必须与 MC 指令成对使用。

◇ MC 指令与 MCR 指令可进行嵌套使用，即在 MC 指令后未使用 MCR 指令，而再次使用

MC 指令，此时主控标志 N0~N7 必须按顺序增加，当使用 MCR 指令复位时，主控标志 N0~N7 必须按顺序减小。由于主控标志范围为 N0~N7，故主控嵌套使用不得超过 8 层。

2. 应用实例

主控触点指令的应用实例如图 3-8 所示。

图 3-8 中，当常开触点 X0 闭合时，嵌套级数为 N0 的主控指令执行，辅助继电器 M100 线圈得电，M100 的常开触点闭合（此时常开触点 M100 称为主控触点，规定主控触点只能画在垂直方向，使它有别于规定只能画在水平方向的普通触点），左母线由 A 的位置，临时移到 B 的位置，接入主控电路块。对主控电路块就可以用前面介绍的基本指令编写指令语句表。当 PLC 逐行对主控电路块所有逻辑行进行扫描，执行到 MCR N0 指令时，嵌套级数为 N0 的主控指令结束，临时左母线由 B 点返回到 A 点。如果 X0 常开触点是断开的，则主控电路块这一段程序不执行，直接执行 MCR 后面的指令。

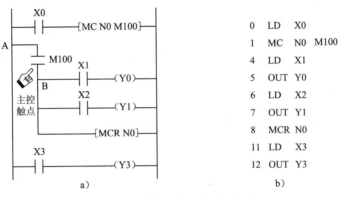

图 3-8　主控触点指令的应用实例

a）梯形图　b）指令语句表

图 3-9 所示为利用 MC、MCR 指令构成的多重嵌套主控指令程序。该程序嵌套级数 N 的编号依次顺序增大（N0→N1→N2→N3→N4…→N7），复位时用 MCR 指令，从大的嵌套级数开始解除（N7→N6→N5→N4→N3…→N0）。嵌套级数共 8 级。

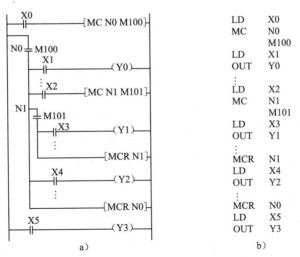

图 3-9　主控触点指令多重嵌套应用实例

a）梯形图　b）指令语句表

3.1.7 置位与复位指令

置位与复位指令助记符、名称、功能、梯形图及指令语句表、可用软元件如表3-8所示。

表3-8 置位与复位指令

助记符	指令名称	功能	梯形图	可用软元件	程序步长
SET	置位	使操作元件保持为 ON	⊢ ⊢[SET Y0]⊣	Y、M、S	Y、M：1步 S、特殊M：2步
RST	复位	使操作元件保持为 OFF	⊢ ⊢[RST Y0]⊣	Y、M、S、T、C、D、V、Z	T、C：2步 D、V、Z、特殊D：3步

1. 指令应用技巧

1）SET 指令。置位指令，使操作的元件自保持为 ON，操作目标元件为 Y、M、S。

2）RST 指令。复位指令，使操作的元件自保持为 OFF，操作目标元件为 Y、M、S。RST 作用的软元件是 T、C、D、V、Z 时，使其复位为零。

注意：

◇ SET、RST 指令能单独使用。

◇ 对同一软元件，SET、RST 可多次使用，先后顺序也可任意安排，但以最后执行的一行有效。

2. 应用实例

置位与复位指令的应用实例如图3-10所示。

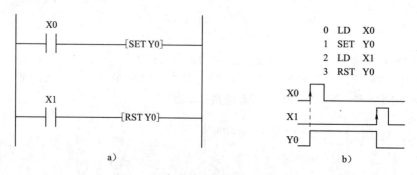

图 3-10 置位与复位指令的应用实例

a）梯形图 b）指令语句表与波形图

图3-10中，当X0由OFF→ON时，Y0则被驱动自保持为ON状态；当X0断开时，Y0的状态仍然保护ON不变。当X1由OFF→ON时，Y0复位并自保持为OFF状态；X1断开时，对Y0也没有影响。图3-10所示波形图可表明SET/RST指令的功能。

3.1.8 脉冲输出指令

脉冲输出指令助记符、名称、功能、梯形图及指令语句表、可用软元件如表3-9所示。

1. 指令应用技巧

1）PLS 指令。上升沿微分指令，其功能为当检测到输入脉冲的上升沿时，PLS 指令的操作元件 Y 或 M 的线圈得电一个扫描周期，产生一个宽度为一个扫描周期的脉冲信号输出。

表 3-9　PLS、PLF 指令

助记符	指令名称	功能	梯形图	可用软元件	程序步长
PLS	上升沿微分	上升沿微分输出	┤├──[PLS M0]	Y、M（不含特殊辅助继电器）	2
PLF	下降沿微分	下降沿微分输出	┤├──[PLF M1]	Y、M（不含特殊辅助继电器）	2

2）PLF 指令。下降沿微分指令，其功能为当检测到输入脉冲的下降沿时，PLF 指令的操作元件 Y 或 M 的线圈得电一个扫描周期，产生一个宽度为一个扫描周期的脉冲信号输出。

2. 应用实例

脉冲输出指令的应用实例如图 3-11 所示。

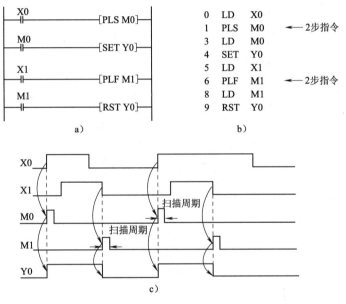

图 3-11　PLS、PLF 指令的应用实例

a）梯形图　b）指令表　c）波形图

从图 3-11c 所示波形图可以看出，使用 PLS、PLF 指令的微分功能，可以将输入开关信号进行脉冲处理，以适应不同的控制要求。脉冲输出宽度为一个扫描周期。

PLS、PLF 指令的操作元件只能用 Y 和 M，且均在输入接通或断开后的一个扫描周期内动作（置"1"）。值得注意的是，特殊辅助继电器不能作为 PLS、PLF 的操作元件。

3.1.9　取反指令

取反指令助记符、名称、功能、梯形图及指令语句表、可用软元件如表 3-10 所示。

表 3-10　取反指令

助记符	指令名称	功能	梯形图	可用软元件	程序步长
INV	取反	运算结果的取反	┤├──/──(Y0)	无	1

1. 指令应用技巧

INV 指令。取反指令，用于将该指令之前的运算结果取反，无操作软元件。

注意：

◇ 利用 INV 指令编程时，需前面有输入量，即 INV 不能与母线相连，也不能与 OR、ORI、ORP、ORF 指令单独并联使用。

◇ 含有复杂电路编程时，例如有块"与"（ANB）、块"或"（ORB）电路中，INV 取反指令功能是仅对以 LD、LDI、LDP、LDF 开始到其本身（INV）之前的运算结果取"反"。

2. 应用实例

取反指令的应用实例如图 3-12 所示。

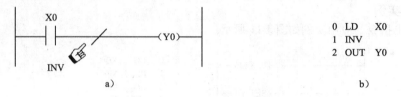

图 3-12　取反指令的应用实例

a）梯形图　b）指令语句表

由图 3-12 可知，INV 指令在梯形图中用一条 45°的短斜线来表示，它将使该指令之前的运算结果取反，如之前的运算结果为 0，使用该指令后运算结果为 1；如之前的运算结果为 1，则使用该指令后运算结果为 0。图 3-12 中，如果 X0 为 ON，则 Y0 为 OFF；反之，如 X0 为 OFF，则 Y0 为 ON。

3.1.10　空操作指令和程序结束指令

空操作指令和程序结束助记符、名称、功能、梯形图及指令语句表、可用软元件如表 3-11 所示。

表 3-11　NOP 和 END 指令

助记符	指令名称	功能	梯形图	可用软元件	程序步长
NOP	空操作	无动作	无	无	1
END	程序结束	输入/输出处理以及返回到0步	—[END]—	无	1

1. 指令应用技巧

1）NOP 指令。空操作指令，其功能为在调试程序时，用它来取代一些不必要的指令，即删除由这些指令构成的程序，但由于编程软件功能越来越强，修改程序时可直接删除指令而基本上很少使用 NOP 指令。其次，程序可用 NOP 指令延长扫描周期。

2）END 指令。程序结束指令，其功能为程序执行到 END 指令后，END 指令后面的程序则不执行，即直接运行输出处理阶段。在调试时，插入 END 指令，可以逐段调试程序，提高程序调试速度。

注意：

◇ FX$_{2N}$ 系列 PLC 程序输入完毕，必须写入 END 指令，否则程序不运行。

◇ END 指令并不是 PLC 的停机指令，它仅说明了执行用户程序的一个周期结束。

3.1.11　定时器与计数器指令

任何厂家生产的 PLC, 均有定时器和计数器指令, 对三菱 FX$_{2N}$ 系列 PLC 而言, 没有专门的定时器、计数器指令, 而是用 OUT 指令实现定时器和计数器指令功能。

1. 定时器指令

（1）指令格式

如图 3-13 所示为定时器指令的编程格式。

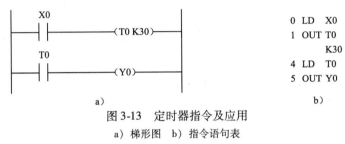

图 3-13　定时器指令及应用

a）梯形图　b）指令语句表

（2）指令说明

在图 3-13 中, X0 为定时器驱动输入条件, 当 X0 为 ON 时, 定时器 T0 线圈开始接通并计数, 当计数到规定的值时（图中为 3s), T0 定时器动作, 其常开触点 T0 接通, 此时 Y0 有输出。当 X0 为 OFF 时, 定时器 T0 不工作。

2. 计数器指令

（1）指令格式

计数器使用 RST、OUT 两条指令完成计数任务, 其指令格式如图 3-14 所示。

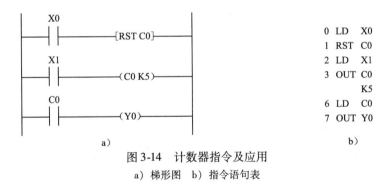

图 3-14　计数器指令及应用

a）梯形图　b）指令语句表

（2）指令说明

在图 3-14 中, X0 为计数器驱动输入条件, 当 X0 为 ON 时, 计数器 C0 清零并开始计数, 此时 X1 为计数脉冲输入端, 上升沿有效, 当计数到规定的值时（图中 K = 5) 时, C0 计数器动作, 其常开触点 C0 接通, 此时 Y0 有输出。当 X0 为 OFF 时, 计数器 C0 不工作。

3.2　基本指令系统编程技巧与工程案例

3.2.1　基本指令系统编程基本规则和技巧

PLC 在执行用户程序时, 是按照指令在用户程序存储器中的先后顺序依次执行的, 因此, 用梯形图编程语言编写程序时必须遵循一定的规则，这样可以避免出现程序错误。同时也要掌握一定的编程技巧，使编程最优化。下面介绍一些编写梯形图程序的基本规则和技巧，供读者编程时参考。

1）梯形图的编程，要以左母线为起点，右母线为终点，从左至右，按逻辑行绘出。每一行的开始是起始条件，由常开、常闭触点或其组合组成，最右边的线圈是输出结果，一逻辑行写完，自上而下，依次写下一逻辑行。

2）触点应画在水平线上，不能画在垂直分支线上。如图 3-15a 所示，触点 X3 画在垂直线上，这很难正确识别它与其他触点的相互关系，应该重新优化梯形图，如图 3-15b 所示。

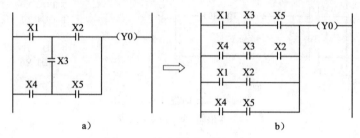

图 3-15　改变梯形图结构图例

a）不正确　b）正确

3）在有几个串联电路相并联时，应将触点最多的支路放在梯形图的最上面，如图 3-16 所示。而对有几个并联回路相串联时，应将触点最多的并联回路放在梯形图中的最左边，这样的设置可使程序简洁明了，指令语句也较少，如图 3-17 所示。

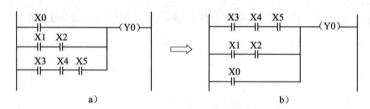

图 3-16　先串后并梯形图的优化

a）没有优化的梯形图　b）优化后的梯形图

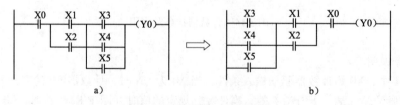

图 3-17　先并后串梯形图的优化

a）没有优化的梯形图　b）优化后的梯形图

4）驱动输出线圈的右边应无触点连接。设计梯形图时，只能把触点安排在线圈的左边，如图 3-18 所示。

5）双线圈输出不可取。若在程序中，进行线圈的双重输出，则前面的输出无效，而后面的输出是有效的。值得注意的是，在程序中编写双重线圈并不违反编程规则，但往往结果与条件之间的逻辑关系不能一目了然，因此对这类电路应该进行优化处理后再进行编程，如图 3-19 所示。

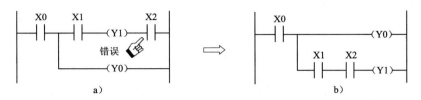

图 3-18　改变梯形图结构图例

a）不正确　b）正确

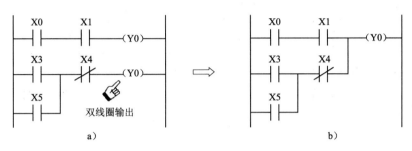

图 3-19　双重输出线圈的优化处理

a）优化前双重输出梯形图　b）优化后梯形图

双重输出线圈的优化方法很多，例如引入辅助继电器进行优化等，由于篇幅有限，此处不予介绍，读者可参阅相关文献资料自行学习。

3.2.2　工程案例1：三相异步电动机单向连续运转控制线路技改设计与实施

1. 项目导入

三相异步电动机单向连续运转控制线路如图 3-20 所示。请用 FX$_{2N}$ 系列 PLC 对该控制线路进行技术改造。

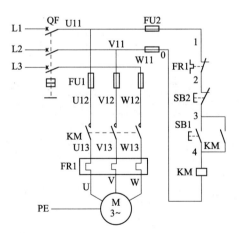

图 3-20　三相异步电动机单向连续运转控制线路

该单向连续运转控制线路控制要求如下：

1）按下起动按钮 SB1，三相异步电动机单向连续运转；

2）按下停止按钮 SB2，三相异步电动机停止运转；

3）具有短路保护和过载保护等必要保护措施。

2. 项目实施

（1）I/O 地址分配

根据图 3-20 所示单向连续运转控制线路控制要求，设定 I/O 地址分配表，如表 3-12 所示。

表 3-12　I/O 地址分配表

输　入			输　出		
元器件代号	地址号	功能说明	元器件代号	地址号	功能说明
SB1	X1	起动按钮	KM1	Y1	电动机控制
SB2	X2	停止按钮			
FR1	X3	过载保护			

（2）硬件接线图设计

根据表 3-12 所示 I/O 地址分配表，可对控制系统硬件接线图进行设计，如图 3-21 所示。

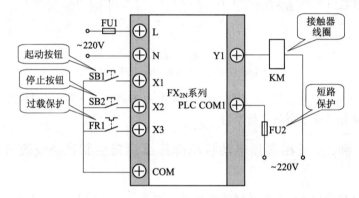

图 3-21　控制系统硬件接线图

注意：

◇ 为了防止在待机状态（或无操作命令）时 PLC 的输入电路长时间通电，从而使能耗增加、PLC 输入单元电路寿命缩短等情况的发生，若无特殊要求一般采用常开触点与 PLC 的输入接线端相连。

◇ 为了简化外围接线和系统稳定性，输入端所需的 DC24V 可以直接从 PLC 的端子上引用，而输出端的负载交流电源则由用户根据负载容量等参数灵活确定（后续内容类同）。

（3）控制程序设计

根据系统控制要求和 I/O 地址分配表，编写梯形图控制程序如图 3-22a 所示，其对应的指令语句表如图 3-22b 所示。

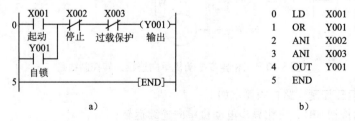

a)　　　　　　　　　　　　　　　　　b)

图 3-22　单向连续运转控制线路技改控制程序（一）

a) 梯形图　b) 指令语句表

由图 3-21 和图 3-22 可知，当按下起动按钮 SB1 时，输入继电器 X1 常开触点闭合，输出继电器 Y1 线圈得电，其常开主触点闭合，驱动接触器 KM1 线圈得电，KM1 主触点闭合，电动机 M 起动运转，同时输出继电器 Y1 常开触点闭合实现自锁，电动机连续运转。

当按下停止按钮 SB2 时，输入继电器 X2 常闭触点分断，输出继电器 Y1 线圈失电复位，其常开主触点分断，切断接触器 KM1 线圈电源，KM1 主触点断开，电动机 M 停止运转。

当电动机 M 过载时，热继电器常开触点闭合，输入继电器 X3 常闭触点分断，从而实现电动机过载保护。

值得注意的是，该程序未考虑电路短路保护功能。实际应用时，应在电动机主电路中设置熔断器，实现短路保护功能。

（4）系统仿真调试

1）按照图 3-21 所示的控制系统硬件接线图接线并检查、确认接线正确。

2）利用 GX 软件和 GX Simulator – 6 仿真软件输入并运行程序，监控程序运行状态，分析程序运行结果，如图 3-23 所示。

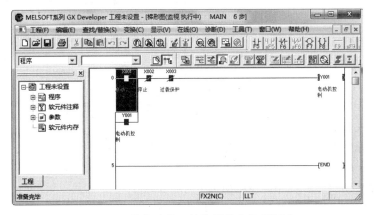

图 3-23　单向连续运转控制程序仿真调试

3）程序符合控制要求后再接通主电路试车，进行系统仿真调试，直到最大限度地满足系统控制要求为止。

该工程案例还可以利用置位指令和复位指令实现控制线路技术改造。对应控制程序如图 3-24 所示，具体分析请读者参照图 3-22 自行分析，此处不再赘述。

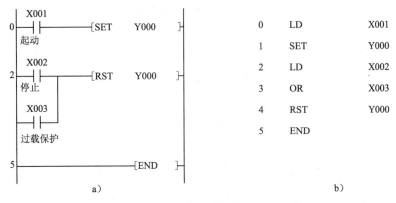

图 3-24　单向连续运转控制线路技改控制程序（二）

a）梯形图　b）指令语句表

3. 拓展案例

在工程技术中，生产机械除了需要连续控制，还需要点动控制，如机床调整刀架和对刀、立柱的快速移动、工件位置的调整等。三相异步电动机连续与点动混合控制线路如图 3-25 所示。请分析该控制线路的控制功能，并用 FX$_{2N}$ 系列 PLC 对该控制线路进行技术改造。

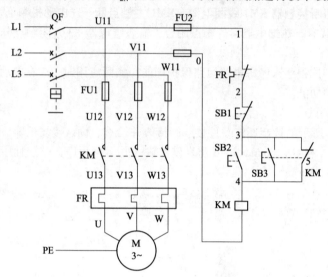

图 3-25 三相异步电动机连续与点动混合控制线路

（1）控制要求分析

由图 3-25 所示三相异步电动机连续与点动混合转控制线路工作原理可知，该控制线路控制要求如下：

1）按下起动按钮 SB2，三相异步电动机单向连续运行；

2）按下停止按钮 SB1，三相异步电动机停止运转；

3）按下点动按钮 SB3，三相异步电动机实现点动控制；

4）具有短路保护和过载保护等必要保护措施。

（2）控制系统程序设计

1）I/O 地址分配。

根据控制要求，设定 I/O 地址分配表，如表 3-13 所示。

表 3-13 I/O 地址分配表

输　　入			输　　出		
元器件代号	地址号	功能说明	元器件代号	地址号	功能说明
SB1	X0	停止按钮	KM	Y0	电动机电源控制
SB2	X1	起动按钮			
SB3	X2	点动控制			

2）硬件接线图设计。

根据表 3-13 所示 I/O 地址分配表，可对控制系统硬件接线图进行设计，如图 3-26 所示。

3）控制程序设计。

根据控制要求和 I/O 地址分配表，编写控制程序梯形图如图 3-27a 所示，对应的指令语句表如图 3-27b 所示。

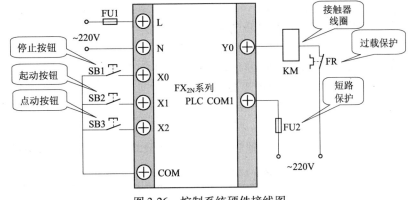

图 3-26　控制系统硬件接线图

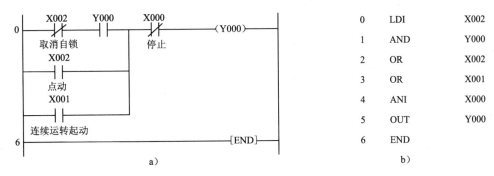

图 3-27　连续与点动混合控制线路技改控制程序
a）梯形图　b）指令语句表

3.2.3　工程案例 2：三相异步电动机正反转控制线路技改设计与实施

1. 项目导入

三相异步电动机正、反转控制线路如图 3-28 所示。请用 FX$_{2N}$ 系列 PLC 对该控制线路进行技术改造。

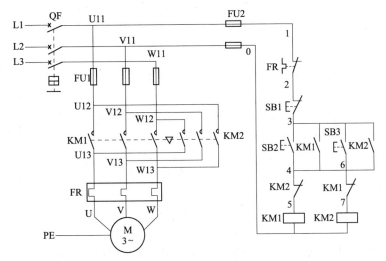

图 3-28　三相异步电动机正、反转控制线路

该正、反转控制线路控制要求如下：

1）按下正转起动按钮 SB2，三相异步电动机正向运转；

2）按下停止按钮 SB1，三相异步电动机停止运转；

3）按下反转起动按钮 SB3，三相异步电动机反向运转；

4）具有联锁、短路保护和过载保护等必要保护措施。

2. 项目实施

（1）I/O 地址分配

根据图 3-28 所示正、反转控制线路控制要求，设定 I/O 地址分配表，如表 3-14 所示。

表 3-14　I/O 地址分配表

输　入			输　出		
元器件代号	地址号	功能说明	元器件代号	地址号	功能说明
SB1	X0	停止按钮	KM1	Y0	正转电源控制
SB2	X1	正转起动按钮	KM2	Y1	反转电源控制
SB3	X2	反转起动按钮			

（2）硬件接线图设计

根据表 3-14 所示 I/O 地址分配表，可对硬件接线图进行设计，如图 3-29 所示。

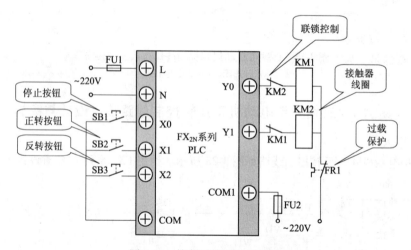

图 3-29　控制系统硬件接线图

注意：

◇ 进行硬件接线图设计时，若输入点数不够，可将热继电器 FR 的常闭触点设置在 PLC 外部的硬件电路中，实现过载保护功能。

◇ 该项目采用"双重"联锁保护措施，即采用 PLC 外部的硬件联锁电路和梯形图联锁相结合的方式，从而可避免接触器 KM1、KM2 主触点同时闭合而形成严重短路故障。

（3）控制程序设计

根据控制要求和 I/O 地址分配表，编写梯形图控制程序如图 3-30a 所示，对应的指令语句表如图 3-30b 所示。

由图 3-29 和图 3-30 可知，当按下按钮 SB2 时，输入继电器 X1 常开触点闭合，输出继电器 Y0 线圈得电，其常开主触点闭合，驱动接触器 KM1 线圈得电，KM1 主触点闭合，电动机 M 正向起动运转，同时输出继电器 Y0 常开触点闭合实现自锁，电动机 M 连续正向运转。

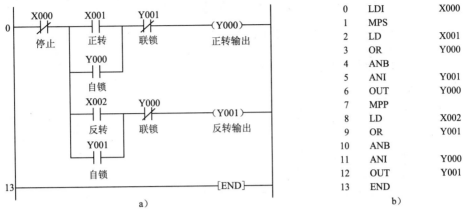

图 3-30　正、反转控制线路技改控制程序（一）

a）梯形图　b）指令语句表

按下按钮 SB1，输入继电器 X0 常闭触点分断，输出继电器 Y0（或 Y1）均复位，外接接触器 KM1（或 KM2）随之复位，电动机停止运转。

按下按钮 SB3，输入继电器 X2 常开触点闭合，输出继电器 Y1 线圈得电，其常开触点闭合实现输出驱动和自锁功能，KM1 主触点闭合，电动机 M 反向起动运转。

当电动机 M 过载时，热继电器 FR 常闭触点分断，外接接触器 KM1（或 KM2）失电复位，可实现过载保护功能。

值得注意的是，为了实现"双重"联锁，除了在程序中引入联锁触点以外，还在控制系统硬件接线图中引入 KM1、KM2 联锁触点，以保证在电动机运转时，接触器 KM1、KM2 不会同时通电工作。

此外，编写梯形图时如果遵循"左重右轻"和"上重下轻"这两个优化原则，那么本案例的梯形图可以不涉及多重输出指令，即将图 3-30a 按"左重右轻"原则优化即可得到不含多重输出指令的梯形图，如图 3-31 所示。不难发现，图 3-31 所示的梯形图程序占的步数最少。

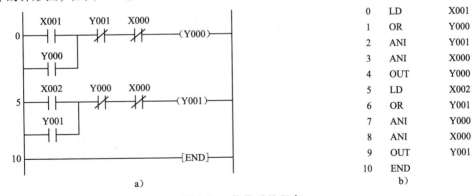

图 3-31　优化后的程序

a）梯形图　b）指令语句表

（4）系统仿真调试

1）按照图 3-29 所示控制系统硬件接线图接线并检查、确认接线正确。

2）利用 GX 软件和 GX Simulator-6 仿真软件输入并运行程序，监控程序运行状态，分析程序运行结果，如图 3-32 所示。

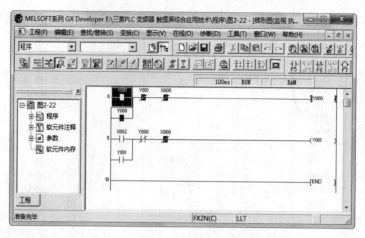

图 3-32　正、反转控制程序仿真调试

3）程序符合控制要求后再接通主电路试车，进行系统仿真调试，直到最大限度地满足系统控制要求为止。

该工程案例还可以利用主控指令实现控制线路技术改造。对应控制程序如图 3-33 所示，具体分析请读者参照图 3-31 自行分析，此处不再赘述。

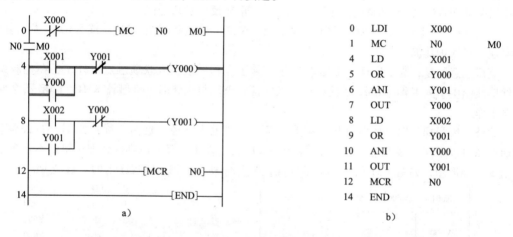

图 3-33　正、反转控制线路技改控制程序（二）

a）梯形图　b）指令语句表

3. 拓展案例

在工程技术中，生产机械除了需要单向控制、正、反转等控制外，还需要顺序控制。三相异步电动机顺序控制线路如图 3-34 所示。请分析该控制线路的控制功能，并用 FX$_{2N}$ 系列 PLC 对该控制线路进行技术改造。

（1）控制要求分析

由图 3-34 所示三相异步电动机顺序控制线路工作原理可知，该控制线路控制要求如下：

1）按 M1→M2 顺序起动，即按下起动按钮 SB1，M1 起动后，才能按下起动按钮 SB2，再起动 M2。

2）按下停止按钮 SB3，三相异步电动机 M1、M2 同时停止运转；

3）具有短路保护和过载保护等必要保护措施。

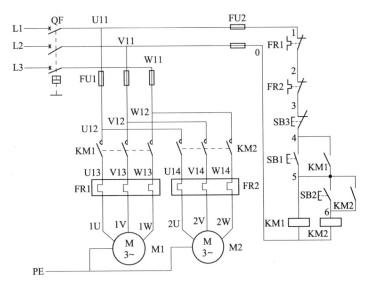

图 3-34　三相异步电动机顺序控制线路

（2）控制系统程序设计

1）I/O 地址分配。

根据控制要求，设定 I/O 地址分配表，如表 3-15 所示。

表 3-15　I/O 地址分配表

输　入			输　出		
元器件代号	地址号	功能说明	元器件代号	地址号	功能说明
FR1、FR2	X0	过载保护	KM1	Y0	M1 控制
SB1	X1	M1 起动按钮	KM2	Y1	M2 控制
SB2	X2	M2 起动控制			
SB3	X3	停止按钮			

2）硬件接线图设计。

根据表 3-15 所示 I/O 地址分配表，可对硬件接线图进行设计，如图 3-35 所示。

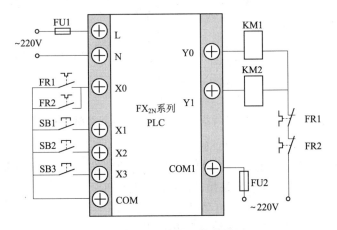

图 3-35　控制系统硬件接线图

3）控制程序设计。

根据系统控制要求和 I/O 地址分配表，设计控制程序梯形图如图 3-36 所示。

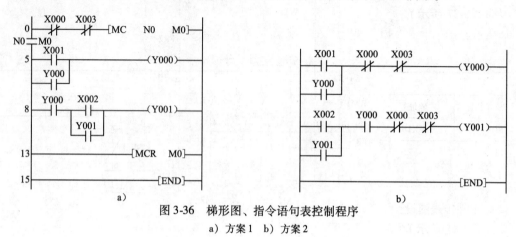

图 3-36　梯形图、指令语句表控制程序
a）方案 1　b）方案 2

3.2.4　工程案例 3：三相异步电动机 Y – △减压起动控制线路技改设计与实施

1. 项目导入

三相异步电动机 Y – △减压起动控制线路如图 3-37 所示。请用 FX$_{2N}$ 系列 PLC 对该控制线路进行技术改造。

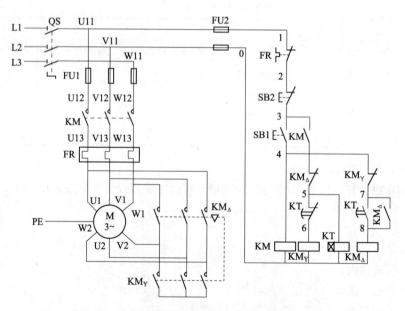

图 3-37　三相异步电动机 Y – △减压起动控制线路

该 Y – △减压起动控制线路控制要求如下：

1）按下起动按钮 SB1，三相异步电动机定子绕组为 Y 联结，电动机减压起动；延时一段时间后，自动将三相异步电动机定子绕组换接成△联结，电动机全压运行。

2）按下停止按钮 SB2，三相异步电动机停止运转。

3）具有联锁、短路保护和过载保护等必要保护措施。

2. 项目实施

（1）I/O 地址分配

根据图 3-37 所示 Y-△ 减压起动控制线路控制要求，设定控制系统 I/O 地址分配表，如表 3-16 所示。

表 3-16　I/O 地址分配表

输　入			输　出		
元器件代号	地址号	功能说明	元器件代号	地址号	功能说明
SB1	X1	起动按钮	KM	Y1	电源控制
SB2	X2	停止按钮	KM$_Y$	Y2	星形（Y）联结
FR	X3	热继电器	KM$_\triangle$	Y3	三角形（△）联结

（2）硬件接线图设计

根据表 3-15 所示 I/O 地址分配表，可对控制系统硬件接线图进行设计，如图 3-38 所示。

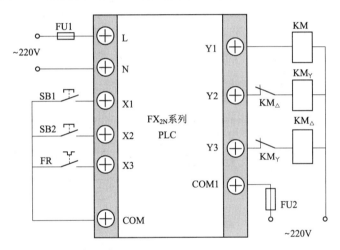

图 3-38　硬件接线图

（3）控制程序设计

根据系统控制要求和 I/O 地址分配表，编写控制程序梯形图如图 3-39a 所示，其对应的指令语句表如图 3-39b 所示。

由图 3-38 和图 3-39 可见，该程序能实现三相异步电动机 Y-△ 减压起动控制功能，其工作原理请读者参照前述内容自行分析。

需要指出的是，该程序利用 PLC 内置定时器进行减压起动计时，而无需外接时间继电器，一方面可提高减压起动定时时间精度，另一方面降低了控制系统成本。

（4）系统仿真调试

1）按照图 3-38 所示控制系统硬件接线图接线并检查、确认接线正确。

2）利用 GX 软件和 GX Simulator-6 仿真软件输入并运行程序，监控程序运行状态，分析程序运行结果，如图 3-40 所示。

3）程序符合控制要求后再接通主电路试车，进行系统仿真调试，直到最大限度地满足系统控制要求为止。

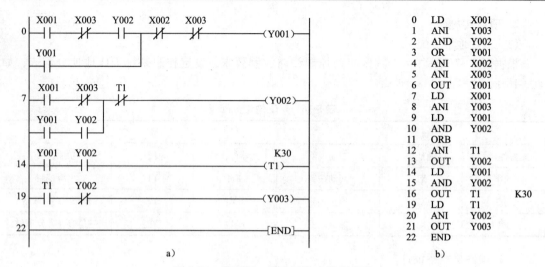

图 3-39　梯形图、指令语句表控制程序

a）梯形图　b）指令语句表

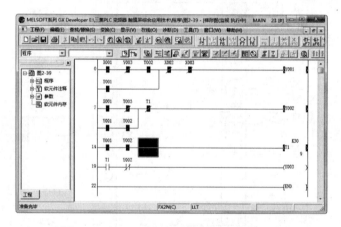

图 3-40　Y－△减压起动控制程序仿真调试

3. 拓展案例

在工程技术中，如图 3-41 所示的生产机械自动往返控制得到广泛应用。请分析该控制线路的控制功能，并用 FX$_{2N}$ 系列 PLC 对该控制线路进行技术改造。

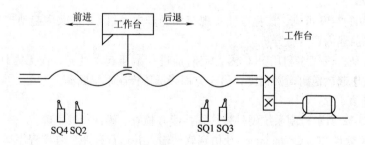

图 3-41　工作台自动往返控制示意图

（1）控制要求分析

图 3-41 所示工作台自动往返控制器控制要求如下：

1）工作台工作方式有点动控制（供调试用）和自动连续控制两种方式。

2）工作台有单循环与连续循环两种工作状态。工作于单循环状态时，工作台前进、后退一次循环后停在原位；工作于连续循环状态时，工作台由前进变为后退并使撞块压合 SQ1 为一次工作循环，循环 8 次后自动停止在原位。

3）具有短路保护和电动机过载保护等必要的保护措施。

（2）控制系统程序设计

1）I/O 地址分配。

根据控制要求，设定 I/O 分配表，如表 3-17 所示。

表 3-17　I/O 地址分配表

输　入			输　出		
元器件代号	地址号	功能说明	元器件代号	地址号	功能说明
SA1	X0	点动/自动连续控制开关	KM1	Y0	交流接触器（控制正转）
SB1	X1	停止按钮	KM2	Y1	交流接触器（控制反转）
SB2	X2	正转起动按钮			
SB3	X3	反转起动按钮			
SA2	X4	单循环/连续循环选择开关			
SQ1	X5	行程开关			
SQ2	X6	行程开关			
SQ3	X7	行程开关			
SQ4	X10	行程开关			

2）硬件接线图设计。

根据表 3-16 所示 I/O 地址分配表，可对控制系统硬件接线图进行设计，如图 3-42 所示。

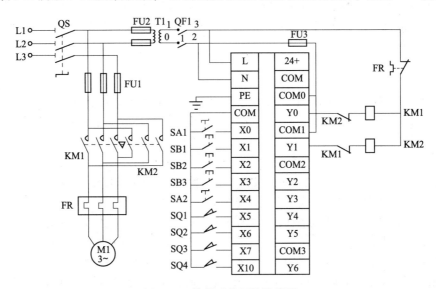

图 3-42　控制系统硬件接线图

3）控制程序设计。

根据系统控制要求和 I/O 地址分配表，编写控制程序梯形图如图 3-43a 所示，其对应的指令语句表如图 3-43b 所示。

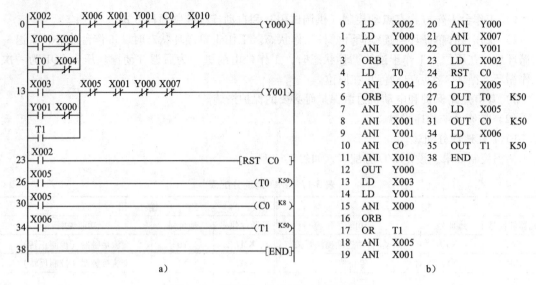

图 3-43　梯形图、指令语句表控制程序
a) 梯形图　b) 指令语句表

由图 3-43 可见，该控制器控制对象是工作台，其工作方式有前进和后退，电动机正转时，通过丝杠使工作台前进；电动机反转时，通过丝杠使工作台后退。因此，基本控制程序是正反转控制程序。

①工作台自动往返控制。

工作台前进中撞块压合行程开关 SQ2 后，SQ2 常开触点闭合，输入继电器 X6 常闭触点断开，输出继电器 Y0 失电复位，电动机停止运转，工作台停止前进。同时 X6 常开触点闭合，定时器 T1 开始计时，计时 5s 后，T1 常开触点闭合，输出继电器 Y1 得电，电动机反转，驱动工作台后退，完成工作台由前进转为后退的动作。同理，撞块压合行程开关 SQ1 后，工作台完成由后退转为前进的动作。

②点动控制。

在本例程序中，采用开关 SA1（X0）实现点动/自动控制转换，即利用输入继电器 X0 常闭触点与实现自锁控制的常开触点 Y0、Y1 串联，实现点动/自动控制的选择。SA1 闭合时，X0 常闭触点断开，使 Y0、Y1 失去自锁作用，从而实现系统的点动控制。此时电动机工作状态由按钮 SB2、SB3 控制。

③单循环控制。

在本例程序中，采用开关 SA2（X4）实现单循环控制。当 SA2 闭合时，输入继电器 X4 常闭触点断开，与其串联的 T0 常开触点失去作用，即在 T0 常开触点闭合后，输出继电器 Y0 线圈也不能得电，工作台不能前进。当 SA2 断开时，X4 常闭触点复位，程序实现连续循环功能。

④循环计数控制。

在本例程序中，采用计数器累计工作台循环次数，计数器的计数输入信号由 X5（SQ1）提供。梯形图中 X2 为计数器驱动输入条件，X2 闭合时计数器 C0 清零，为计数循环次数准备。SQ1 被压合 8 次后，X5 便通断 8 次，则 C0 就有 8 个计数脉冲输入，其常闭触点断开，输出继电器 Y0 线圈失电，工作台停在原位。

⑤保护环节控制。

工作台自动往返控制必须设置限位保护，SQ3、SQ4 分别为后退和前进方向的限位保护极限开关。当 SQ4 被压合后，X10 常闭触点断开，Y0 常开触点复位断开，工作台停止前进，实现限位保护功能。同理，压合 SQ3 后可实现后退限位保护功能。

3.2.5　工程案例 4：绕线转子异步电动机串电阻起动控制线路技改设计与实施

1. 项目导入

绕线转子异步电动机串电阻起动控制线路如图 3-44 所示。请分析该控制线路的控制功能，并用 FX$_{2N}$ 系列 PLC 对该控制线路进行技术改造。

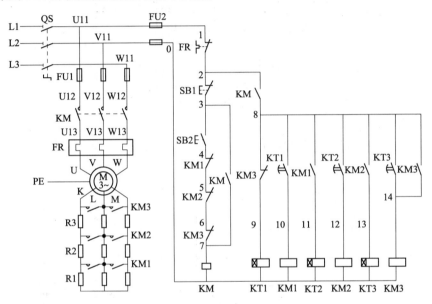

图 3-44　绕线转子异步电动机串电阻起动控制线路

该绕线转子异步电动机串电阻起动控制线路控制要求如下：

（1）按下起动按钮 SB2，绕线转子异步电动机 M 串联电阻器 R1、R2、R3 减压起动运转。

（2）经过时间 T1，接触器 KM1 得电工作，切除电阻器 R1，电动机转速加快；经过时间 T2、接触器 KM2 得电工作，切除电阻器 R2，电动机转速进一步加快；经过时间 T3，接触器 KM3 得电工作，切除电阻器 R3，电动机按额定转速运转，完成串电阻起动过程。

（3）按下停止按钮 SB1，绕线转子异步电动机停止运转；

（4）具有短路保护和过载保护等必要保护措施。

2. 项目实施

（1）I/O 地址分配

根据控制要求，设定控制系统 I/O 地址分配表，如表 3-18 所示。

表 3-18　I/O 地址分配表

输　　入			输　　出		
元器件代号	地址号	功能说明	元器件代号	地址号	功能说明
FR	X1	过载保护	KM	Y1	电源控制
SB1	X2	停止按钮	KM1	Y2	切除电阻器 R1 接触器
SB2	X3	起动按钮	KM2	Y3	切除电阻器 R2 接触器
			KM3	Y4	切除电阻器 R3 接触器

（2）硬件接线图设计

根据表 3-18 所示的 I/O 地址分配表，可对控制系统硬件接线图进行设计，如图 3-45 所示。

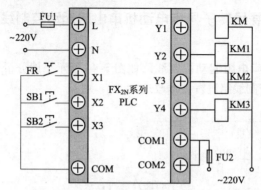

图 3-45　控制系统硬件接线图

（3）控制程序设计

根据系统控制要求和 I/O 地址分配表，编写控制程序梯形图如图 3-46a 所示，其对应的指令语句表如图 3-46b 所示。

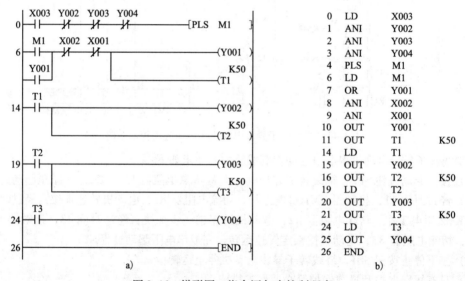

a)

b)

图 3-46　梯形图、指令语句表控制程序

a）梯形图　b）指令语句表

（4）系统仿真调试

1）按照图 3-45 所示控制系统硬件接线图接线并检查、确认接线正确。

2）利用 GX 软件和 GX Simulator-6 仿真软件输入并运行程序，监控程序运行状态，分析程序运行结果，如图 3-47 所示。

3）程序符合控制要求后再接通主电路试车，进行系统仿真调试，直到最大限度地满足系统控制要求为止。

3. 拓展案例

（1）控制要求分析

图 3-48 所示为某车库自动开关门控制器示意图。

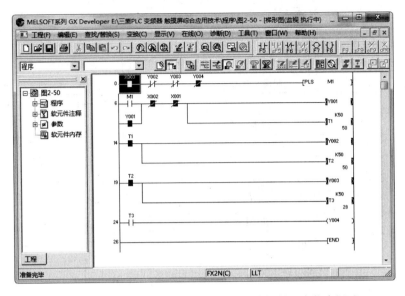

图 3-47　绕线转子异步电动机串电阻起动控制程序仿真调试

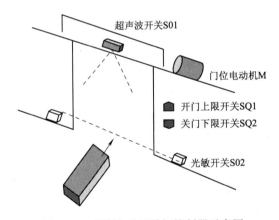

图 3-48　车库自动开关门控制器示意图

该车库自动开关门控制器控制要求如下：

1）当行人（车）进入超声波发射范围内，开关便检测出超声回波，从而产生输出电信号（S01 = ON），由该信号起动接触器 KM1，电动机 M 正转使卷帘上升开门。

2）在装置的下方装设一套光敏开关 S02，用以检测是否有物体穿过库门。当行人（车）遮挡了光束，光敏开关 S02 便检测到这一物体，产生电脉冲，当该信号消失后，起动接触器 KM2，使电动机 M 反转，从而使卷帘开始下降关门。

3）利用行程开关 SQ1 和 SQ2 检测库门的开门上限和关门下限，以停止电动机的转动。

4）具有短路保护和联锁保护等必要保护措施。

（2）控制系统程序设计

1）I/O 地址分配。

根据控制要求，设定 I/O 分配表，如表 3-19 所示。

2）硬件接线图设计

根据表 3-19 所示的 I/O 地址分配表，可对系统硬件接线图进行设计，如图 3-49 所示。

表 3-19　I/O 地址分配表

输　入			输　出		
元器件代号	地址号	功能说明	元器件代号	地址号	功能说明
S01	X0	超声波开关	KM1	Y0	正转接触器
S02	X1	光敏开关	KM2	Y1	反转接触器
SQ1	X2	开门上限开关			
SQ2	X3	关门下限开关			

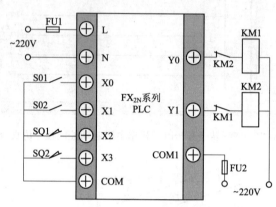

图 3-49　控制系统硬件接线图

3）控制程序设计

根据系统控制要求和 I/O 地址分配表，编写控制程序梯形图如图 3-50a 所示，对应的指令语句表如图 3-50b 所示。

由图 3-49 和图 3-50 可见，当行人（车）进入超声波发射范围时，S01 接收超声回波，S01 常开触点闭合，输入继电器 X0 常开触点闭合，输出继电器 Y0 常开触点闭合，实现输出驱动和自锁功能，此时 Y0 端口外接的接触器 KM1 线圈得电，其主触点闭合，电动机 M 正转使卷帘上升，实现自动开门控制功能。当卷帘上升碰到开门上限开关 SQ1 时，输入继电器 X2 常闭触点断开，输出继电器 Y0 常开触点复位，电动机 M 停止正转，开门结束。

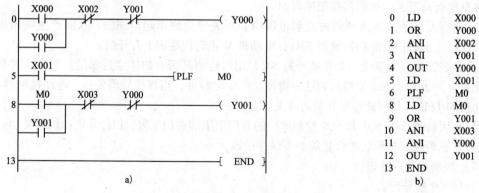

图 3-50　梯形图、指令语句表控制程序

a）梯形图　b）指令语句表

当行人（车）遮挡了光束，光敏开关 S02 便检测到这一物体，产生电脉冲，输入继电器 X1

常闭触点闭合，但此时不能关门，必须在此信号消失后才能关门，因此，采用脉冲下降沿微分指令 PLF，保证在信号消失时起动输出继电器 Y1，实现自动关门控制功能。当关门下限开关 SQ2 被卷帘碰撞时，输入继电器 X3 常闭触点断开，输出继电器 Y1 断电复位，电动机 M 停止反转，关门结束。电路自动进入待机状态。

3.2.6　工程案例 5：高层建筑消防水泵控制系统设计与实施

1. 项目导入

高层建筑中，当微机系统检测到发生火灾时，会发出报警声并自动起动消防水泵进行消防。具体过程如下：

当发生火灾时，火灾传感系统为 PLC 提供传感信号，PLC 接到传感信号后，自动起动 1 号水泵和 2 号水泵，相应水泵运转指示灯发亮，同时扬声器发出报警声。在消防过程中，若消防 1 号水泵出现故障停车，则系统自动起动 1 号备用水泵投入消防，同时 1 号备用水泵运行指示灯发亮；同理，若在消防过程中，消防 2 号水泵出现故障停车，系统则自动起动 2 号备用水泵投入消防，同时 2 号备用水泵运行指示灯发亮。

消防完毕后，手动按下各水泵的停止按钮，水泵停止工作。此外，1 号消防水泵、2 号消防水泵、1 号备用水泵、2 号备用水泵均可手动起停控制。

请用三菱 FX_{2N} 系列 PLC 对该控制系统进行设计并实施。

2. 项目实施

（1）I/O 地址分配

根据控制要求，设定控制系统 I/O 地址分配表，如表 3-20 所示。

表 3-20　I/O 地址分配表

输　入			输　出		
元器件代号	地址号	功能说明	元器件代号	地址号	功能说明
H	X0	传感器	KM1	Y0	1 号消防水泵接触器
SB1	X1	1 号消防水泵起动按钮	HL1	Y1	1 号消防水泵运行指示灯
SB2	X2	1 号消防水泵停止按钮	KM2	Y2	2 号消防水泵接触器
SB3	X3	2 号消防水泵起动按钮	HL2	Y3	2 号消防水泵运行指示灯
SB4	X4	2 号消防水泵停止按钮	KM3	Y4	1 号备用水泵接触器
SB5	X5	1 号备用水泵起动按钮	HL3	Y5	1 号备用水泵运行指示灯
SB6	X6	1 号备用水泵停止按钮	KM4	Y6	2 号备用水泵接触器
SB7	X7	2 号备用水泵起动按钮	HL4	Y7	2 号备用水泵运行指示灯
SB8	X10	2 号备用水泵停止按钮	KA	Y10	报警中间继电器
FR1	X11	1 号水泵热继电器			
FR2	X12	2 号水泵热继电器			

（2）硬件接线图设计

根据表 3-20 所示的 I/O 地址分配表，可对控制系统硬件接线图进行设计，如图 3-51 所示。

（3）控制程序设计

根据系统控制要求和 I/O 地址分配表，编写控制程序梯形图如图 3-52a 所示，其对应的指令语句表如图 3-52b 所示。

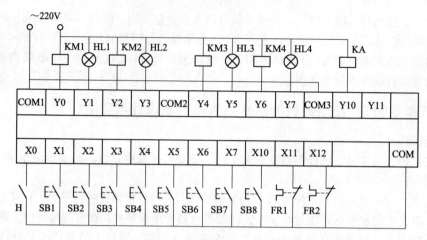

图 3-51　控制系统硬件接线图

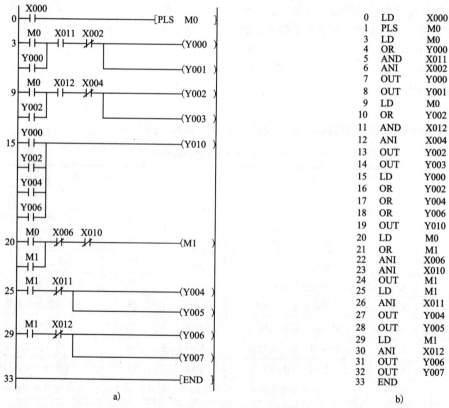

图 3-52　梯形图、指令语句表控制程序

a) 梯形图　b) 指令语句表

（4）系统仿真调试

1）按照图 3-51 所示的控制系统硬件接线图接线并检查、确认接线正确。

2）利用 GX 软件和 GX Simulator-6 仿真软件输入并运行程序，监控程序运行状态，分析程序运行结果。

3）程序符合控制要求后再接通主电路试车，进行系统仿真调试，直到最大限度地满足系统控制要求为止。

3. 拓展案例

（1）控制要求分析

图 3-53 所示为水塔、水池水位自动控制器示意图。

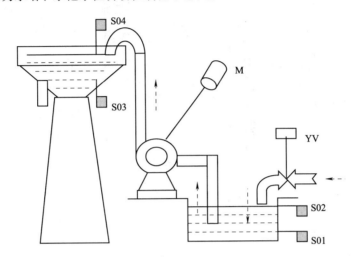

图 3-53　水塔、水池水位自动控制器示意图

该水塔、水池水位自动控制器控制要求如下：

1）当水池水位低于水池低水位界限时，液面传感器的开关 S01 接通（ON），指示灯 1 闪烁（1 次/秒），电磁阀 YV 打开，水池进水。当水位高于低水位界限时，开关 S01 断开（OFF），指示灯 1 停止闪烁。当水位升高至高水位界限时，液面传感器使开关 S02 接通（ON），电磁阀门 YV 关闭，水池停止进水。

2）如果水塔水位低于低水位界限时，液面传感器的开关 S03 接通（ON），指示灯 2 闪烁（2 次/秒）；当此时 S01 为 OFF，则电动机 M 运转，水泵抽水。当水位高于低水位界限时，开关 S03 断开（OFF），指示灯 2 停止闪烁。当水塔水位升高至高水位界限时，液面传感器使开关 S04 接通（ON），电动机停止运行，水泵停止抽水。

3）电动机由接触器 KM 进行控制。

（2）I/O 地址分配

根据控制要求，设定 I/O 地址分配表，如表 3-21 所示。

表 3-21　I/O 地址分配表

输　入			输　出		
元器件代号	地址号	功能说明	元器件代号	地址号	功能说明
S01	X0	水池低水位液面传感器	YV	Y0	电磁阀门
S02	X1	水池高水位液面传感器	指示灯 1	Y1	水池低水位指示灯
S03	X2	水塔低水位液面传感器	KM	Y2	交流接触器
S04	X3	水塔高水位液面传感器	指示灯 2	Y3	水塔低水位指示灯

（3）硬件接线图设计

根据表 3-21 所示的 I/O 地址分配表，可对系统硬件接线图进行设计，如图 3-54 所示。

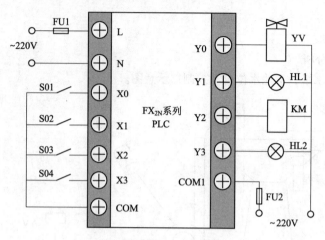

图 3-54　系统硬件接线图

（4）控制程序设计

根据系统控制要求和 I/O 地址分配表，编写控制程序梯形图如图 3-55a 所示，其对应的指令语句表如图 3-55b 所示。

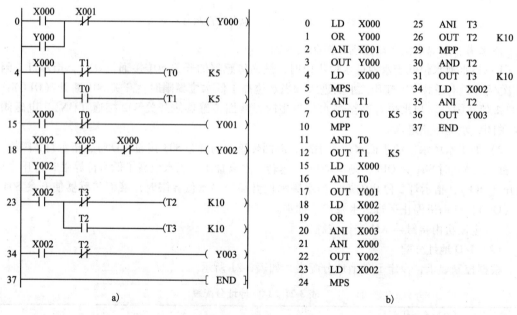

a)　　　　　　　　　　　　　　　　　　b)

图 3-55　PLC 控制程序

a）梯形图　b）指令语句表

由图 3-54 和图 3-55 可见，当水池水位低于低水位界限时，液面传感器的开关 S01 闭合，输入继电器 X0 常开触点闭合，输出继电器 Y0 线圈通电，其常开触点闭合，实现输出驱动和自锁功能，此时 Y0 端口外接的电磁阀门 YV 打开，水池进水。同时，液面传感器的开关 S01 闭合时，由定时器 T0、T1 组成的周期为 1s 的闪烁电路工作，驱动输出继电器 Y1 工作，水池低水位指示灯 1 闪烁。当水位升高至水池高水位界限时，液面传感器使开关 S02 接通，电磁阀门 YV（Y0）关闭，停止进水。

水塔水位控制与水池水位控制工作原理相似，读者可自行参照分析。

第4章 步进顺控指令编程技巧及工程案例

导读：FX 系列 PLC 除 27 条基本指令外，还有 2 条功能很强的步进顺控指令，简称步进指令。采用步进指令编程，方法简单，规律性较强，初学者较容易掌握，运用步进指令可以编写出较复杂的控制程序。对有一定基础的电气设计人员来说，采用步进指令编程可大大提高工作效率，并给调试、修改程序带来很大的方便。

4.1 步进顺序控制及状态流程图

4.1.1 步进顺序控制简介

步进顺序控制是指按照生产工艺要求，在输入信号的作用下，根据内部的状态和时间顺序，逐步有序地控制生产过程的控制模式。

在实现顺序控制的设备中，输入信号来自于现场的按钮、行程开关和传感器等，输出控制的负载一般是接触器和电磁阀等。步进顺序控制中，生产过程或生产机械是按顺序、有步骤、连续地工作。

通常，我们可以把一个较复杂的生产过程分解为若干步，每一步对应生产工艺中的一个控制任务（工序），也称为状态。图 4-1a 所示为 3 台电动机顺序控制工序图和流程图。

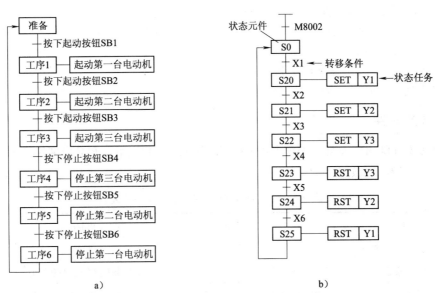

图 4-1 3 台电动机顺序控制工序图和流程图

a）工序图 b）流程图

由图 4-1a 可见，每个方框表示一步工序，方框之间用带箭头的直线相连，箭头方向表示工序转移方向。按生产工艺过程，将转移条件写在直线旁边，若转移条件满足，上一步工序完成，下一步工序开始。方框描述了该工序应该完成的控制任务。

由以上分析可以看出，工序图具有以下特点：

1）复杂的顺序控制任务或过程分解为若干个工序（或状态），有利于程序的结构化设计。

2）相对于某个具体的工序来说，控制任务实现了简化，局部程序编制方便。

3）整体程序是局部程序的综合。每步工序（或状态）在转移条件满足时，都会转移到下一步工序，并结束上一步工序。只要清楚各工序成立的条件、转移的条件和转移的方向，就可以进行顺序控制流程图的设计。

4.1.2　状态流程图

任何一个顺序控制任务或过程均可以分解为若干个工序，每个工序就是控制过程的一个状态，将图 4-1 中的工序更换为"状态"，就可得到顺序控制的状态流程图（又称为状态转换图或 SFC 图）。即状态流程图就是用状态来描述任务或过程的流程图（SFC 图），是设计 PLC 顺序控制程序的一种重要工具。

根据图 4-1a 可以画出 3 台电动机顺序控制流程图，如图 4-1b 所示。

由图 4-1b 可见，状态流程图中方框内是状态元件号，状态之间用有向线段连接（箭头可省略不画）；有向线段上的垂直短线和它旁边标注的文字符号或逻辑表达式表示状态转换条件；而状态元件方框右边连出的部分表示该状态下驱动的元件。

图 4-1b 中，S0 表示 3 台电动机顺序控制的初始状态；S20～S25 分别表示电动机 M1、M2、M3 顺序起动和逆序停止的状态；X1～X6 分别表示电动机 M1、M2、M3 顺序起动和逆序停止的状态转换条件；电动机 M1、M2、M3 顺序起动和逆序停止由 PLC 的 Y1、Y2、Y3 输出。在初始状态 S0 有效时，按下起动按钮 X1，状态由 S0 转换到 S20，输出 Y1 置位，电动机 M1 起动运转。当转换条件 X2 接通时，状态由 S20 转换到 S21，此时 Y1、Y2 均接通，电动机 M1、M2 顺序起动。其余顺序控制可依此类推，此处由于篇幅有限，不予介绍。

综上分析可知，状态流程图中一个完整的状态包括以下三要素：

1）状态任务，即本状态实现什么功能。

2）状态转换条件，即满足什么条件才能实现状态转换。

3）状态转换方向，即转换到什么状态去。

4.1.3　状态元件

在 FX 系列 PLC 中，规定状态继电器为顺序控制元件。FX_{2N} 系列 PLC 内部的状态继电器的类别、编号、数量及用途如表 4-1 所示。

表 4-1　FX_{2N} 系列 PLC 状态继电器一览表

类别	编号	数量/点	功能说明
初始化状态继电器	S0～S9	10	初始化
返回状态继电器	S10～S19	10	用 IST 指令时原点回归用
普通型状态继电器	S20～S499	480	用在 SFC 的中间状态
掉电保持型状态继电器	S500～S899	400	具有停电记忆功能，停电后再起动，可继续执行
诊断、报警用状态继电器	S900～S999	100	用于故障诊断或报警

4.1.4　状态流程图与步进梯形图的转换

顺序控制程序可以用状态流程图（SFC 图）进行编制，也可以用步进梯形图（STL 图）编制或指令语句表编制，其实质内容是一样的，三者之间可以相互转换。图 4-2 为同一控制程序的 SFC 图、STL 图和指令语句表的转换。利用个人计算机和专用的编程软件可进行 SFC 图编程，在计算机上编好的 SFC 图程序通过接口以指令的形式传送到可编程序控制器的程序存储器中，由 PLC 运行此程序实现控制。也可以将 SFC 图人工转化为步进梯形图，再写成指令语句表，由手持式编程器送到 PLC 程序存储器中。

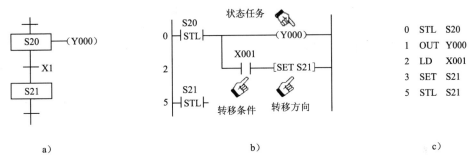

图 4-2　SFC 图、STL 图和指令语句表的转换

a) SFC 图　b) 梯形图　c) 指令语句表

4.2　步进顺控指令及应用

4.2.1　步进顺控指令介绍

三菱 FX 系列 PLC 步进顺控指令有 STL、RET 两条，其对应指令助记符、名称、功能、梯形图及可用软元件如表 4-2 所示。

表 4-2　STL、RET 指令

助记符	指令名称	功能	梯形图	可用软元件	程序步长
STL	步进开始	步进梯形图开始	─┤ STL ├───（Y0）─	S0 ~ S999	1
RET	步进结束	步进梯形图结束	───────[RET]─	无	1

指令应用技巧：

1）STL 指令。步进开始指令，其功能是从左母线连接步进触点，使左母线向右移动，形成副母线。

2）RET 指令。步进结束指令，其功能是使由 STL 指令所形成的副母线复位。

注意：

◇ 在中断程序与子程序内，不能使用 STL 指令。在 STL 指令内不禁止使用跳转指令，但其动作复杂，一般不要使用。

◇ 在状态流程图编程时，不能从 STL 指令内母线中直接使用 MPS/MRD/MPP 指令，只有在 LD 或 LDI 指令后才能用 MPS/MRD/MPP 指令编制程序。如图 4-3 所示。

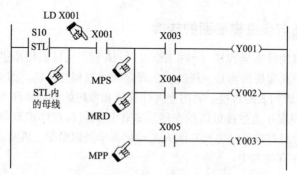

图 4-3　MPS/MRD/MPP 指令的位置

4.2.2　步进顺控指令应用实例

STL、RET 指令的应用实例如图 4-4 所示。

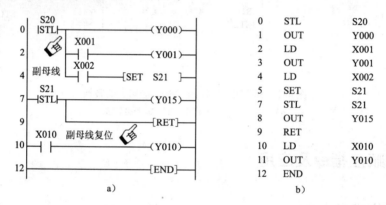

图 4-4　STL、RET 指令的应用实例

a）梯形图　b）指令语句表

如图 4-4 所示，步进触点只有常开触点，没有常闭触点。步进触点接通，需要用 SET 指令进行置位，步进触点闭合，其作用如同主控触点闭合一样，将左母线移到新的临时位置，即移到步进触点右边，相当于副母线。这时，与步进触点相连的逻辑行开始执行。如 X002 常开触点闭合后，执行 SET S21 指令，步进触点 S21 被置位，程序由 S20 状态转换到 S21 的状态，完成步进功能。

STL 和 RET 是一对指令，但在每条步进指令 STL 后面，不必都加一条 RET 指令，只需在一系列 STL 指令的最后接一条 RET 指令即可，但必须要有 RET 指令。

注意：状态流程图除利用步进顺控指令进行编程外，也可以利用通用逻辑指令（如 LD、AND、OUT 等）、置位、复位指令（SET、RST）和移位寄存器等进行编程。但一般比利用步进顺控指令编程复杂，故本书不予介绍。

4.2.3　多分支状态流程图的处理

多分支状态流程图有两种情况：可选择的分支与汇合、并行的分支与汇合。

（1）可选择的分支与汇合

当一个程序有多个分支时，各分支之间属于“或”逻辑关系，程序运行时只选择运行其中的一个分支，而其他分支不能运行，称为可选择的分支。

如图 4-5 所示为可选择的分支与汇合的状态流程图和梯形图。

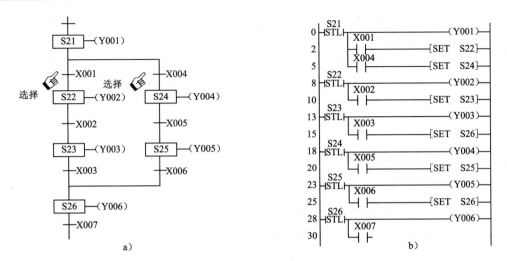

图 4-5　可选择的分支与汇合

a）状态流程图　b）梯形图

由图 4-5a 可知，选择可选择分支要有选择条件（如图中的 X1、X4），且分支选择条件不能同时接通。

图 4-5a 中，在状态器 S21 时，根据 X1 和 X4 的状态决定执行哪一条分支。当状态器 S22 或 S24 接通时，S21 自动复位。状态器 S26 由 S23 或 S25 转移置位，同时，前一状态器 S23 或 S25 自动复位。图 4-5b 对应的指令语句表请读者自行编制，此处不予介绍。

（2）并行的分支与汇合

当一个程序有多个分支时，各分支之间属于"与"逻辑关系，程序运行时要运行完所有的分支，才能汇合，各程序之间没有选择条件运行时可以不分先后，称为并行的分支。

如图 4-6 所示是并行的分支与汇合的状态流程图和梯形图。

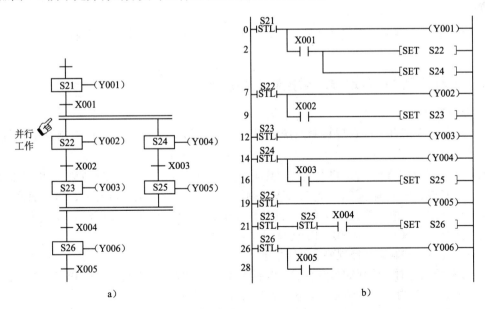

图 4-6　并行的分支与汇合

a）状态流程图　b）梯形图

　　图 4-6a 中，当转换条件 X1 接通时，由状态器 S21 分两路同时进入状态器 S22 和 S24，此后系统的两个分支并行工作。图中水平双线强调的是并行工作，实际上与一般状态编程一样，先进行驱动处理，然后再进行转换处理，从左至右依次进行。当两个分支都处理完毕后，S23、S25 同时接通，转换条件 X4 也接通时，S26 接通，同时 S23 和 S25 自动复位。多条支路汇合在一起，实际上是 STL 指令连续使用。STL 指令最多可连续使用 8 次。图 4-6b 对应的语句表请读者自行编制，此处不予介绍。

4.3　步进顺控指令系统编程技巧与工程案例

4.3.1　步进顺控指令系统编程基本规则和技巧

　　在工程实例中，编写步进顺控指令程序时需遵循如下基本规则和技巧：

　　1）与 STL 步进触点相连的触点应使用 LD 或 LDI 指令；

　　2）初始状态可由其他状态驱动，但运行开始时，必须用其他方法预先作为驱动，否则状态流程不可能向下进行；

　　3）STL 触点可以直接驱动或通过别的触点驱动 Y、M、S、T 等元件的线圈和应用指令；

　　4）由于 CPU 只执行活动步对应的电路块，因此使用 STL 指令时允许双线圈输出，这一特点在应用时特别有用；

　　5）并行流程或选择流程中每一分支状态的支路数不能超过 8 条，总的支路数不能超过 16 条；

　　6）若为顺序不连续转移（即跳转），不能使用 SET 指令进行状态转移，应改用 OUT 指令进行状态转移；

　　7）STL 触点右边不能紧跟着使用 MPS 指令，STL 指令不能与 MC、MCR 指令一起使用。在 FOR、NEXT 结构中、子程序和中断程序中，不能有 STL 程序块，但 STL 程序块中允许使用最多 4 级嵌套的 FOR 指令、NEXT 指令；

　　8）需要在停电恢复后继续维持停电前的运行状态，可使用掉电保持型状态继电器 S500～S899。

4.3.2　工程案例 1：自动混料罐控制系统设计与实施

1. 项目导入

　　图 4-7 所示为某自动混料罐控制系统示意图。请用 FX$_{2N}$ 系列 PLC 对该控制系统进行设计并实施。

　　图 4-7 中，YV1、YV2 为进料电磁阀，其功能为控制两种液料的进罐。YV3 为出料电磁阀，其功能为控制混合液出罐。SQ1、SQ2、SQ3 分别为高、中、低液位检测开关，当液面淹没时分别输出罐内液位高、中、低的检测信号。此外，操作面板上设有起动按钮 SB1、停止按钮 SB2 和混料配方选择开关 S01，其中 S01 用于选择配方 1 或配方 2。

　　该自动混料罐控制系统控制要求设定如下：

　　1）在初始状态时，混料罐为空容器，电磁阀 YV1、YV2、YV3 均为关闭状态；液位检测开关 SQ1、SQ2、SQ3 均处于"OFF"状态；混料泵 M 处于停止运转状态。

　　2）当按动起动按钮 SB1 后，混料罐按如图 4-8 所示的工艺流程开始运行，连续循环运行 3 次后自动停止，中途按停止按钮 SB2，混料罐完成一次循环后才能停止。

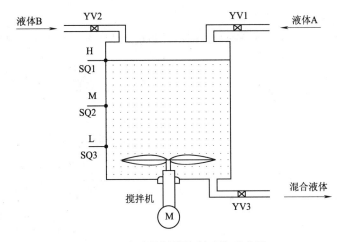

图 4-7　自动混料罐控制系统示意图

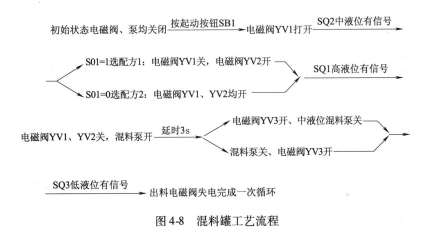

图 4-8　混料罐工艺流程

2. 项目实施

（1）I/O 地址分配

根据图 4-8 所示的自动混料罐工艺流程，设定系统 I/O 地址分配表，如表 4-3 所示。

表 4-3　I/O 地址分配表

输入			输出		
元器件代号	地址号	功能说明	元器件代号	地址号	功能说明
SQ1	X0	高液位检测开关	YV1	Y0	A 液体进料电磁阀
SQ2	X1	中液位检测开关	YV2	Y1	B 液体进料电磁阀
SQ3	X2	低液位检测开关	KM	Y2	混料泵控制接触器
SB1	X3	起动按钮	YV3	Y3	混合液体出料电磁阀
SB2	X4	停止按钮			
S01	X5	混料配方选择开关			

（2）硬件接线图设计

根据表 4-3 所示的 I/O 地址分配表，可对系统硬件接线图进行设计，如图 4-9 所示。

（3）控制程序设计

根据系统控制要求和 I/O 地址分配表，编写控制状态流程图，如图 4-10 所示。

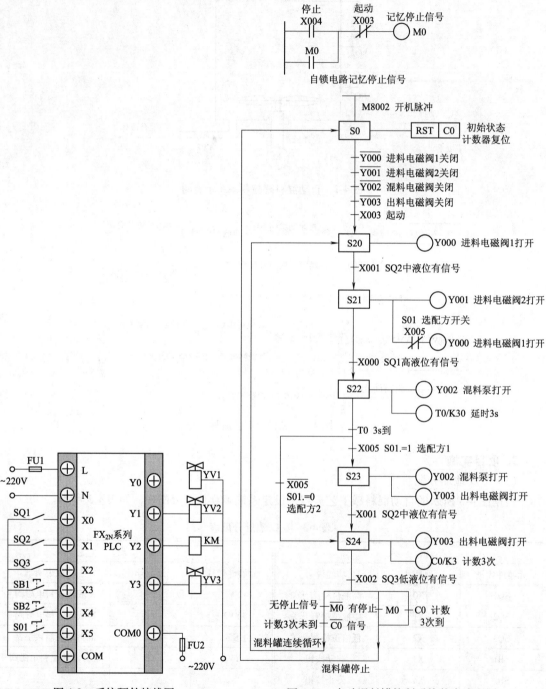

图 4-9 系统硬件接线图　　　　　　图 4-10 自动混料罐控制系统状态流程图

由图 4-10 可见，本程序采用定时器、计数器进行定时、计数控制，即定时器实现 3s 延时控制功能，计数器实现 3 次循环功能。各状态元件分配见表 4-4。

表 4-4　状态元件分配表

状态名称	软元件	功能说明
状态 0	S0	初始状态
状态 20	S20	液体 A 进液
状态 21	S21	混料配方选择（进液）
状态 22	S22	混料泵搅拌
状态 23	S23	混料配方选择（搅拌）
状态 24	S24	混合液体出液

自动混料罐控制器对应的梯形图、指令语句表程序如图 4-11 所示。

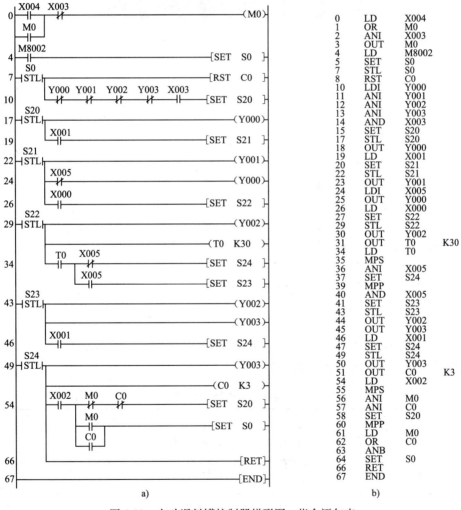

a)　　　　　　　　　　　　　　　b)

图 4-11　自动混料罐控制器梯形图、指令语句表

a) 梯形图　b) 指令语句表

（4）系统仿真调试

1) 按照图 4-9 所示的系统硬件接线图接线并检查、确认接线正确。

2) 利用 GX 软件和 GX Simulator - 6 仿真软件输入并运行程序，监控程序运行状态，分析程序运行结果。

3）程序符合控制要求后再接通主电路试车，进行系统仿真调试，直到最大限度地满足系统控制要求为止。

4.3.3 工程案例 2：钻孔动力头控制系统设计与实施

1. 项目导入

某冷加工自动生产线有一个钻孔动力头，该动力头的加工工艺过程如图 4-12 所示。请用 FX_{2N} 系列 PLC 实现该控制功能。

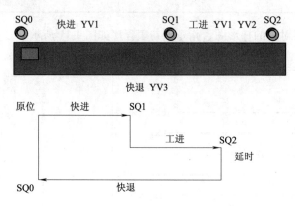

图 4-12 钻孔动力头工作示意图

该钻孔动力头控制要求设定如下：

1）动力头在原位，并加以起动信号，这时接通电磁阀 YV1，动力头快进。

2）动力头碰撞限位开关 SQ1 后，接通电磁阀 YV1 和 YV2，动力头由快进转为工进，同时动力头电动机转动（由接触器 KM1 控制）。

3）动力头碰撞限位开关 SQ2 后，开始延时 3s。

4）延时时间到达，接通电磁阀 YV3，动力头快退。

5）动力头返回原点，碰撞限位开关 SQ0 后即停止。

2. 项目实施

（1）I/O 地址分配

根据控制要求，设定 I/O 地址分配表，如表 4-5 所示。

表 4-5 I/O 地址分配表

输　　入			输　　出		
元器件代号	地址号	功能说明	元器件代号	地址号	功能说明
SB1	X0	起动按钮	YV1	Y0	电磁阀
SQ0	X1	限位开关	YV2	Y1	电磁阀
SQ1	X2	限位开关	YV3	Y2	电磁阀
SQ2	X3	限位开关	KM1	Y3	交流接触器

（2）系统硬件接线图设计

根据表 4-5 所示的 I/O 地址分配表，可对系统硬件接线图进行设计，如图 4-13 所示。

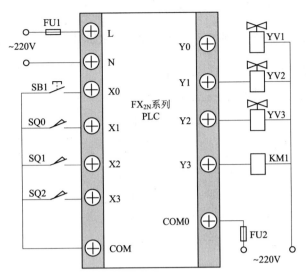

图 4-13　系统硬件接线图

（3）控制程序设计

根据系统控制要求和 I/O 地址分配表，编写控制程序状态流程图，如图 4-14 所示。

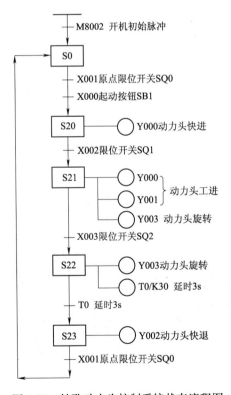

图 4-14　钻孔动力头控制系统状态流程图

由图 4-14 可见，实现本次任务的状态流程图属于单流程 SFC。其中特殊辅助继电器 M8002 为初始化脉冲继电器，利用它使 PLC 在开机时进入初始状态 S0。当程序运行使动力头返回到原位时，利用限位开关 SQ0（X1）为转移条件使程序返回初始状态 S0，等待下一次起动（即程序停止）。

钻孔动力头控制系统对应的梯形图、指令语句表程序如图 4-15 所示。

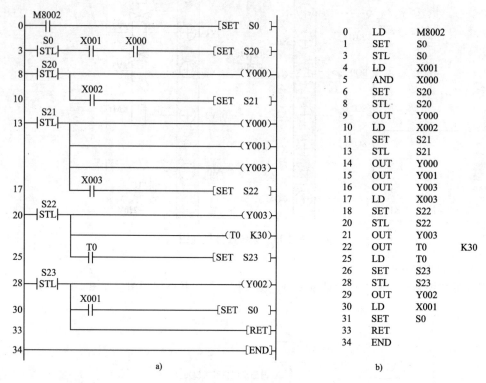

a)

0	LD	M8002	
1	SET	S0	
3	STL	S0	
4	LD	X001	
5	AND	X000	
6	SET	S20	
8	STL	S20	
9	OUT	Y000	
10	LD	X002	
11	SET	S21	
13	STL	S21	
14	OUT	Y000	
15	OUT	Y001	
16	OUT	Y003	
17	LD	X003	
18	SET	S22	
20	STL	S22	
21	OUT	Y003	
22	OUT	T0	K30
25	LD	T0	
26	SET	S23	
28	STL	S23	
29	OUT	Y002	
30	LD	X001	
31	SET	S0	
33	RET		
34	END		

b)

图 4-15　钻孔动力头控制系统梯形图、指令语句表

a）梯形图　b）指令语句表

4.3.4　工程案例 3：简易机械手控制系统设计与实施

1. 项目导入

图 4-16 所示为某简易机械手控制系统示意图。请用 FX_{2N} 系列 PLC 实现该简易机械手控制系统控制功能。

该简易机械手控制系统控制要求如下：

1）定义简易机械手“取与放”搬运系统的原点为左上方所达到的极限位置，即左限位开关闭合，上限位开关闭合，简易机械手处于放松状态。

2）搬运过程是简易机械手把工件从 A 处搬到 B 处。

3）简易机械手上升和下降、左移和右移均由电磁阀驱动汽缸实现。

图 4-16　简易机械手控制系统示意图

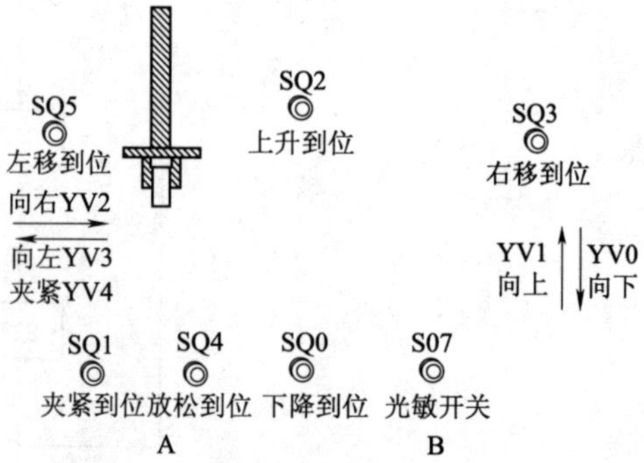

4）当工件处于 B 处上方准备下放时，为确保安全，用光敏开关检测 B 处有无工件，只有在 B 处无工件时才能发出下放信号。

5）简易机械手工作过程：起动简易机械手下降到 A 处位置→夹紧工件→夹紧工件上升至顶端→简易机械手横向移动到右端，进行光敏检测→下降到 B 处位置→简易机械手放松，把工件

放到 B 处→简易机械手上升至顶端→简易机械手横向移动返回到左端原点处。

6）简易机械手连续循环，按停止按钮 SB2，简易机械手立即停止；再次按起动按钮 SB1，简易机械手继续运行。

2. 项目实施

（1）I/O 地址分配

根据图 4-16 所示的简易机械手控制系统控制要求，设定系统 I/O 地址分配表，如表 4-6 所示。

表 4-6　I/O 地址分配表

输　入			输　出		
元器件代号	地址号	功能说明	元器件代号	地址号	功能说明
SB1	X10	起动按钮	YV0	Y0	下降电磁阀
SB2	X11	停止按钮	YV1	Y1	上升电磁阀
SQ0	X2	下降限位行程开关	YV2	Y2	右移电磁阀
SQ1	X3	夹紧限位行程开关	YV3	Y3	左移电磁阀
SQ2	X4	上升限位行程开关	YV4	Y4	夹紧电磁阀
SQ3	X5	右移限位行程开关			
SQ4	X6	放松限位行程开关			
SQ5	X7	左移限位行程开关			
S07	X0	光敏检测开关			

（2）硬件接线图设计

根据表 4-6 所示的 I/O 地址分配表，可对系统硬件接线图进行设计，如图 4-17 所示。

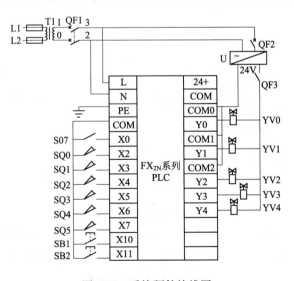

图 4-17　系统硬件接线图

（3）控制程序设计

根据系统控制要求和 I/O 地址分配表，编写控制程序状态流程图如图 4-18 所示。

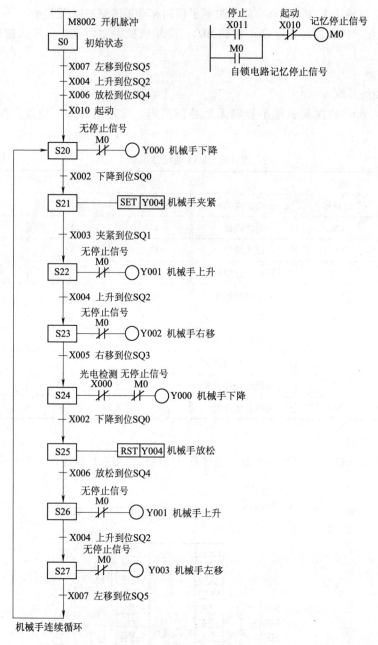

图 4-18　简易机械手控制系统状态流程图

图 4-18 中，辅助继电器 M0 用来记忆停止信号，若按下停止按钮 SB2，则 M0 常开触点闭合实现自锁功能，常闭触点断开使输出停止。再按下起动按钮 SB1，则 M0 常开、常闭触点复位，简易机械手继续按照设定程序正常运行。简易机械手控制系统各状态元件分配见表 4-7。

表 4-7　状态元件分配表

元件名称	软元件	功能说明
状态 0	S0	初始状态

（续）

元件名称	软元件	功能说明
状态20	S20	简易机械手下降
状态21	S21	简易机械手夹紧
状态22	S22	简易机械手上升
状态23	S23	简易机械手右移
状态24	S24	简易机械手下降
状态25	S25	简易机械手放松
状态26	S26	简易机械手上升
状态27	S27	简易机械手左移

简易机械手控制系统对应的梯形图、指令语句表程序如图4-19所示。

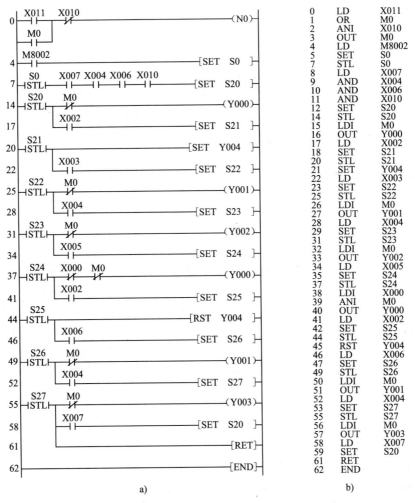

图 4-19　简易机械手控制系统梯形图、指令语句表

a）梯形图　b）指令语句表

（4）系统仿真调试

1）按照图 4-17 所示的 PLC 硬件接线图接线并检查、确认接线正确。

2）利用 GX 软件和 GX Simulator-6 仿真软件输入并运行程序，监控程序运行状态，分析程序运行结果。

3）程序符合控制要求后再接通主电路试车，进行系统仿真调试，直到最大限度地满足系统控制要求为止。

4.3.5　工程案例 4：大、小球分拣传送机控制系统设计与实施

1. 项目导入

图 4-20 所示为大、小球分拣传送机控制系统示意图。请用 FX$_{2N}$ 系列 PLC 实现该控制系统控制功能。

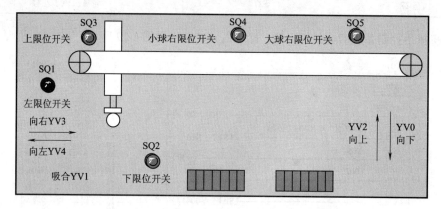

图 4-20　大、小球分拣传送机控制系统示意图

该大、小球分拣传送机控制系统控制要求如下：

1）传送机初始状态在左上角原点处（上限位开关 SQ3 及左限位开关 SQ1 压合，传送机的机械手处于放松状态）。

2）按下起动按钮 SB1 后，传送机的机械手下降，2s 后机械手碰到球，如果碰到球的同时还碰到下限位开关 SQ2，则一定是小球；如果碰到球的同时未碰到下限位开关 SQ2，则一定是大球。

3）传送机的机械手吸合球后开始上升，碰到上限位开关 SQ3 后右移。如果是小球右移到 SQ4 处（如果是大球右移到 SQ5 处），机械手下降，当碰到下限位开关 SQ2 时，将小球（大球）释放放入小球（大球）容器中。

4）释放后机械手上升，碰到上限位开关 SQ3 后左移，碰左限位开关 SQ1 时停止，一个循环结束。

5）传送机机械手的下降、吸合、上升、右移、左移分别由电磁阀 YV0、YV1、YV2、YV3、YV4 进行驱动。

2. 项目实施

（1）I/O 地址分配

根据控制要求，设定系统 I/O 地址分配表，如表 4-8 所示。

（2）硬件接线图设计

根据表 4-8 所示的 I/O 地址分配表，可对系统硬件接线图进行设计，如图 4-21 所示。

表 4-8　I/O 地址分配表

输　入			输　出		
元器件代号	地址号	功能说明	元器件代号	地址号	功能说明
SB1	X0	起动按钮	YV0	Y0	下降电磁阀
SQ1	X1	左限位开关	YV1	Y1	机械手吸合电磁阀
SQ2	X2	下限位开关	YV2	Y2	上升电磁阀
SQ3	X3	上限位开关	YV3	Y3	右移电磁阀
SQ4	X4	小球右限位开关	YV4	Y4	左移电磁阀
SQ5	X5	大球右限位开关			

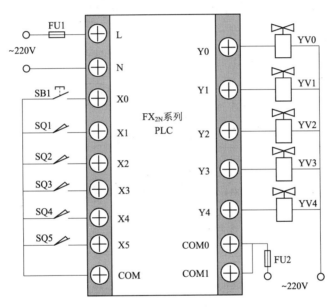

图 4-21　系统 I/O 接线图

（3）控制程序设计

根据系统控制要求和 I/O 地址分配表，编写控制系统状态流程图（SFC）如图 4-22 所示。

由图 4-22 可见，状态流程图中出现了分支，而两条分支不会同时工作，具体转移到哪一条分支由转换条件（下限位开关 SQ2）X2 的通断状态决定。当 X2 接通（下限位开关 SQ2 被压合）时，转移到 S21 分支，否则转移到 S31 分支。大、小球分拣传送机控制系统各状态元件分配见表 4-9。

大、小球分拣传送机控制系统对应的梯形图、指令语句表程序如图 4-23 所示。

（4）系统仿真调试

1）按照图 4-20 所示系统硬件接线图接线并检查、确认接线正确。

2）利用 GX 软件和 GX Simulator－6 仿真软件输入并运行程序，监控程序运行状态，分析程序运行结果。

3）程序符合控制要求后再接通主电路试车，进行系统仿真调试，直到最大限度地满足系统控制要求为止。

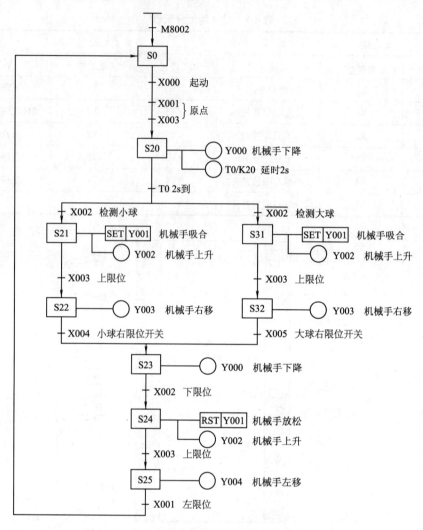

图 4-22　大、小球分拣传送机控制系统状态流程图

表 4-9　状态元件分配表

元件名称	软元件	功能说明
状态 0	S0	初始状态
状态 20	S20	机械手下降
状态 21	S21	机械手吸合、上升（小球）
状态 22	S22	机械手右移（小球）
状态 23	S23	机械手下降
状态 24	S24	机械手放松、上升
状态 25	S25	机械手左移
状态 31	S31	机械手吸合、上升（大球）
状态 32	S32	机械手右移（大球）

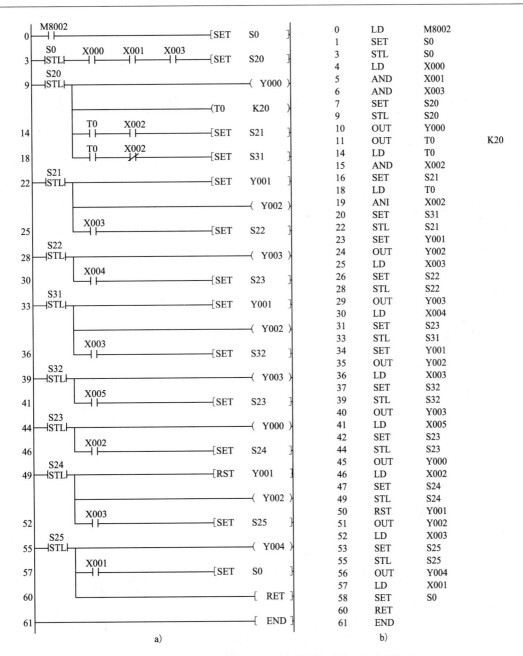

0	LD	M8002	
1	SET	S0	
3	STL	S0	
4	LD	X000	
5	AND	X001	
6	AND	X003	
7	SET	S20	
9	STL	S20	
10	OUT	Y000	
11	OUT	T0	K20
14	LD	T0	
15	AND	X002	
16	SET	S21	
18	LD	T0	
19	ANI	X002	
20	SET	S31	
22	STL	S21	
23	SET	Y001	
24	OUT	Y002	
25	LD	X003	
26	SET	S22	
28	STL	S22	
29	OUT	Y003	
30	LD	X004	
31	SET	S23	
33	STL	S31	
34	SET	Y001	
35	OUT	Y002	
36	LD	X003	
37	SET	S32	
39	STL	S32	
40	OUT	Y003	
41	LD	X005	
42	SET	S23	
44	STL	S23	
45	OUT	Y000	
46	LD	X002	
47	SET	S24	
49	STL	S24	
50	RST	Y001	
51	OUT	Y002	
52	LD	X003	
53	SET	S25	
55	STL	S25	
56	OUT	Y004	
57	LD	X001	
58	SET	S0	
60	RET		
61	END		

a)　　　　　　　　　　　　　　b)

图 4-23　大、小球分拣传送机控制系统梯形图、指令语句表

a）梯形图　b）指令语句表

第5章　典型功能指令编程技巧及工程案例

导读：三菱 FX$_{2N}$ 系列 PLC 的基本指令主要用于逻辑处理，是基于继电器、定时器、计数器等软元件的指令。作为工业控制计算机，PLC 仅仅具有基本指令是远远不够的。现代工业控制在许多场合都需要数据处理和通信等功能，所以 PLC 制造商逐步在 PLC 中引入了功能指令，主要用于数据的传送、运算、变换及程序控制等功能。特别是近 1 年来，功能指令又向综合型方向迈进了一大步，出现了许多一条指令即能实现以往大段程序才能完成的某种任务的指令，如 PID 功能和表功能等。这类指令实质上就是一个个功能完整的子程序，从而大大提高了 PLC 的实用价值和普及率。

5.1　功能指令概述

三菱 FX$_{2N}$ 系列 PLC 除了基本指令、步进指令外，还有许多功能指令（Functionl Instruction）或称为应用指令（Applied Instruction）。FX 系列 PLC 的功能指令可分为程序控制、传送与比较、算术与逻辑运算、移位与循环、数据处理、高速处理、方便指令、外部输入输出处理、外部设备通信、实时时钟等几类，详见附录 1。本书仅介绍典型功能指令编程技巧及工程案例。

5.1.1　功能指令的格式及含义

1. 功能指令的格式

三菱 FX$_{2N}$ 系列 PLC 功能指令格式如图 5-1a 所示。

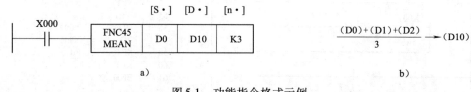

图 5-1　功能指令格式示例

a) 功能指令格式　b) 功能含义

图 5-1a 中，FNC45 是功能指令的调用编号，使用手持式编程器调用时必须采用此编号；MEAN 是该指令的操作码（或称为指令助记符），其含义是求平均数，使用编程软件输入时可直接输入助记符；D0、D10、K3 为该指令的操作数，其中 D0 为源操作数，D10 为目标操作数，K3 是指以 D0 为首地址的连续三个地址，即 D0、D1、D2。该指令的功能含义如图 5-1b 所示。

2. 功能指令的含义

由图 5-1 可知，功能指令由功能代号、指令助记符、数据长度、执行方式、操作数等组成。各部分含义如下：

1）功能代号（FNC NO）—每条功能指令都有固定的调用编号，例如 FNC01 代表 CALL 指令；FNC12 代表 MOV 指令。

2）指令助记符—功能指令的助记符是该条指令的英文缩写。例如加法指令英文写法为"Addition instruction"简写为"ADD"，采用这种方式，便于理解指令功能，容易记忆和掌握。

3）数据长度—功能指令依处理数据长度分为 16 位指令和 32 位指令。其中指令助记符前附有符号"（D）"的指令为 32 位指令，如（D）MOV、FNC（D）12 等。无符号"（D）"表示 16 位指令。

4）执行形式—功能指令有脉冲执行型和连续执行型。其中指令助记符后附有符号"（P）"表示脉冲执行，即执行条件由 OFF 变为 ON 时执行一次，如 MOV（P）、FNC（P）12 等。无符号"（P）"则为连续执行，每个扫描周期执行一次。"（P）"和"（D）"可以同时使用，如（D）MOV（P）。某些指令如 INC、DEC 等在连续执行时应特别注意，在指令助记符表示栏用"▼"表示。

5）操作数—是指功能指令涉及或产生的数据，分为源操作数（Sourse）、目标操作数（Destination）和其他操作数。

①源操作数。指执行功能指令后不改变其内容的操作数，用 S 表示。源操作数的数量多于一个时，以 S1、S2 等表示。

②目标操作数。指执行功能指令后改变其内容的操作数，用 D 表示。目标操作数的数量多于一个时，以 D1、D2 等表示。

③其他操作数。指既不是源操作数，也不是目标操作数的操作数，用 m、n 表示。其他操作数往往是常数，或者是对源、目标操作数进行补充说明的有关参数。表示常数时，一般用 K 表示十进制数，H 表示十六进制数。

注意：

◇ 功能指令的源操作数、目标操作数和其他操作数的变化是多种多样的。有些指令无操作数（如 IRET、WDT）；有些指令没有源操作数，只有目标操作数（如 XCH）；大部分指令源操作数、目标操作数具备。

◇ 操作数若是间接操作数，即通过变址取得数据，则在功能指令操作数旁加有一点"·"，例如 [S·]、[D·]、[m·] 等。

5.1.2　功能指令操作数结构形式

三菱 FX$_{2N}$ 系列 PLC 提供的数据元件结构形式分为位元件、字元件、位组合元件等。

1. 位元件

位元件是指其元件状态只有两种状态（ON 或 OFF）的开关量元件，属于数据类型中的布尔数。FX$_{2N}$ 系列 PLC 中位元件有输入继电器 X、输出继电器 Y、辅助继电器 M、状态继电器 S 等。

2. 字元件

处理数据的软元件称字元件。1 个字元件由 16 位存储单元构成，其中最高位（第 15 位）为符号位，第 0 ~ 14 位为数值位。符号位的判别是：正数 0，负数 1。FX$_{2N}$ 系列 PLC 中字元件有定时器 T、计数器 C 和数据寄存器 D 等。图 5-2 所示为 16 位数据寄存器 D0。

图 5-2　字元件结构示意图

3. 位组合元件

位组合元件是由位元件构成的一种字元件特殊结构。由位数 Kn 和起始位元件号的组合来表示，其中 n 表示组数，位元件每 4 位为一组合成单元。例如，K1X0 表示 X3 ~ X0 的 4 位数据，X0 是最低位；K2Y0 表示 Y7 ~ Y0 的 8 位数据，Y0 是最低位；K4M10 表示 M25 ~ M10 的 16 位数据，M10 是最低位。

应用技巧：

◇定时器 T/计数器 C 属于身兼位元件和字元件双重身份的软元件。即常开、常闭触点是位元件，定时时间设定值/预置计数值则为字元件。

◇利用两个字元件可以组成双字元件，以组成 32 位数据操作数。双字元件由相邻的寄存器组成。

5.2　程序流程指令及应用

5.2.1　程序流程指令介绍

程序流程转移是指程序在顺序执行过程中，发生了转移的现象，即跳过一段程序去执行指定程序。

FX$_{2N}$ 系列 PLC 用于程序流程转移的功能指令共 10 条，详见表 5-1 所示。该类型指令与计算机等课程中的跳转、中断、子程序、循环指令功能类似。在程序设计时若选用这类功能指令，可使程序结构优化、简单明了，能充分体现程序设计者的编程思想，达到最佳控制效果。

表 5-1　程序流程指令一览表

FNC NO.	指令助记符	指令名称及功能
00	CJ	条件跳转，程序跳到 P 指针指定处，P63 为 END
01	CALL	子程序调用，指定 P 指针，可嵌套 5 级以上
02	SRET	子程序返回，从子程序返回，与 CALL 配对
03	IRET	中断返回，从中断程序返回主程序
04	EI	中断允许（开中断）
05	DI	中断禁止（关中断）
06	FENG	主程序结束
07	WDT	监视定时器刷新
08	FOR	循环开始，可嵌套 5 层
09	NEXT	循环结束

1. CJ 指令

CJ 指令助记符、功能号、名称、梯形图、操作数和程序步长如表 5-2 所示。

表 5-2　CJ 指令表

助记符	功能号	指令名称	梯形图	操作数〔D·〕	程序步长
CJ	FNC00	条件跳转	─┤├─────〔CJ P0〕	FX$_{1S}$：P0 ~ P63 FX$_{1N}$、FX$_{2N}$、FX$_{2NC}$：P0 ~ P127 P63 为 END，不作跳转标记	16 位：3 步 标号 P：1 步

（1）指令应用技巧

CJ 指令为条件跳转指令，其功能是将程序跳转到 P 指针指定处。

注意：

◇ FX$_{2N}$系列 PLC 跳转指令使用的指针为 P0~P127 共 128 个，每个指针只能使用一次，否则将会出错；此外，P63 为 END 指令跳转用特殊指针，不能作为程序入口地址标号而进行编程。

◇ 指针一般设在相关的跳转指令之后，也可以设在跳转指令之前。但要注意从程序执行顺序来看，如果由于指针在前造成该程序的执行时间超过了警戒时钟设定值，则程序就会出错。

（2）应用实例

CJ 指令应用实例如图 5-3 所示。

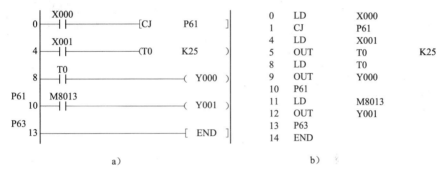

图 5-3　CJ 指令应用实例

a）梯形图　b）指令语句表

图 5-3 中，X0 为跳转条件，若 X0 为 ON，程序跳转到指针 P61 处，执行指针 P61 后面的程序；若 X0 为 OFF，则顺序执行程序，这称为有条件跳转。当执行条件为 M8000 等特殊继电器时，则称为无条件跳转，因为 M8000 在 PLC 执行用户程序时为常闭触点。

2. CALL、SRET 指令

子程序是相对于主程序而言的独立的程序段，子程序完成的是各自独立的程序功能。FX$_{2N}$系列 PLC 利用 CALL、SRET 指令可实现子程序调用功能。CALL、SRET 指令助记符、功能号、名称、梯形图、操作数和程序步长如表 5-3 所示。

表 5-3　CALL、SRET 指令表

助记符	功能号	名称	梯形图	操作数〔D·〕	程序步长
CALL	FNC01	子程序调用	⊢⊦――[CALL P1]―	指针 P0~P62，P64~P127	CALL（P）：3 步 P 指针：1 步
SRET	FNC02	子程序返回	⊢――――[SRET]―	无	1 步

（1）指令应用技巧

1）CALL 指令为子程序调用指令，其功能为指定子程序 P 指针。

2）SRET 指令为子程序返回指令，其功能为从子程序返回。

注意：

◇ CALL、SRET 指令需配对使用。

◇ CALL 指令一般安排在主程序中，主程序的结束有 FEND 指令（详见本章后续内容）。子程序的开始端有 P×× 指针，最后由 SRET 返回指令返回主程序。

◇ 子程序调用指令可以嵌套，最多为 5 级。

（2）应用实例

CALL、SRET 指令的应用实例如图 5-4 所示。

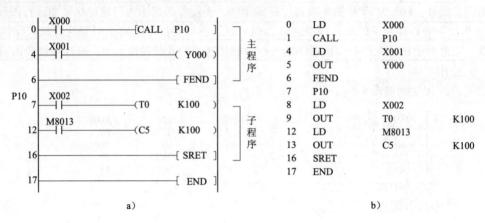

图 5-4　CALL、SRET 指令的应用实例

a）梯形图　b）指令语句表

图 5-4 中，X000 为调用子程序的驱动条件。当 X000 为 ON 时，调用 P10 ~ SRET 段子程序，当执行到 SRET 指令则返回原断点继续执行原程序。当 X000 为 OFF 时，程序顺序执行。

子程序可以实现 5 级嵌套。如图 5-5 所示就是一级嵌套的例子。

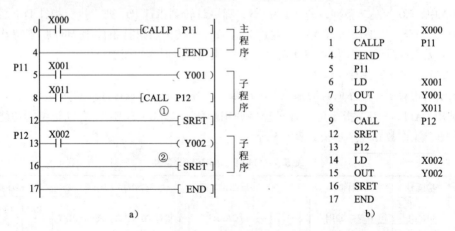

图 5-5　子程序的嵌套

a）梯形图　b）指令语句表

图 5-5 中，子程序 P11 的调用因采用 CALL（P）指令，是脉冲执行方式，所以在 X000 由 OFF→ON 时，仅执行一次。即当 X000 从 OFF→ON 时，调用 P11 子程序。P11 子程序执行时，当 X011 为 ON 时，又要调用 P12 子程序并执行，当 P12 子程序执行完毕后，又返回到 P11 原断点处执行 P11 子程序，当执行到 SRET①处，又返回到主程序。

3. IRET、EI、DI 指令

中断是指 PLC 在顺序执行的扫描循环中，当有需要立即反应的请求发生时立即中断其正在执行的扫描工作，优先执行要求所指定的服务工作，等该服务工作完成后，再回到被中断的地方继续执行未完成的扫描工作。FX$_{2N}$系列 PLC 与中断相关联的指令为 IRET、EI、DI。IRET、EI、DI 指令助记符、功能号、名称、梯形图、操作数和程序步长如表 5-4 所示。

表 5-4　IRET、EI、DI 指令

助记符	功能号	名称	梯形图	操作数〔D·〕	程序步长
IRET	FNC03	中断返回	─[IRET]	无	1 步
EI	FNC04	中断允许	─[EI]	无	1 步
DI	FNC05	中断禁止	─[DI]	无	1 步

（1）指令应用技巧

1）IRET 指令为中断返回指令，其功能为中断子程序返回，与 EI、DI 指令配对使用。

2）EI 指令为中断允许指令，其功能为允许所有中断事件。

3）DI 指令为中断禁止指令，其功能为禁止所有中断事件。

注意：

◇ 中断源。FX$_{2N}$系列 PLC 中断源（也称中断事件）有 3 类：外部输入中断、定时器中断、计数器中断。为了区别不同的中断及在程序中标明中断的入口，规定了中断指针标号。

FX$_{2N}$系列 PLC 中断指针 I 共有 15 点，其中外部输入中断指针 6 点，定时器中断指针 3 点，计数器中断指针 6 点，分别如表 5-5 ~ 表 5-7 所示。

表 5-5　外部输入中断指针表

输入编号	指针编号		中断禁止特殊辅助继电器
	上升沿中断	下降沿中断	
X0	I001	I000	M8050
X1	I101	I100	M8051
X2	I201	I200	M8052
X3	I301	I300	M8053
X4	I401	I400	M8054
X5	I501	I500	M8055

注：M8050 ~ M8055 = 0 表示允许，M8050 ~ M8055 = 1 表示禁止。

表 5-6　定时器中断指针表

输入编号	中断周期	中断禁止特殊辅助继电器
I6□□		M8056
I7□□	在指针编号的□□部分中，输入 10 ~ 99 的整数，如 I610 为每 10ms 执行一次定时器中断	M8057
I8□□		M8058

注：M8056 ~ M8058 = 0 表示允许，M8056 ~ M8058 = 1 表示禁止。

表 5-7　计数器中断指针表

指针编号	中断禁止
I010	
I020	
I030	M8059 = 0 表示允许
I040	M8059 = 1 表示禁止
I050	
I060	

◇ 当多个中断信号同时出现时，中断指针号低的有优先权。

◇ 中断子程序的功能与子程序功能一样，也是完成某一特定的控制功能。但中断子程序的条件不能由程序内部安排的条件引出，而是直接从外部输入端子或内部定时器、计数器作为中断的信号源。

（2）应用实例

IRET 、EI、DI 指令的应用实例如图 5-6 所示。

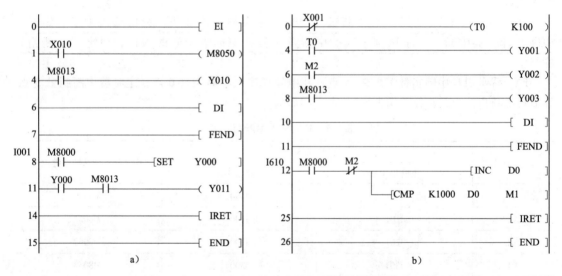

图 5-6　IRET、EI、DI 指令的应用实例

a) 外部输入中断子程序　b) 定时器中断子程序

图 5-6a 中，在主程序执行时，若特殊辅助继电器 M8050 = 0，标号为 I001 的中断子程序允许执行。该中断在输入口 X000 送入上升沿信号时执行，执行 IRET 指令后，返回主程序。

本程序中，Y010 由 M8013 驱动，每秒闪一次，而 Y000 输出是当 X000 具备上升沿脉冲时，驱动其为"1"信号，此时 Y011 输出就由 M8013 当前状态所决定。若 X010 = 1 使 M8050 为"1"状态，则 I001 中断禁止。

图 5-6b 所示为一段实验性质的定时器中断子程序。中断标号 I610 的中断序号为 6，时间间隔为 10ms。从梯形图的程序来看，每执行一次中断程序将向数据存储器 D0 加 1，当加到 1000 时，M2 为 ON 使 Y2 置 1。为了验证中断程序执行的正确性，在主程序段中设有定时器 T0，设定

值为 10s，并用此定时器控制 Y1，这样当 Y1 由 ON 变为 OFF 并经历 10s 后，Y1 及 Y2 应同时置 1。

计数器中断子程序与定时器中断子程序相似，此处不再赘述。

4. FEND 指令

FEND 指令助记符、功能号、名称、梯形图、操作数和程序步长如表 5-8 所示。

表 5-8　FEND 指令

助记符	功能号	名称	梯形图	操作数［D·］	程序步长
FEND	FNC06	主程序结束	┤［FEND］├	无	1 步

（1）指令应用技巧

FEND 指令为主程序结束指令，执行此指令，功能同 END 指令。

注意：

◇ 在 CJ 指令的程序中，FEND 指令作为主程序及跳转程序的结束。而在调用子程序（CALL）中，子程序、中断子程序应写在 FEND 指令之后，且其结束端均用 SRET 和 IRET 作为返回指令。

◇ 子程序及中断子程序必须写在 FEND 与 END 之间，若使用多个 FEND 指令的话，则在最后的 FEND 与 END 之间编写子程序或中断子程序。

（2）应用实例

FEND 指令的应用实例如图 5-7 所示。

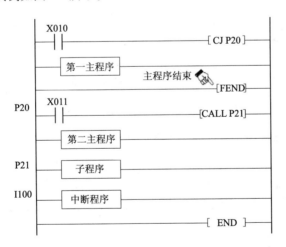

图 5-7　FEND 指令的应用

由图 5-7 可知，当 X010 为 OFF 时，不执行跳转指令，仅执行第一主程序；当 X010 为 ON 时，执行跳转指令，跳转到指针标号 P20 处，执行第二个主程序，在这个主程序中，若 X011 为 OFF，仅执行第二个主程序；若 X011 为 ON，调用指针号为 P21 的子程序，结束后，通过 SRET 指令返回原断点，继续执行第二个主程序。

5. WDT 指令

WDT 指令助记符、功能号、名称、梯形图、操作数和程序步长如表 5-9 所示。

表 5-9　WDT 指令

助记符	功能号	名称	梯形图	操作数〔D·〕	程序步长
WDT	FNC07	监视定时器刷新	├─┤ ├──〔 WDT 〕┤	无	1 步

（1）指令应用技巧

WDT 指令为监视定时器刷新指令，其功能是在 PLC 顺序执行程序时，对定时器刷新进行监视。当 PLC 的运算周期超过监视定时器规定的某一值时（如 FX$_{2N}$ 系列 PLC 为 200ms），PLC 将停止工作，此时 CPU 的出错指示灯亮。因此，编程过程中，插入 WDT 指令，可以说明 PLC 的运行周期是否超过规定的扫描周期数值，即监视定时器值。

（2）应用实例

WDT 指令的应用实例如图 5-8 所示。

图 5-8 所示是将一个 240ms 程序一分为二的例子。在这个大于 PLC 运算周期的程序中，在它的中间插入 WDT 指令，则前半部分与后半部分都在 200ms 以下，程序即可正常运行。

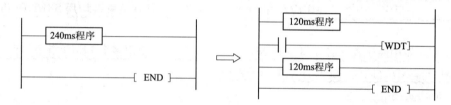

图 5-8　WDT 指令的应用

6. FOR、NEXT 指令

FOR、NEXT 指令助记符、功能号、名称、梯形图、操作数和程序步长如表 5-10 所示。

表 5-10　FOR、NEXT 指令

助记符	功能号	名称	梯形图	操作数〔D·〕	程序步长
FOR	FNC08	循环开始	├──〔 FOR Kn 〕┤	K、H、KnX、KnY、KnM、KnS、T、C、D、V、Z	3 步
NEXT	FNC09	循环结束	├──〔NEXT〕┤	无	1 步

（1）指令应用技巧

1）FOR 指令为循环开始指令。

2）NEXT 指令为循环结束指令。

注意：

◇ 编程时 FOR、NEXT 指令总是成对出现，且 NEXT 指令只能在 FOR 指令之后出现。

◇ 若采用 Kn 直接指定循环次数，n 的取值为 0 ~ 32767 时有效。

◇ FOR – NEXT 循环次数一共可嵌套 5 级。

（2）应用实例

FOR、NEXT 指令的应用实例如图 5-9 所示。

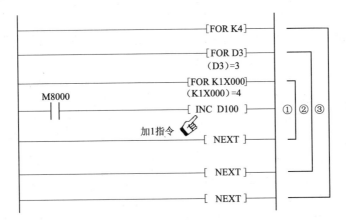

图 5-9　循环指令的应用

图 5-9 中，有 3 条 FOR 指令和 3 条 NEXT 指令相互对应，构成 3 级循环。其中相距最近的 FOR 指令和 NEXT 指令是一对，构成最内层循环①；其次是中间的一对指令构成中层次循环②，再就是最外层一对指令构成外循环③。此外，多层循环嵌套的关系是循环次数相乘的关系，这样，本例中的加 1 指令（INC）在一个扫描周期中就要向 D100 中加入 48 个 1。

5.2.2　工程案例：运输带控制系统设计与实施

1. 项目导入

图 5-10 所示为某运输带控制系统示意图。请用 FX$_{2N}$ 系列 PLC 对该控制系统进行设计并实施。

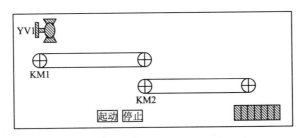

图 5-10　运输带控制系统示意图

图 5-10 中，卸料斗工作状态由电磁阀 YV1 进行控制，第一条运输带驱动电动机由交流接触器 KM1 进行控制，第二条运输带驱动电动机由交流接触器 KM2 进行控制。

本运输带控制器具有自动工作方式与手动点动工作方式，具体由转换开关 S1 选择。当 S1 = 1 时为手动点动工作，系统可通过 3 个点动按钮对电磁阀和电动机进行控制，以便对设备进行调整、检修和事故处理。当系统工作于自动工作方式时，其控制要求如下：

1）起动时，为了避免在后段运输带上造成物料堆积，要求以逆物料流动方向按一定时间间隔顺序起动，其起动顺序为：

按起动按钮 SB1，第二条运输带的接触器 KM2 吸合起动电动机 M2，延时 3s 后，第一条运输带的接触器 KM1 吸合起动电动机 M1，延时 3s 后，卸料斗的电磁阀 YV1 吸合。

2）停止时，卸料斗的电磁阀 YV1 尚未吸合时，接触器 KM1、KM2 可立即断电使运输带停止；当卸料斗的电磁阀 YV1 吸合时，为了使运输带上不残留物料，要求顺物料流动方向按一定

时间间隔顺序停止。其停止顺序为:

按停止按钮 SB2,卸料斗的电磁阀 YV1 断开,延时 6s 后,第一条运输带的接触器 KM1 断开,此外再延时 6s 后,第二条运输带的接触器 KM2 断开。

3)过载保护:在正常运转中,当第二条运输带电动机过载时(热继电器 FR2 触点断开),卸料斗、第一条和第二条运输带同时停止。当第一条运输带电动机过载时(热继电器 FR1 触点断开),卸料斗、第一条运输带同时停止,经 6s 延时后,第二条运输带再停止。

2. 项目实施

(1)I/O 地址分配

根据控制要求,设定 I/O 分配表,如表 5-11 所示。

表 5-11　I/O 地址分配表

输　入			输　出		
元器件代号	地址号	功能说明	元器件代号	地址号	功能说明
SB1	X0	起动按钮	YV1	Y0	控制卸料斗电磁阀
SB2	X1	停止按钮	KM1	Y4	控制 M1 接触器
FR1	X2	M1 过热保护	KM2	Y5	控制 M2 接触器
FR2	X3	M2 过热保护			
SB3	X4	电磁阀点动按钮			
SB4	X5	电动机 M1 点动按钮			
SB5	X6	电动机 M2 点动按钮			
S1	X7	手动/自动转换开关			

(2)硬件接线图设计

根据表 5-11 所示的 I/O 地址分配表,可对系统硬件接线图进行设计,如图 5-11 所示。

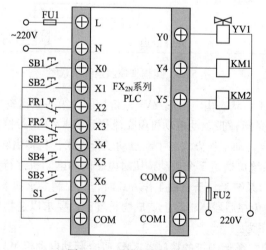

图 5-11　系统硬件接线图

(3)控制程序设计

由上述分析可知,该运输带控制程序应由手动控制程序和自动控制程序两部分构成。其手动、自动程序结构如图 5-12 所示。

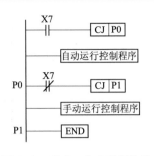

图 5-12　手动、自动程序结构

由该运输带自动控制时的控制要求可知，属于典型的步进顺序控制，故可采用步进顺控指令进行程序编制。根据系统控制要求和 I/O 地址分配表，编写运输带自动控制程序状态转移图如图 5-13 所示。

图 5-13 中，X002、X003 为 M1、M2 过热保护输入端，由于采用热继电器保护时，常闭触点比常开触点输入有优先级（即常闭触点先断开后，常开触点才接通）。因此，利用热继电器实现过载保护时也可都采用常闭触点进行输入。

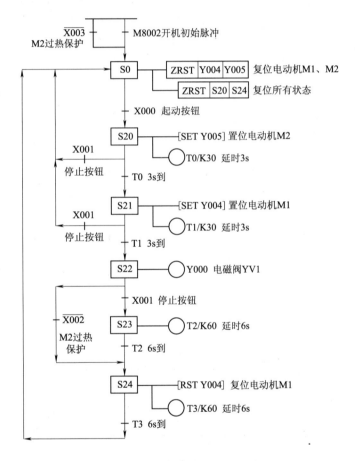

图 5-13　运输带状态转移图

运输带对应的梯形图程序如图 5-14 所示。

（4）系统仿真调试

1）按照图 5-11 所示控制系统硬件接线图接线并检查、确认接线正确。

2）利用 GX 软件和 GX Simulator－6 仿真软件输入并运行程序，监控程序运行状态，分析程序运行结果。

3）程序符合控制要求后再接通主电路试车，进行系统调试，直到最大限度地满足系统控制要求为止。

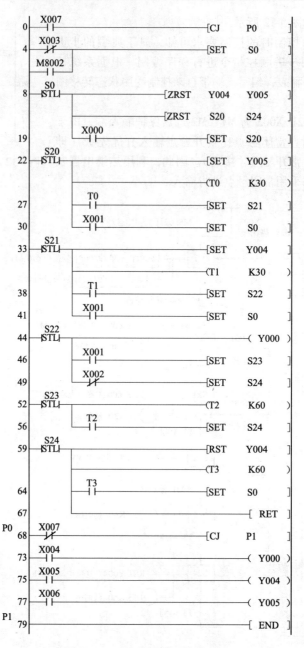

图 5-14　运输带控制系统梯形图

5.3　传送与比较指令及其应用

5.3.1　传送与比较指令介绍

　　传送与比较指令是功能指令中最常用的指令，在应用程序中使用十分频繁。这些指令是功能指令中的基本指令，是 PLC 进行各种数据处理和数值运算的基础，其主要功能是对软元件的读写和清零以及字元件的比较、交换等。该类型指令的应用可以使一些逻辑运算控制程序得到简化和优化。FX₂ₙ系列 PLC 用于传送与比较的功能指令共 10 条，详见表 5-12 所示。

表 5-12　传送与比较指令一览表

FNC NO.	指令助记符	指令名称及功能
10	CMP	比较指令
11	ZCP	区间比较指令
12	MOV	传送指令
13	SMOV	移位传送指令
14	CML	取反传送指令
15	BMOV	块传送指令
16	FMOV	多点传送指令
17	XCH	数据交换指令
18	BCD	BCD 变换指令
19	BIN	BIN 码交换指令

1. CMP 指令

CMP 指令助记符、功能号、名称、操作数和程序步长如表 5-13 所示。

表 5-13　CMP 指令表

助记符	功能号	名称	操作数			程序步长
			[S1·]	[S2·]	[D·]	
CMP	FNC10	比较	K、H、KnX、KnY、KnM、KnS、T、C、D、V、Z		Y、M、S	16 位 −7 步 32 位 −13 步

（1）指令应用技巧

CMP 指令为比较指令，其功能为将源操作数 [S1·]、[S2·] 的数据进行比较，比较结果影响目标操作数 [D·]。

注意：

◇ CMP 指令所用源操作数均按二进制数处理，且按数值大小进行比较（即带符号比较），如 −10 < 1。

◇ 当不再执行 CMP 指令，目标操作数保持执行 CMP 时的状态。如果需要清除比较结果，可采用 RST 指令进行复位。

（2）应用实例

CMP 指令的应用实例如图 5-15 所示。

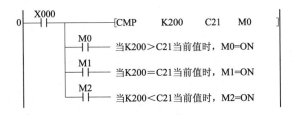

图 5-15　CMP 指令的应用实例

图 5-15 中，当 X0 = ON 时，[S1·]、[S2·] 进行比较，即 K200（数值 200）与 C21 计数器值比较。若 C21 当前值小于 200，则 M0 = ON；若 C21 当前值等于 200，则 M1 = ON；若 C21 当前值大于 200，则 M2 = ON。

当 X0 = OFF 时，不执行 CMP 指令，M0 ~ M2 保持 X000 断开前的状态。如果要清除比较结果，可以采用 RST 指令进行复位。

2. ZCP 指令

ZCP 指令助记符、功能号、名称、操作数和程序步长如表 5-14 所示。

表 5-14　ZCP 指令

助记符	功能号	名称	操作数				程序步长
			[S1·]	[S2·]	[S·]	[D·]	
ZCP	FNC11	区间比较	K、H、KnX、KnY、KnM、KnS、T、C、D、V、Z			Y、M、S	16 位 – 9 步 32 位 – 17 步

（1）指令应用技巧

ZCP 指令为区间比较指令，将一个数据 [S·] 与两个源操作数 [S1·]、[S2·] 间的数据进行比较，比较结果影响目标操作数 [D]。

注意：

◇ ZCP 指令所用操作数均按二进制数处理，且按数值大小进行比较（即带符号比较）。

◇ 当不再执行 ZCP 指令，目标操作数保持执行 ZCP 时的状态。如果需要清除比较结果，可采用 RST 指令进行复位。

（2）应用实例

ZCP 指令的应用实例如图 5-16 所示。

图 5-16　ZCP 指令的应用实例

图 5-16 中，当 X0 = ON 时，C20 的当前值与 K100 和 K200 比较。若 C20 当前值小于 100 时，则 M3 = ON；若 100 ≤ C20 当前值 ≤ 200 时，则 M4 = ON；若 C20 当前值 > 200 时，则 M5 = ON。

当 X0 = OFF 时，不执行 ZCP 指令，且 M3 ~ M5 保持 X000 断开前的状态。在不执行指令清除比较结果时，可采用 RST 指令进行比较结果复位。

3. MOV 指令

MOV 指令助记符、功能号、名称、操作数和程序步长如表 5-15 所示。

表 5-15　MOV 指令表

助记符	功能号	名称	操作数		程序步长
			[S·]	[D·]	
MOV	FNC12	传送	K、H、KnX、KnY、KnM、KnS、T、C、D、V、Z	KnY、KnM、KnS、T、C、D、V、Z	16 位 – 5 步 32 位 – 9 步

（1）指令应用技巧

MOV 指令为传送指令，将源操作数［S·］传送到目标操作数［D·］。

（2）应用实例

MOV 指令的应用实例如图 5-17 所示。

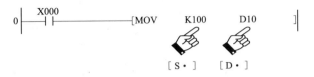

图 5-17　MOV 指令的应用实例

图 5-17 中，当 X0 = ON 时，源操作数［S·］中的常数 K100 传送到目标操作软元件 D10 中。即当指令执行时，常数 K100 自动转换成二进制数传送至 D10 中。当 X0 = OFF 时，不执行 MOV 指令，D10 中数据保持不变。

4. SMOV 指令

SMOV 指令助记符、功能号、名称、操作数和程序步长如表 5-16 所示。

表 5-16　SMOV 指令表

助记符	功能号	名称	操作数					程序步长
			［S·］	m1	m2	［D·］	n	
SMOV	FNC13	移位传送	KnX、KnY、KnM、KnS、T、C、D、V、Z	K、H = 1~4	K、H = 1~4	KnY、KnM、KnS、T、C、D、V、Z	K、H = 1~4	16 位 – 5 步 32 位 – 9 步

（1）指令应用技巧

SMOV 指令为移位传送指令，其功能为将源操作数中二进制（BIN）码自动转换成 BCD 码，按源操作数中指定的起始位 m1 和移位的位数 m2 向目标操作数中指定的起始位 n 进行移位传送，目标操作数中未被移位传送的 BCD 位数值不变，然后再自动转换成二进制（BIN）码。

（2）应用实例

SMOV 指令的应用实例如图 5-18 所示。

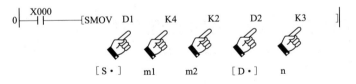

图 5-18　SMOV 指令的应用实例

图 5-18 中，当 X0 = ON 时，将［S·］源数据（D1）中的二进制（BIN）码转成 BCD 码，然后从其第 4 位（m1 = 4）起的低两位部分（m2 = 2）的内容传送到目的操作数 D2 的第 3 位和第 2 位（n = 3），并将其转换为 BIN 码，即 D2 的 10^3 位和 10^0 位在 D1 传送时不受影响。

5. CML 指令

CML 指令助记符、功能号、名称、操作数和程序步长如表 5-17 所示。

表 5-17　CML 指令表

助记符	功能号	名称	操作数		程序步长
			[S·]	[D·]	
CML	FNC14	取反传送	K、H、KnX、KnY、KnM、KnS、T、C、D、V、Z	KnY、KnM、KnS、T、C、D、V、Z	16 位 –5 步 32 位 –9 步

（1）指令应用技巧

CML 指令为取反传送指令，又称为反相传送指令，其功能是将源数据的各位取反后传送至目标操作数中。若将常数 K 用于源数据，则自动进行二进制数变换。

（2）应用实例

CML 指令的应用实例如图 5-19 所示。

图 5-19 中，当 X0 = ON 时，将 [S·] 源数据（D0）每位取反（0→1，1→0）后传送至目标操作数（K1Y000）低 4 位中，目标操作数其他位无变化。

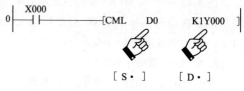

图 5-19　CML 指令的应用实例

6. BMOV 指令

BMOV 指令助记符、功能号、名称、操作数和程序步长如表 5-18 所示。

表 5-18　BMOV 指令表

助记符	功能号	名称	操作数			程序步长
			[S·]	[D·]	n	
BMOV	FNC15	块传送	KnX、KnY、KnM、KnS、T、C、D	KnY、KnM、KnS、T、C、D	K、H≤512	16 位 –7 步

（1）指令应用技巧

BMOV 指令为块传送指令，其功能是将源操作数中的源数据传送到目标操作数中，传送的长度由 n 指定。

注意：

◇ 若块传送指定的是位元件，则目标操作数与源操作数的位数要相同。

◇ 当传送数据的源与目标地址号范围重叠时，为了防止输送源数据在未传输前被改写，PLC 将自动地确定传送顺序。

（2）应用实例

BMOV 指令的应用实例如图 5-20 所示。

图 5-20 中，当 X0 = ON 时，将源操作数 D7、D6、D5 的内容传送到 D12、D11、D10。值得注意的是，在指令格式中操作数只写指定元件的最低位，如：D5、D10。

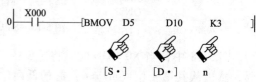

图 5-20　BMOV 指令的应用实例

7. FMOV 指令

FMOV 指令助记符、功能号、名称、操作数和程序步长如表 5-19 所示。

表 5-19　FMOV 指令表

助记符	功能号	名称	操作数			程序步长
			[S·]	[D·]	n	
FMOV	FNC16	多点传送	K、H、KnX、KnY、KnM、KnS、T、C、D	KnY、KnM、KnS、T、C、D	K、H≤512	16 位 -7 步 32 位 -13 步

（1）指令应用技巧

FMOV 指令为多点传送指令，其功能是将源操作数指定的软元件的内容向以目标操作数指定的起始软元件的 n 点软元件传送。

注意：

◇ 传送完成后，目标操作数 n 点软元件的内容一致。

◇ 若目标操作数指定的软元件号超过允许的元件号范围，数据仅传送到允许的范围内。

（2）应用实例

FMOV 指令的应用实例如图 5-21 所示。

图 5-21 中，当 X0 = ON 时，K1 传送到 D0 ~ D4 中

（n = K5）。

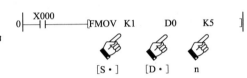

图 5-21　FMOV 指令的应用实例

8. XCH 指令

XCH 指令助记符、功能号、名称、操作数和程序步长如表 5-20 所示。

表 5-20　XCH 指令表

助记符	功能号	名称	操作数		程序步长
			[D1·]	[D2·]	
XCH	FNC17	数据交换	KnY、KnM、KnS T、C、D、V、Z	KnY、KnM、KnS T、C、D、V、Z	16 位 -5 步 32 位 -9 步

（1）指令应用技巧

XCH 指令为数据交换指令，其功能为将两个指定的目标操作数进行相互交换。

注意：

◇ 该指令的执行采用脉冲执行型指令 XCH（P），达到一次交换数据的效果。若采用连续执行型指令 XCH，则每个扫描周期均在交换数据，这样最后的交换结果不能确定，编程时要注意这一情况。

◇ 若要实现 16 位数据高八位与低八位的数据交换，可采用高、低位交换特殊继电器 M8160 来实现。当 M8160 = ON 时，目标操作数为同一地址号时（不同地址号，错误标号继电器 M8067 接通，不执行指令），16 位数据进行高八位与低八位的交换。

（2）应用实例

XCH 指令的应用实例如图 5-22 所示。

图 5-22 中，当 X0 = ON 时，D10 与 D11 的内容进行交换。若指令执行前（D10） = 100、（D11） = 130，则执行该指令后，（D10） = 130，（D11） = 100。即 D10 和 D11 中的数据进行了交换。

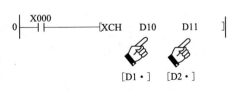

图 5-22　XCH 指令的应用实例

9. BCD 指令

BCD 指令助记符、功能号、名称、操作数和程序步长如表 5-21 所示。

表 5-21 BCD 指令

助记符	功能号	名称	操作数		程序步长
			[S·]	[D·]	
BCD	FNC18	BCD 码转换	KnX、KnY、KnM、KnS、T、C、D、V、Z	KnY、KnM、KnS、T、C、D、V、Z	16 位 – 5 步 32 位 – 9 步

（1）指令应用技巧

BCD 指令为 BCD 码转换指令，其功能为将源操作数 [S·] 中的二进制数码转换成 BCD 码并送至目标操作数 [D·] 中。

注意：

◇ 使用 BCD 或 BCD（P）16 位指令时，若 BCD 码转换结果超过 9999 的范围就会出错。使用（D）BCD 或（D）BCD（P）32 位指令时，若 BCD 码转换结果超过 99999999 的范围，同样也会出错。

◇ BCD 指令常用于 PLC 的二进制数转换为七段数码显示等需要用 BCD 码向外部输出的场合。

（2）应用实例

BCD 指令的应用实例如图 5-23 所示。

图 5-23 中，当 X0 = ON 时，源操作数 D12 中的二进制数转换成 BCD 码送到目标元件 Y0 ~ Y7 中，可用于驱动七段数码显示器。

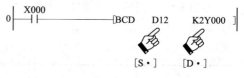

图 5-23 BCD 指令的应用实例

10. BIN 指令

BIN 指令助记符、功能号、名称、操作数和程序步长如表 5-22 所示。

表 5-22 BIN 指令

助记符	功能号	名称	操作数		程序步长
			[S·]	[D·]	
BIN	FNC19	BIN 转换	KnX、KnY、KnM、KnS、T、C、D、V、Z	KnY、KnM、KnS、T、C、D、V、Z	16 位 – 5 步 32 位 – 9 步

（1）指令应用技巧

BIN 指令为二进制转换指令，其功能为将源操作数 [S·] 中的 BCD 码转换成二进制数送至目标操作数 [D·]。

注意：

◇ 源数据范围：16 位操作时为 0 ~ 9999，32 位操作时为 0 ~ 99999999。

◇ 如果源数据不是 BCD 码，则 M8067 为 ON，指示运算错误，运算错误锁存特殊继电器 M8068 为 OFF。

（2）应用实例

BIN 指令的应用实例如图 5-24 所示。

图 5-24 中，当 X1 = ON 时，源元件 Y0 ~ Y7 中 BCD 码

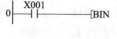

图 5-24 BIN 指令的应用实例

转换成二进制代码并送到目标元件 D12 中。

5.3.2 工程案例：计件包装控制系统设计与实施

1. 项目导入

图 5-25 所示为某计件包装控制系统示意图。请用 FX$_{2N}$ 系列 PLC 对该控制系统进行设计并实施。

该计件包装控制系统控制要求如下：

1）按下起动按钮 SB1，起动传送带 1 转动，传送带 1 上的工件经过检测传感器时，传感器发出一个工件的计数脉冲，并将工件传送到传送带 2 上的箱子里进行计数包装。

2）包装盒内的工件数量由外部拨码盘设定（0～99），且只能在系统停止工作时才能设定。

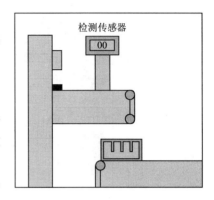

图 5-25 计件包装控制系统示意图

3）用两位数码管显示当前计数值，计数到达时，延时 3s，停止传送带 1，同时起动传送带 2，传送带 2 保持运行 5s 后，再起动传送带 1。

4）重复以上计数过程，当中途按下停止按钮 SB2 后，本次包装完成才能停止。

2. 项目实施

（1）I/O 地址分配

根据控制要求，设定 I/O 分配表，如表 5-23 所示。

表 5-23 I/O 地址分配表

输 入			输 出		
元器件代号	地址号	功能说明	元器件代号	地址号	功能说明
拨码盘输入 1	X0、X1、X2、X3	工件数量设定	数码管显示 1	Y0、Y1、Y2、Y3	数码管驱动
拨码盘输入 2	X4、X5、X6、X7	工件数量设定	数码管显示 2	Y4、Y5、Y6、Y7	数码管驱动
SB1	X10	起动按钮	KM1（传送带 1）	Y10	工件驱动
SB2	X11	停止按钮	KM2（传送带 2）	Y11	包装盒驱动
S1	X12	工件检测传感器			

（2）硬件接线图设计

根据表 5-23 所示的 I/O 地址分配表，可对系统硬件接线图进行设计，如图 5-26 所示。

图 5-26 中，为简化硬件接线图绘制，七段数码管译码驱动部分省略未画，进行系统硬件接线时需特别注意，七段数码管译码驱动相关知识请读者自行学习，本书不予介绍。

（3）控制程序设计

由上述分析可知，该计件包装控制系统属于典型顺序控制，故可采用步进顺控指令进行控制程序设计。根据控制要求，可画出状态转移图，如图 5-27 所示。

图 5-27 中，由于采用拨码盘设定工件数量，且利用两位数码管进行计数显示，采用 BIN、BCD 指令进行编程，即可简化程序编制，也可节省输入、输出端口。

计件包装控制系统对应的梯形图程序如图 5-28 所示。

（4）系统仿真调试

1）按照图 5-26 所示控制系统硬件接线图接线并检查、确认接线正确。

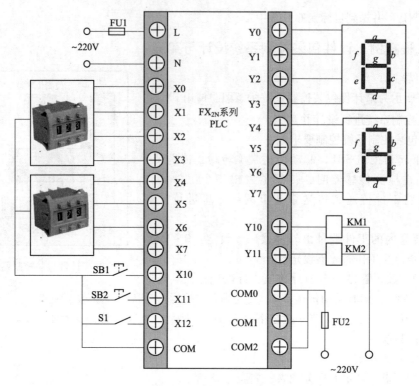

图 5-26 系统硬件接线图

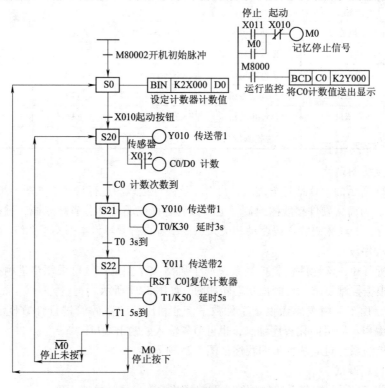

图 5-27 计件包装控制系统状态转移图

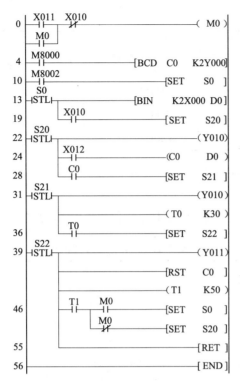

图 5-28 计件包装控制系统梯形图

2）利用 GX 软件和 GX Simulator – 6 仿真软件输入并运行程序，监控程序运行状态，分析程序运行结果。

3）程序符合控制要求后再接通主电路试车，进行系统调试，直到最大限度地满足系统控制要求为止。

5.4 算术与逻辑运算指令及其应用

5.4.1 算术与逻辑运算指令介绍

算术与逻辑运算指令是基本运算指令，可完成四则运算和逻辑运算，可通过运算实现数据的传送、变换及其他控制功能。FX$_{2N}$系列 PLC 用于算术与逻辑运算的功能指令共 10 条，详见表 5-24。在工控领域中，此类指令也已得到广泛应用。

表 5-24 算术与逻辑运算指令一览表

FNC NO.	指令助记符	指令名称及功能
20	ADD	BIN 加法指令
21	SUB	BIN 减法指令
22	MUL	BIN 乘法指令
23	DIV	BIN 除法指令
24	INC	BIN 递增（加1）指令

（续）

FNC NO.	指令助记符	指令名称及功能
25	DEC	BIN 递减（减 1）指令
26	WAND	逻辑与指令
27	WOR	逻辑或指令
27	WXOR	逻辑异或指令
29	NEG	求补码指令

1. ADD、SUB 指令

ADD、SUB 指令助记符、功能号、名称、操作数和程序步长如表 5-25 所示。

表 5-25　ADD、SUB 指令

助记符	功能号	名称	操作数			程序步长
			［S1·］	［S2·］	［D·］	
ADD	FNC20	BIN 加法	K、H、KnX、KnY、KnM、KnS T、C、D、V、Z	K、H、KnX、KnY、KnM、KnS T、C、D、V、Z	KnY、KnM、KnS T、C、D、V、Z	16 位 – 7 步 32 位 – 13 步
SUB	FNC21	BIN 减法	K、H、KnX、KnY、KnM、KnS T、C、D、V、Z	K、H、KnX、KnY、KnM、KnS T、C、D、V、Z	KnY、KnM、KnS T、C、D、V、Z	16 位 – 7 步 32 位 – 13 步

（1）指令应用技巧

1）ADD 指令为二进制（BIN）加法指令，其功能为将源操作数［S1·］、［S2·］中的二进制数相加，结果送到目标操作数［D·］。

2）SUB 指令为二进制（BIN）减法指令，其功能为将源操作数［S1·］、［S2·］中的二进制数相减，结果送到目标操作数［D·］。

注意：

◇ ADD、SUB 指令操作时影响 3 个常用标志位，即 M8020 零标志、M8021 借位标志、M8022 进位标志。若运算结果为 0，则 M8020 置 1；若运算结果超过 32 767（16 位）或 2 147 483 647（32 位），则 M8022 置 1；若运算结果小于 – 32 767（16 位）或 – 2 147 483 647（32 位），则 M8021 置 1。

◇ 源操作数和目标操作数可以用相同的元件号。

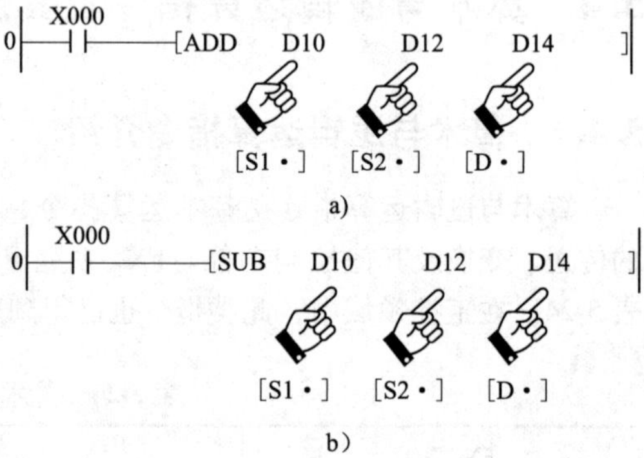

（2）应用实例

ADD、SUB 指令的应用实例如图 5-29 所示。

图 5-29a 中，当执行条件 X0 由 OFF→ON 时，（D10）+（D12）→（D14）。运算属于代数运算，例如 8 +（– 5）= 3。

图 5-29b 中，当执行条件 X0 由 OFF→ON 时，（D10）–（D12）→（D14）。与 ADD 指令相同，减法运算也属于代数运算，例如 8 –（– 5）= 13。

图 5-29　ADD、SUB 指令的应用实例

a）ADD 指令应用实例　b）SUB 指令应用实例

2. MUL、DIV 指令

MUL、DIV 指令助记符、功能号、名称、操作数和程序步长如表 5-26 所示。

表 5-26　MUL、DIV 指令

助记符	功能号	名称	操作数			程序步长
			[S1·]	[S2·]	[D·]	
MUL	FNC22	BIN 乘法	K、H、KnX、KnY、KnM、KnS T、C、D、Z		KnY、KnM、KnS T、C、D	16 位 – 7 步 32 位 – 13 步
DIV	FNC23	BIN 除法	K、H、KnX、KnY、KnM、KnS T、C、D、Z		KnY、KnM、KnS T、C、D	16 位 – 7 步 32 位 – 13 步

（1）指令应用技巧

1）MUL 指令为二进制乘法指令，其功能为将源操作数 [S1·]、[S2·] 中的二进制数相乘，结果送到目标操作数 [D·]。

2）DIV 指令为二进制除法指令，其功能为将源操作数 [S1·]、[S2·] 中的二进制数相除，商送到目标操作数 [D·] 中，余数送到 [D·] 的下一个目标元件。

（2）应用实例

MUL、DIV 指令的应用实例如图 5-30 所示。

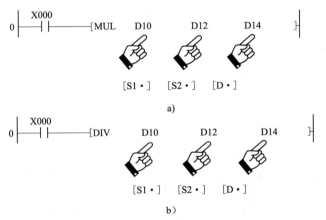

图 5-30　MUL、DIV 指令的应用实例

a）MUL 指令应用实例　b）DIV 指令应用实例

图 5-30a 中，若为 16 位运算，执行条件 X0 由 OFF→ON 时，（D10）×（D12）→（D15，D14）。源操作数是 16 位，目标操作数是 32 位。

若为 32 位运算，则应用 DMUL 指令。执行条件 X0 由 OFF→ON 时，（D11，D10）×（D13，D12）→（D17，D16，D15，D14）。源操作数是 32 位，目标操作数是 64 位。

图 5-30b 中，若为 16 位运算，执行条件 X0 由 OFF→ON 时，（D10）÷（D12）→（D14），余数存入（D15）中。若（D10）= 18，（D12）= 4，则商（D14）= 4，余数（D15）= 2。

若为 32 位运算，则应用 DDIV 指令。执行条件 X0 由 OFF→ON 时，（D11，D10）÷（D13，D12），计算结果商存入（D15，D14），余数存入（D17，D16）。

3. INC、DEC 指令

INC、DEC 指令助记符、功能号、名称、操作数和程序步长如表 5-27 所示。

表 5-27　INC、DEC 指令

助记符	功能号	名称	操作数	程序步长
			[D·]	
INC	FNC24	加 1	KnY、KnM、KnS T、C、D、V、Z	16 位 – 3 步 32 位 – 5 步
DEC	FNC25	减 1	KnY、KnM、KnS T、C、D、V、Z	16 位 – 3 步 32 位 – 5 步

（1）指令应用技巧

1）INC 指令为加 1 指令，其功能为将指定的目标操作数 [D·] 自动加 1 后存入 [D·]；

2）DEC 指令为减 1 指令，其功能为将指定的目标操作数 [D·] 自动减 1 后存入 [D·]。

（2）应用实例

INC、DEC 指令的应用实例如图 5-31 所示。

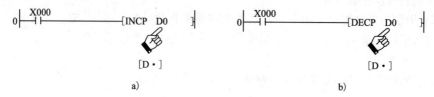

图 5-31　INC、DEC 指令的应用实例

a）INC 指令应用实例　b）DEC 指令应用实例

图 5-31a 中，当执行条件 X0 由 OFF→ON 时，由 [D·] 指定的元件 D0 中的二进制数加 1 存入 D0，其中 D0 既是源操作数又是目标操作数。

值得注意的是，若用连续指令时，每个扫描周期都会加 1。此外，16 位运算时，+ 32 767 加 1 则变为 – 32 768，但标志位不动作。同样，在 32 位运算时，+ 2 147 483 647 再加上 1 变为 – 2 147 483 648，标志位不动作。

图 5-31b 中，当执行条件 X0 由 OFF→ON 时，由 [D·] 指定的元件 D0 中的二进制数减 1 存入 D0，其中 D0 既是源操作数又是目标操作数。其他情况与 INC 指令类似，此处不予赘述。

4. WAND、WOR、WXOR 指令

WAND、WOR、WXOR 指令助记符、功能号、名称、操作数和程序步长如表 5-28 所示。

表 5-28　WAND、WOR、WXOR 指令表

助记符	功能号	名称	操作数			程序步长
			[S1·]	[S2·]	[D·]	
WAND	FNC26	逻辑与	K、H KnX、KnY、KnM、KnS T、C、D、Z		KnY、KnM、KnS T、C、D、Z	16 位 – 7 步 32 位 – 13 步
WOR	FNC27	逻辑或				
WXOR	FNC28	逻辑异或				

（1）指令应用技巧

1）WAND 指令为逻辑与指令，其功能为将源操作数 [S1·]、[S2·] 指定元件数据按各位对应进行逻辑与运算，结果存于由目标操作数 [D·] 指定的元件中。

2）WOR 指令为逻辑或指令，其功能为将源操作数 [S1·]、[S2·] 指定元件数据按各位对应进行逻辑或运算，结果存于由目标操作数 [D·] 指定的元件中。

3）WXOR 指令为逻辑异或指令，其功能为将源操作数［S1·］、［S2·］指定元件数据按各位对应进行逻辑异或运算，结果存于由目标操作数［D·］指定的元件中。

（2）应用实例

WAND、WOR、WXOR 指令的应用实例如图 5-32 所示。

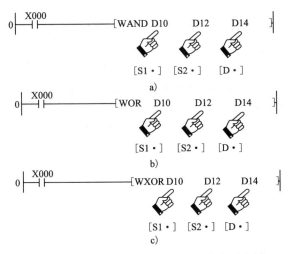

图 5-32　WAND、WOR、WXOR 指令应用实例

a）WAND 指令应用实例　b）WOR 指令应用实例　c）WXOR 指令应用实例

图 5-32 中，当执行条件 X0 = ON 时，由［S1·］指定的 D10 和［S2·］指定的 D12 中的二进制数据按各位对应分别进行逻辑与、逻辑或、逻辑异或运算，结果存于由［D·］指定的元件 D14 中。

实质上，上述指令功能与数字电子技术中与逻辑、或逻辑、异或逻辑功能相同，读者可比照进行学习。

5. NEG 指令

NEG 指令助记符、功能号、名称、操作数和程序步长如表 5-29 所示，该指令仅适用于 FX_{2N}、FX_{2NC} PLC。

表 5-29　NEG 指令

助记符	功能号	名称	操作数	程序步长
			［D·］	
NEG	FNC29	求补码	KnY、KnM、KnS T、C、D、V、Z	16 位 – 3 步 32 位 – 5 步

（1）指令应用技巧

NEG 指令为求补码指令，其功能为将［D·］指定的元件内二进制负数按位取反后加 1（求负数补码），求得的补码存入［D·］指定的元件。

注意：

◇ NEG 指令仅对二进制负数求补码。

◇ 若使用的是连续指令，则在各个扫描周期都执行求补码运算。

（2）应用实例

NEG 指令的应用实例如图 5-33 所示。

图 5-33　NEG 指令应用实例

图 5-33 中，当执行条件由 OFF→ON 时，由〔D·〕指定的元件 D10 中的二进制负数按位取反后加 1，求得的补码存入 D10 中。

5.4.2　工程案例：投币洗车机控制系统设计与实施

1. 项目导入

请用 FX$_{2N}$ 系列 PLC 对某投币洗车机控制系统进行设计并实施，投币洗车机控制系统控制要求如下：

1）司机每次投入 1 元，再按下喷水按钮即可喷水洗车 5min，使用时限为 10min。

2）当洗车机喷水时间达到 5min，洗车机结束工作；当洗车机喷水时间未达到 5min，而洗车机使用时间达到了 10min，洗车机停止工作。

2. 项目实施

（1）I/O 地址分配

根据控制要求，设定 I/O 地址分配表，如表 5-30 所示。

表 5-30　I/O 地址分配表

输　　　入			输　　　出		
元器件代号	地址号	功能说明	元器件代号	地址号	功能说明
TB	X1	投币检测	YV	Y0	喷水电磁阀
SB1	X2	喷水按钮			
SB2	X3	手动复位按钮			

（2）硬件接线图设计

根据表 5-30 所示的 I/O 地址分配表，可对控制系统硬件接线图进行设计，如图 5-34 所示。

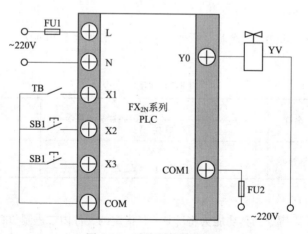

图 5-34　系统硬件接线图

（3）控制程序设计

根据控制要求和 I/O 地址分配表，设计控制梯形图如图 5-35 所示，对应指令语句表请读者自行编制，此处不予介绍。

（4）系统仿真调试

1）按照图 5-34 所示控制系统硬件接线图接线并检查、确认接线正确。

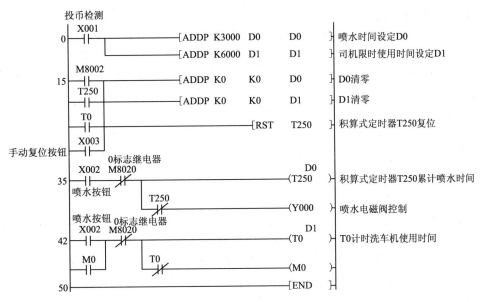

图 5-35 控制系统梯形图

2）利用 GX 软件和 GX Simulator – 6 仿真软件输入并运行程序，监控程序运行状态，分析程序运行结果。

3）程序符合控制要求后再接通主电路试车，进行系统调试，直到最大限度地满足系统控制要求为止。

5.5 循环与移位指令及其应用

5.5.1 循环与移位指令介绍

FX$_{2N}$ 系列 PLC 用于循环与移位的功能指令共 10 条，详见表 5-31。在工控领域中，此类指令也已得到广泛应用。

表 5-31 循环与移位指令一览表

FNC NO.	指令助记符	指令名称及功能
30	ROR	循环右移
31	ROL	循环左移
32	RCR	带进位循环右移
33	RCL	带进位循环左移
34	SFTR	位右移
35	SFTL	位左移
36	WSFR	字右移
37	WSFL	字左移
38	SFWR	先入先出写入
39	SFRD	先入先出读出

1. ROR、ROL 指令

ROR、ROL 指令助记符、功能号、名称、操作数和程序步长如表 5-32 所示。

表 5-32　ROR、ROL 指令表

助记符	功能号	名称	操作数		程序步长
			[D·]	n	
ROR	FNC30	循环右移	KnY、KnM、KnS T、C、D、V、Z	K、H n≤16（16 位）	16 位 – 5 步 32 位 – 9 步
ROL	FNC31	循环左移		n≤32（32 位）	

（1）指令应用技巧

1）ROR 指令为循环右移指令，其功能为将源操作数 [D·] 指定的元件内各位数据向右移 n 位，最后一次从最低位移出的状态存于进位标志 M8022。

2）ROL 指令为循环左移指令，其功能为将源操作数 [D·] 指定的元件内各位数据向左移 n 位，最后一次从最高位移出的状态存于进位标志 M8022。

（2）应用实例

ROR、ROL 指令的应用实例如图 5-36 所示。

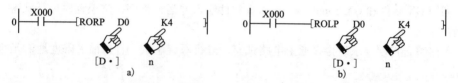

图 5-36　ROR、ROL 指令应用实例
a）ROR 指令应用实例　b）ROL 指令应用实例

图 5-36a 中，当 X0 由 OFF→ON 时，D0 内的各位数据向右移 4 位，最后一次从最低位移出的状态存于进位标志 M8022。

图 5-36b 中，当 X0 由 OFF→ON 时，D0 内的各位数据向左移 4 位，最后一次从最高位移出的状态存于进位标志 M8022。

注意：循环移位指令还有带进位循环右移（RCR）指令与带进位循环左移（RCL）指令。该指令功能与上述 ROR、ROL 指令相似，不同之处在于后者移位是带着进位 M8022 一起移位，由于篇幅有限，此处不予介绍。

2. SFTR、SFTL 指令

SFTR、SFTL 指令助记符、功能号、名称、操作数和程序步长如表 5-33 所示。

表 5-33　SFTR、SFTL 指令表

助记符	功能号	名称	操作数				程序步长
			[S·]	[D·]	n1	n2	
SFTR	FNC34	位右移	X、Y M、S	Y、M、S	K、H n2≤n1≤1024		16 位 – 9 步
SFTL	FNC35	位左移					

（1）指令应用技巧

1）SFTR 指令为位右移指令，其功能为将操作数 [D·] 指定的 n1 个位元件连同 [S·] 指定的 n2 个位元件的数据右移 n2 位。

2）SFTL 指令为位左移指令，其功能为将操作数［D·］指定的 n1 个位元件连同［S·］指定的 n2 个位元件的数据左移 n2 位。

（2）应用实例

SFTR、SFRL 指令应用实例如图 5-37 所示。

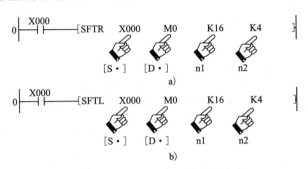

图 5-37　SFTR、SFTL 指令应用实例

a）SFTR 指令应用实例　b）SFTL 指令应用实例

图 5-37a 中，当 X0 由 OFF→ON 时，［D·］内 M0～M15 的 16 位数据连同［S·］内的 X0～X3 的 4 位元件的数据向右移 4 位，X0～X3 的 4 位数据从［D·］的高位端移入，而［D·］的低位 M0～M3 数据移出（溢出）。图 5-37b 的位左移指令的梯形图移位原理与位右移指令类似，此处不再赘述。

注意：移位指令还有字右移（WSFR）指令与字左移（WSFL）指令。该指令功能与上述 SFTR、SFTL 指令相似，不同之处在于后者以字为单位向右或向左移位。

3. SFWR、SFRD 指令

SFWR、SFRD 指令助记符、功能号、名称、操作数和程序步长如表 5-34 所示。

表 5-34　SFTR、SFTL 指令

助记符	功能号	名称	操作数			程序步长
			［S·］	［D·］	n	
SFWR	FNC38	先入先出写入	K、H、KnX、KnY、KnM、KnS、T、C、D、V、Z	KnY、KnM、KnS、T、C、D	K、H 2≤n≤512	16 位 -7 步
SFRD	FNC39	先入先出读出	K、H、KnX、KnY、KnM、KnS、T、C、D	KnY、KnM、KnS、T、C、D、V、Z		

（1）指令应用技巧

1）SFWR 指令为先入先出控制数据写入指令。

2）SFRD 指令为先入先出控制数据读出指令。

（2）应用实例

SFWR、SFRD 指令应用实例如图 5-38 所示。

图 5-38a 中，n＝10 表示［D·］中从 D1 开始有 10 个连续元件，且 D1 中内容被指定作为数据写入个数的指针，初始应置零。当 X0 由 OFF→ON 时，则将［S·］所指定的 D0 的数据存储到 D2 内，［D·］所指定的指针 D1 的内容为 1。若改变 D0 的数据，当 X0 再由 OFF 变为 ON 时，

则将 D0 的数据存入 D3 中，D1 的内容变为 2。依次类推，当 D1 内的数据超过 $n-1$ 时，则上述操作不再执行，进位标志 M8022 动作。

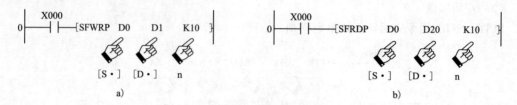

图 5-38 SFWR、SFRD 指令应用实例

a) SFWR 指令应用实例 b) SFRD 指令应用实例

图 5-38b 中，$n=10$ 表示 [S·] 中从 D1 开始有 10 个连续元件，且 D1 中内容被指定作为数据读出个数的指针，初始应置 $n-1$。当 X0 由 OFF 变为 ON 时，将 D2 的数据传送到 D20 内，与此同时，指针 D1 的内容减 1，D3 ~ D10 的数据向右移。当 X0 再由 OFF 变为 ON 时，D2 的数据（原 D3 中的内容）传送到 D20 中，D1 的内容再减 1。依次类推，当 D1 的内容减为 0 时，则上述操作不再执行，零位标志 M8020 动作。

5.5.2 工程案例：霓虹灯广告屏控制系统设计与实施

1. 项目导入

图 5-39 所示为某霓虹灯广告屏控制系统示意图。该控制系统共有 8 根灯管，24 只流水灯，每 4 只流水灯为一组。请用 FX_{2N} 系列 PLC 对该控制系统进行设计并实施。

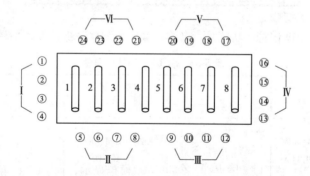

图 5-39 霓虹灯广告屏控制系统示意图

参照常用霓虹灯广告屏控制系统显示效果，该控制系统控制功能设定如下：

1）该广告屏中间 8 根灯管亮灭的时序为第 1 根亮→第 2 根亮→第 3 根亮→…→第 8 根亮，时间间隔为 1s，全亮后，显示 10s，再反过来从 8→7→…→1 顺序熄灭。全灭后，停亮 2s，再从第 8 根灯管开始点亮，顺序为 8→7→…→1，时间间隔为 1s，显示 20s。再从 1→2→…→8 顺序熄灭。全熄灭后，停亮 2s，再从头开始运行，周而复始。

2）广告屏四周的流水灯共 24 只，4 个 1 组，共分 6 组，每组灯间隔 1s 向前移动一次，且 I ~ VI 每隔一组灯为亮，即从 I、III 亮→II、IV 亮→III、V 亮→IV、VI 亮…，移动一段时间后（如 30s），再反过来移动，即从 VI、IV 亮→V、III 亮→IV、II 亮→III、I 亮…，如此循环往复。

3）控制系统有单步/连续控制，有起动和停止按钮。

4）控制系统灯管、流水灯的电压及供电电源均为市电 220V。

2. 项目实施

（1）I/O 地址分配

根据控制要求，设定 I/O 地址分配表，如表 5-35 所示。

表 5-35　I/O 地址分配表

输　入			输　出		
元器件代号	地址号	功能说明	元器件代号	地址号	功能说明
SA1	X0	起动开关	LED1 ~ LED8	Y0 ~ Y7	控制霓虹灯灯管
SA2	X1	停止开关	LED9 ~ LED14	Y10 ~ Y15	控制流水灯
SA3	X2	单步/连续转换开关			
SB	X3	步进按钮			

（2）硬件接线图设计

根据表 5-35 所示的 I/O 地址分配表，可对系统硬件接线图进行设计，如图 5-40 所示。

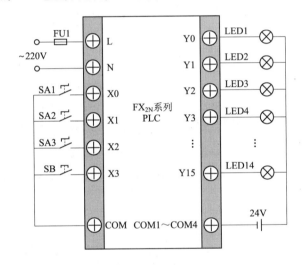

图 5-40　系统硬件接线图

图 5-40 中，LED1 ~ LED14 利用发光二极管进行模拟显示，而实际应用的电路中应加继电器等转换接口电路，并将电源改接为交流 220V，具体电路读者可参照相关内容自行设计，此处不予介绍。此外，图 5-40 为省略画法，发光二极管 LED5 ~ LED13 与 PLC 输出端口连接方式与 LED1 ~ LED4 相同。

（3）控制程序设计

根据工艺过程和控制要求，采用移位指令及定时/计数指令设计的 PLC 控制霓虹灯广告屏控制器梯形图如图 5-41 所示。

◇　程序设计说明：

由图 5-41 可知，该程序将移位指令和计数器指令进行了有机结合。Y0 ~ Y7 的状态采用左移指令获得。当 M100 脉冲上升沿到来时，移位寄存器向左移动一次，每次移位时间间隔 1s。所以当 8 根灯管全亮时，需 8s。当 C0 计数器计到 8 次时，C0 = 1，由 $\overline{C0}$ 与 M100 相"与"，故断开左移指令（SFTL）的脉冲输入，左移停止，Y0 ~ Y7 全亮。延时 10s 后，再由 Y7 ~ Y0 顺序熄灭，此时采用右移的办法进行移位，即 $M1 = \overline{Y7} \cdot \overline{Y6} \cdot \overline{Y5} \cdot \overline{Y4} \cdot \overline{Y3} \cdot \overline{Y2} \cdot \overline{Y1} \cdot \overline{Y0}$，即 $\overline{Y7} \sim \overline{Y0}$ 相"与"后，送到 Y7。

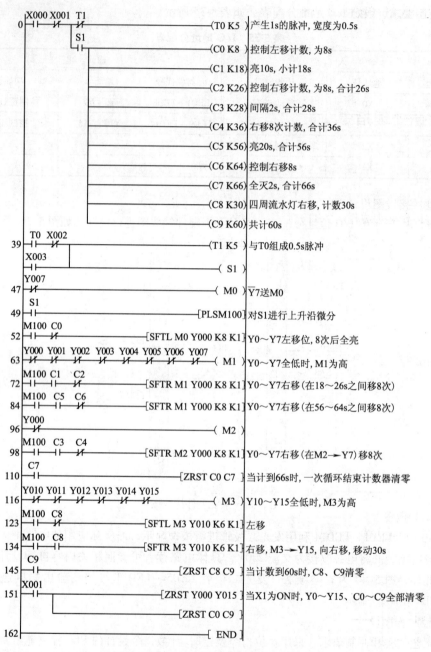

图 5-41　霓虹灯广告屏控制系统梯形图

程序中 C0 ~ C9 计数器用来计数，控制秒脉冲个数。四周流水灯程序由 C8、C9 控制。左移、右移的输出信号分别为 Y10、Y11、Y12、Y13、Y14、Y15。X0 为起动信号，X1 为停止信号，X2 为连续运行信号，X3 为单步脉冲调试信号。

值得注意的是，实际工程应用时，还需对此程序进行适当改进，硬件接线图部分需加入短路保护等保护措施。

3. 系统仿真调试

1）按照图 5-40 所示系统硬件接线图接线并检查、确认接线正确。

2）利用 GX 软件和 GX Simulator－6 仿真软件输入并运行程序，监控程序运行状态，分析程序运行结果。

3）程序符合控制要求后再接通主电路试车，进行系统调试，直到最大限度地满足系统控制要求为止。

5.6　数据处理指令及其应用

5.6.1　数据处理指令介绍

数据处理指令的功能编号从 FNC40～FNC49，具体如表 5-36 所示。数据处理指令能进行更加复杂的数据操作处理或作为特殊用途的指令使用。

表 5-36　数据处理指令一览表

FNC NO.	指令助记符	指令名称及功能
40	ZRST	区间复位
41	DECO	解码
42	ENCO	编码
43	SUM	ON 位数求和
44	BON	ON 位数判断
45	MEAN	平均值
46	ANS	信号报警器置位
47	ANR	信号报警器复位
48	SQR	平方根
49	FLT	二进制整数→二进制浮点数转换

1. ZRST 指令

ZRST 指令助记符、功能号、名称、操作数和程序步长如表 5-37 所示。

表 5-37　ZRST 指令表

助记符	功能号	名称	操作数		程序步长
			［D1·］	［D2·］	
ZRST	FNC40	区间复位	Y、M、S、T、C、D（D1 元件号≤D2 元件号）		16 位－5 步

（1）指令应用技巧

ZRST 指令为区间复位指令，也称为成批复位指令，其功能为将目标操作数［D1·］～［D2·］指定的元件复位。

注意：

◇ 目标操作数［D1·］和［D2·］指定的元件应为同类软元件，且［D1·］指定的元件

号应小于 [D2·] 指定的元件号，若 [D1·] 指定的元件号大于 [D2·] 指定的元件号，则只有 [D1·] 指定的元件号复位。

◇ 该指令为 16 位处理指令，但是可在 [D1·]、[D2·] 中指定 32 位计数器。但不能混合指定，即要不全部是 16 位计数器，要不全部是 32 位计数器。

（2）应用实例

ZRST 指令的应用实例如图 5-42 所示。

图 5-42 中，当 M8002 由 OFF→ON 时，区间复位指令执行。位元件 M500 ~ M599 成批复位。

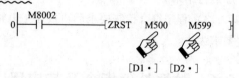

图 5-42　ZRST 指令应用实例

2. DECO、ENCO 指令

DECO、ENCO 指令助记符、功能号、名称、操作数和程序步长如表 5-38 所示。

表 5-38　DECO、ENCO 指令表

助记符	功能号	名称	操作数			程序步长
			[S·]	[D·]	n	
DECO	FNC41	解码	K、H X、Y、M、S T、C、D、V、Z	Y、M、S T、C、D	K、H 1≤n≤8	16 位 – 7 步
ENCO	FNC42	编码	X、Y、M、S T、C、D、V、Z	T、C、 D、V、Z		

（1）指令应用技巧

1）DECO 指令为解码指令，其功能为：① 当 [D·] 是 Y、M、S 位元件时，EDCO 指令根据 [S·] 指定的起始地址的 n 位连续的位元件所表示的十进制码值 Q，对 [D·] 指定的 2^n 位目标元件的第 Q 位（不含目标元件位本身）置 1，其他位置 0。② 当 [D·] 是字元件时，EDCO 指令以 [S·] 所指定字元件的低 n 位所表示的十进制码 Q，对 [D·] 指定的目标字元件的第 Q 位（不含最低位）置 1，其他位置 0。

2）ENCO 指令为编码指令，其功能为：① 当 [S·] 是位元件时，以源操作数 [S·] 指定的位元件为首地址、长度为 2^n 的位元件中，指令将最高置 1 的位存放到目标 [D·] 所指定的元件中去，[D·] 指定元件中数值的范围由 n 确定。② 当 [S·] 是字元件时，在其可读长度为 2^n 位中，最高置 1 的位被存放到目标 [D·] 指定的元件中，[D·] 中数值的范围由 n 确定。

（2）应用实例

DECO、ENCO 指令的应用实例如图 5-43 所示。

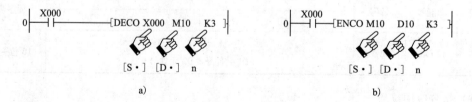

a)　　　　　　　　　　　　　　　　　b)

图 5-43　DECO、ENCO 指令应用实例

a）DECO 指令应用实例　b）ENCO 指令应用实例

图 5-43a 中，3 个连续源元件数据十进制码 $Q = 2^1 + 2^0 = 3$，因此从 M10 开始的第 3 位 M13 为 1。当 n = 0 时，程序不执行；n = 0 ~ 8 以外时，出现运算错误。若 n = 8 时，[D·] 位数为 $2^8 =$

256。驱动输入 X0 为 OFF 时，不执行指令，上一次解码输出置 1 的位保持不变。值得注意的是，当［D·］是字元件时，DECO 指令的应用与图 5-43a 相似，此处不予介绍，读者可参照进行分析。

图 5-43b 中，源元件的长度为 $2^n = 2^3 = 8$ 位（M10～M17），其最高置 1 位是 M13 即第 3 位。将"3"对应的二进制数存放到 D10 的低 3 位中。当源操作数的第一个（即第 0 位）位元件为 1，则［D·］中存入 0。当源操作数中无 1 时，出现运算错误。此外，当 $n = 0$ 时，程序不执行；$n > 8$ 时，出现运算错误；$n = 8$ 时，［S·］中位数为 $2^8 = 256$。驱动输入 X0 为 OFF 时，不执行指令，上一次编码输出保持不变。值得注意的是，当［S·］是字元件时，ENCO 指令的应用与图 5-43b 相似，此处不予介绍，读者可参照进行分析。

3. SUM 指令

SUM 指令助记符、功能号、名称、操作数和程序步长如表 5-39 所示。

表 5-39　SUM 指令表

助记符	功能号	名称	操作数		程序步长
			［S·］	［D·］	
SUM	FNC43	ON 位数求和	K、H、KnX、KnY、KnM、KnS T、C、D、V、Z	KnY、KnM、KnS T、C、D、V、Z	16 位 –5 步 32 位 –9 步

（1）指令应用技巧

SUM 指令为 ON 位数求和指令，其功能为将源操作数［S·］指定元件中的"1"进行求和，结果存入目标操作数［D·］指定的元件中。

（2）应用实例

SUM 指令的应用实例如图 5-44 所示。

图 5-44 中，当 X0 为 ON 时，执行 SUM 指令。即将源元件 D0 中"1"进行求和，结果存入目标元件 D2 中。例如，源元件 D0 有 8 个"1"，则目标元件 D2 中存入 8，且为二进制数 1000。此外，若 D0 各位均为 0，则 0 标志 M8020 动作。

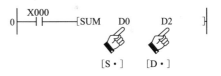

图 5-44　SUM 指令应用实例

4. BON 指令

BON 指令助记符、功能号、名称、操作数和程序步长如表 5-40 所示。

表 5-40　BON 指令表

助记符	功能号	名称	操作数			程序步长
			［S·］	［D·］	n	
BON	FNC44	ON 位数判断	K、H、KnX、KnY、KnM、KnS T、C、D、V、Z	Y、M、S	K、H n = 0～15（16 位） n = 0～31（32 位）	16 位 –7 步 32 位 –13 步

（1）指令应用技巧

BON 指令为 ON 位数判断指令，其功能为判断源操作数［S·］指定元件中的 n 位是否为 ON，若为 ON，则［D·］指定的位元件动作，反之则为 OFF。

（2）应用实例

BON 指令的应用实例如图 5-45 所示。

图 5-45 中，当 X0 为 ON 时，执行 BON 指令。

即判断 D10 中第 15 位是否为 ON，若为 ON，则
M0 为 ON，反之为 OFF。X0 变为 OFF 时，M0 状态保持不变。

```
   X000
0──┤├────────[BON    D10    M0    K15   ]
                     ☞     ☞     ☞
                    [S·]   [D·]   n
```

图 5-45　BON 指令应用实例

5. MEAN 指令

MEAN 指令助记符、功能号、名称、操作数和程序步长如表 5-41 所示，该指令仅适用于 FX$_{2N}$、FX$_{2NC}$PLC。

表 5-41　MEAN 指令表

助记符	功能号	名称	操作数			程序步长
			[S·]	[D·]	n	
MEAN	FNC45	平均值	KnX、KnY、KnM、KnS、T、C、D	KnY、KnM、KnS、T、C、D、V、Z	K、H n = 0 ~ 64	16 位 −7 步 32 位 −13 步

（1）指令应用技巧

MEAN 指令为平均值指令，其功能为将 [S·] 指定的 n 个（元件）源操作数的平均值（用 n 除代数和）存入目标操作数 [D·] 中，舍去余数。

（2）应用实例

MEAN 指令的应用实例如图 5-46 所示。当 X0 为 ON 时，执行 MEAN 指令，即将（（D0）+（D1）+（D2））/3（平均值）送往（D10）。

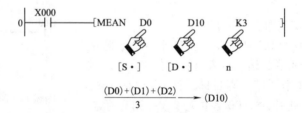

```
   X000
0──┤├────────[MEAN   D0     D10    K3   ]
                     ☞     ☞     ☞
                    [S·]   [D·]   n
```

$$\frac{(D0)+(D1)+(D2)}{3} \longrightarrow (D10)$$

图 5-46　MEAN 指令应用实例

6. ANS、ANR 指令

ANS、ANR 指令助记符、功能号、名称、操作数和程序步长如表 5-42 所示。

表 5-42　ANS、ANR 指令表

助记符	功能号	名称	操作数			程序步长
			[S·]	m	[D·]	
ANS	FNC46	信号报警器置位	T （T0 ~ T199）	m = 1 ~ 32 767 （100ms 单位）	S （S900 ~ S999）	16 位 −7 步
ANR	FNC47	信号报警器复位	无			1 步

（1）指令应用技巧

1）ANS 指令为信号报警器置位指令，该指令是驱动信号报警器 M8048 动作的方便指令，当

执行条件为 ON 时，［S·］中定时器定时 m（100ms 单位）后，［D·］指定的标志状态寄存器置位，同时 M8048 动作。

2）ANR 指令为信号报警器复位指令，该指令可将被置位的标志状态寄存器复位。

（2）应用实例

ANS、ANR 指令的应用实例如图 5-47 所示。

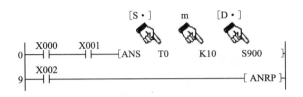

图 5-47　ANS、ANR 指令应用实例

图 5-47 中，若 X0 与 X1 同时接通 1s 以上，则执行 ANS 指令。即 S900 被置位，同时 M8048 动作，定时器 T0 复位。以后即使 X0 或 X1 为 OFF，S900 置位的状态也不变。若 X0 与 X1 同时接通不满 1s 变为 OFF，则定时器复位，S900 不置位。

当 X2 为 ON 时，如果有多个标志状态寄存器动作，则将动作的新地址号的标志状态复位。

值得注意的是，若采用连续型 ANR 指令，X2 为 ON 时，则在每个扫描周期中按顺序对标志状态寄存器复位，直至 M8018 为 OFF。

7. SQR 指令

SQR 指令助记符、功能号、名称、操作数和程序步长如表 5-43 所示，该指令仅适用于 FX$_2$、FX$_{2N}$、FX$_{2NC}$ 系列 PLC。

表 5-43　SQR 指令表

助记符	功能号	名称	操作数		程序步长
			［S·］	［D·］	
SQR	FNC48	平方根	K、H、D	D	16 位 – 5 步 32 位 – 9 步

（1）指令应用技巧

SQR 指令为 BIN（二进制）平方根指令，其功能为将源操作数［S·］指定元件的内容进行开方，结果送目标操作数［D·］指定元件。

注意：

◇ ［S·］指定元件内容只能是正数，若为负数，错误标志 M8067 动作，指令不执行。

◇ 运算结果舍去小数取整。舍去小数时，标志位 M8021 动作；若运算结果是全"0"时，零标志位 M8020 动作。

（2）应用实例

SQR 指令的应用实例如图 5-48 所示。

图 5-48 中，当 X0 为 ON 时，执行 SQR 指令。即 $\sqrt{(D10)} \rightarrow$ (D12)。如 D10 为 10 时，执行该指令后，D12 中为 3。舍去小数时，标志位 M8021 为 ON。

图 5-48　SQR 指令应用实例

8. FLT 指令

FLT 指令助记符、功能号、名称、操作数和程序步长如表 5-44 所示。

表 5-44　FLT 指令表

助记符	功能号	名称	操作数		程序步长
			[S·]	[D·]	
FLT	FNC49	二进制整数与二进制浮点数转换	D	D	16 位 –5 步 32 位 –9 步

（1）指令应用技巧

FLT 指令为二进制整数与二进制浮点数转换指令，其功能为将源操作数 [S·] 中的二进制整数转换成二进制浮点数存入目标操作数 [D·]。

注意：

◇ 常数 K、H 在各浮点计算指令中自动转换，在 FLT 指令中不做处理。

◇ FLT 指令的逆指令为 INT（FNC129），即把浮点数转换成二进制数。

（2）应用实例

FLT 指令的应用实例如图 5-49 所示。

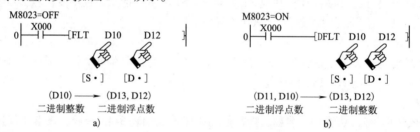

图 5-49　FLT 指令应用实例

a）16 位指令转换　b）32 位指令转换

图 5-49 中，FLT 指令在 M8023 作用下可实现可逆转换。图 5-49a 是 16 位转换指令，若 M8023 为 OFF，当 X0 为 ON 时，则将源元件 D10 中的 16 位二进制整数转换成二进制浮点数，存入目标元件（D13，D12）中。图 5-49b 是 32 位指令，若 M8023 为 ON，当 X0 接通时，则将源元件（D11，D10）中的二进制浮点数转换为 32 位二进制整数（小数点后的数舍去），存入目标元件（D13，D12）中。

5.6.2　工程案例：花式喷泉控制系统设计与实施

1. 项目导入

某花式喷泉控制器的工作过程示意图如图 5-50 所示。

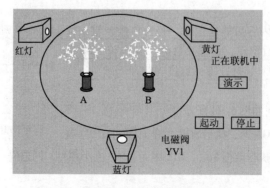

图 5-50　花式喷泉控制器工作过程示意图

图 5-50 所示花式喷泉控制器控制要求设定如下：

1）控制系统由红、黄、蓝三色灯，两个喷水龙头和一个带动龙头移动的电磁阀组成。

2）按 SB1 起动按钮开始动作，喷水池的动作以 45s 为一个循环，每 5s 为一个节拍，如此不断循环直到按下 SB2 停止按钮后停止。

3）彩灯、喷水龙头和电磁阀的动作安排如表 5-45 所示。状态表中"√"表示设备在该节拍下有输出，"×"表示设备在该节拍下无输出。

表 5-45　花式喷泉工作状态表

设备	1	2	3	4	5	6	7	8	9
红灯	×	√	×	×	×	×	√	×	×
黄灯	×	×	×	√	√	×	×	√	×
蓝灯	×	√	√	√	×	×	×	√	×
喷水龙头 A	×	×	×	×	√	√	×	√	√
喷水龙头 B	×	√	√	×	×	√	√	√	×
电磁阀	×	√	√	√	√	√	√	√	×

2. 项目实施

（1）I/O 地址分配

根据控制要求，设定 I/O 地址分配表，如表 5-46 所示。

表 5-46　I/O 地址分配表

输　　入			输　　出		
元器件代号	地址号	功能说明	元器件代号	地址号	功能说明
SB1	X0	起动按钮	HL1	Y0	红灯
SB2	X1	停止按钮	HL2	Y1	黄灯
			HL3	Y2	蓝灯
			A	Y3	喷水龙头
			B	Y4	喷水龙头
			YV1	Y5	电磁阀

（2）硬件接线图设计

根据表 5-46 所示的 I/O 地址分配表，可对系统硬件接线图进行设计，如图 5-51 所示。

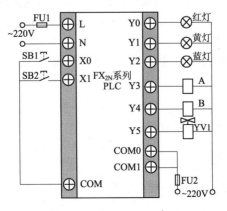

图 5-51　系统硬件接线图

（3）控制程序设计

由上述分析可知，该花式喷泉控制器属于典型数据处理控制，故可采用数据处理指令进行程序编制。该花式喷泉控制器对应的梯形图程序如图 5-52 所示。

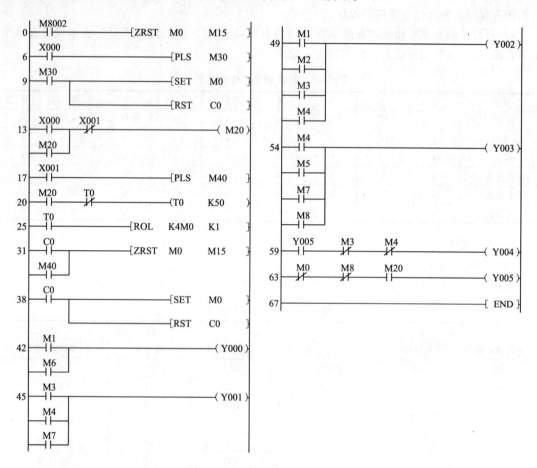

图 5-52　花式喷泉控制器梯形图

（4）系统仿真调试

1）按照图 5-51 所示系统硬件接线图接线并检查、确认接线正确。

2）利用 GX 软件和 GX Simulator – 6 仿真软件输入并运行程序，监控程序运行状态，分析程序运行结果。

3）程序符合控制要求后再接通主电路试车，进行系统调试，直到最大限度地满足系统控制要求为止。

5.7　高速处理指令及其应用

5.7.1　高速处理指令介绍

高速处理指令共有 10 条，其功能、指令名称等如表 5-47 所示，利用这些指令可以有效地进行 PLC 的高速处理和中断处理。

表 5-47　高速处理指令一览表

FNC NO.	指令助记符	指令名称及功能
50	REF	输入/输出刷新
51	REFF	滤波参数调整
52	MTR	矩阵输入
53	HSCS	比较置位（高速计数器）
54	HSCR	比较复位（高速计数器）
55	HSZ	区间比较（高速计数器）
56	SPD	脉冲密度
57	PLSY	脉冲输出
58	PWM	脉宽调制
59	PLSR	可调速脉冲输出

1. REF 指令

REF 指令助记符、功能号、名称、操作数和程序步长如表 5-48 所示。

表 5-48　REF 指令表

助记符	功能号	名称	操作数		程序步长
			[D·]	n	
REF	FNC50	输入/输出刷新	X、Y	K、H n 为 8 的倍数	16 位 –7 步

（1）指令应用技巧

REF 指令为输入/输出刷新指令，其功能为对目标元件 [D·] 指定的输入及输出端口立即刷新，刷新点数由 n 确定。

注意：

◇ REF 指令用于在某段程序处理时开始读入最新输入信息或用于在某一操作结束之后立即将操作结果输出。刷新分为输入刷新和输出刷新两种。

◇ 指定 [D·] 的元件首地址时，应为 X0、X10、…、Y0、Y10、Y20…（即首地址号必须使 10 的倍数）。刷新点数应为 8 的倍数，此外的其他数值都是错误的。

（2）应用实例

REF 指令的应用实例如图 5-53 所示。

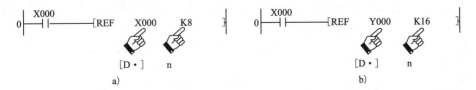

a)　　　　　　　　　　　　　　　　b)

图 5-53　REF 指令应用实例

a）输入刷新　b）输出刷新

图 5-53a 为输入刷新，当 X0 为 ON 时，输入端 X0 ~ X7（n = K8，指定的 8 点）立即刷新。

图 5-53b 为输出刷新，当 X0 为 ON 时，输出端 Y0 ~ Y7、Y10 ~ Y17 共 16 点（n = K16，指定的 16

点）立即刷新。

2. REFF 指令

REFF 指令助记符、功能号、名称、操作数和程序步长如表 5-49 所示。

表 5-49　REFF 指令表

助记符	功能号	名称	操作数 n	程序步长
REFF	FNC51	滤波参数调整	K、H n 为 0 ~ 60ms	16 位 - 3 步

（1）指令应用技巧

REFF 指令为滤波参数调整指令，其功能为调整输入端口 X0 ~ X17 的输入滤波器 D8020 的滤波时间，调整范围为 0 ~ 60ms。

（2）应用实例

REFF 指令的应用实例如图 5-54 所示。

图 5-54 中，当 M8000 由 OFF→ON 时，执行 REFFP 指令。即从该指令起，至 END 或 FEND 指令，将 X0 ~ X17 输入滤波器 D8020 中滤波时间调整为 1ms。

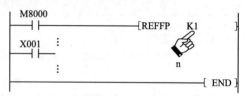

图 5-54　REFF 指令应用实例

3. MTR 指令

MTR 指令助记符、功能号、名称、操作数和程序步长如表 5-50 所示。

表 5-50　MTR 指令表

助记符	功能号	名称	操作数 [S·]	[D1·]	[D2·]	n	程序步长
MTR	FNC52	矩阵输入	X	Y	Y、M、S	K、H n = 2 ~ 8	16 位 - 9 步

（1）指令应用技巧

MTR 指令为矩阵输入指令，其功能为将 8 点输入与 n 点输出构成 8 行 n 列的输入矩阵，从输入端快速、批量接收数据。

注意：

◇［S·］指定输入起点地址，通常选用 X20 以后的输入点，占有 8 个输入点。

◇［D1·］指定输出起始地址，占有 n 指定的晶体管输出点数。［D1·］只能指定 Y0、Y10、Y20…等最低位为 0 的输出继电器作为起始点。

◇［D2·］指定存放单元的起始地址；n 指定列长度。［D2·］可指定 Y、M、S 作为存储单位，下标起点应为 0，数量为 8 × n。

◇该指令最大可以用 8 点输入和 8 点输出存储 64 点输入信号。

（2）应用实例

MTR 指令的应用实例如图 5-55 所示。

图 5-55 中，当 M8000 为 ON 时，可以分别将 8 × 3 的矩阵输入开关信号存到内部继电器中。本例存储元件为 M30 ~ M37、M40 ~ M47、M50 ~ M57。

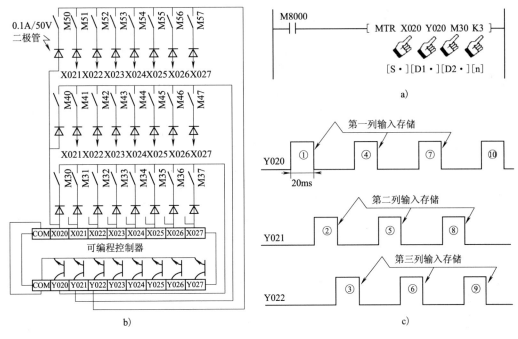

图 5-55　MTR 指令应用实例

a）MTR 指令格式　b）硬件接线　c）时序图

4. HSCS、HSCR 指令

HSCS、HSCR 指令助记符、功能号、名称、操作数和程序步长如表 5-51 所示。

表 5-51　HSCS、HSCR 指令表

助记符	功能号	名称	操作数			程序步长
			[S1·]	[S2·]	[D·]	
HSCS	FNC53	高速计数器比较置位	K、H、KnX、KnY、KnM、KnS	C	Y、M、S I010～I060	32 位 -13 步
HSCR	FNC54	高速计数器比较复位	T、C、D、Z	C235～C255	Y、M、S 可同 [S2·]	

（1）指令应用技巧

1）HSCS 指令为高速计数器比较置位指令，其功能为比较 [S2·] 与 [S1·] 指定元件数据，当两者相等时，[D·] 指定元件置位。

2）HSCR 指令为高速继电器比较复位指令，其功能为比较 [S2·] 与 [S1·] 指定元件数据，当两者相等时，[D·] 指定元件复位。

3）HSCS、HSCR 指令仅有 32 位指令操作，即 DHSCS 指令和 DHSCR 指令。

（2）应用实例

HSCS、HSCR 指令的应用实例如图 5-56 所示。

图 5-56a 中，当 C255 的当前值由 99 或 101 变为 100 时，Y10 立即置 1；同理，在图 5-56b 中，若 C255 的当前值由 199 或 201 变为 200 时，Y10 立即复位。

5. HSZ 指令

HSZ 指令助记符、功能号、名称、操作数和程序步长如表 5-52 所示。

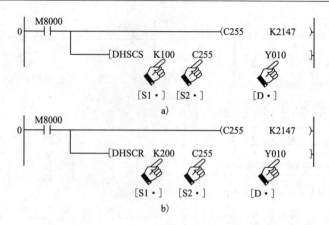

图 5-56　HSCS、HSCR 指令应用实例

a) HSCS 指令应用实例　b) HSCR 指令应用实例

表 5-52　HSZ 指令表

助记符	功能号	名称	操作数				程序步长
			[S1·]　　[S2·]	[S3·]	[D·]		
HSZ	FNC55	高速计数器区间比较	K、H、KnX、KnY、KnM、KnS T、C、D、V、Z	C C235 ~ C255	Y、M、S		32 位 – 17 步

（1）指令应用技巧

1）HSZ 指令为高速计数器区间比较指令，其功能为将［S3·］指定的高速计数器数值与［S1·］、［S2·］数值进行区间比较，比较结果影响［D·］指定元件状态。

2）HSZ 指令仅有 32 位指令操作，即 DHSZ 指令。

（2）应用实例

HSZ 指令的应用实例如图 5-57 所示。

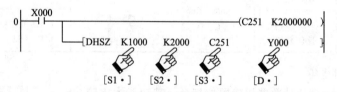

图 5-57　HSZ 指令应用实例

图 5-57 中，当 X0 为 ON 时，C251 计数器的数值大小与 K1000 和 K2000 比较，满足下列条件时，相应的 Y0、Y1、Y2 有输出：

1）K1000 >（C251）时，Y0 = ON，Y1 = Y2 = OFF；

2）K1000 ≤（C251）≤K2000 时，Y0 = Y2 = OFF，Y1 = ON；

3）（C251）>K2000 时，Y0 = Y1 = OFF，Y2 = ON。

注意：Y0、Y1、Y2 的动作仅仅是在计数器 C251 有脉冲信号输入时，其当前值从 999→1000 或 1999→2000 变化时，输出 Y0、Y1、Y2 才变化。

6. SPD 指令

SPD 指令助记符、功能号、名称、操作数和程序步长如表 5-53 所示。

表 5-53　SPD 指令表

助记符	功能号	名称	操作数			程序步长
			[S1·]	[S2·]	[D·]	
SPD	FNC56	脉冲密度	X0 ~ X5	K、H、KnX、KnY、KnM、 KnS、T、C、D、V、Z	T、C、D V、Z	16 位 – 7 步

（1）指令应用技巧

SPD 指令为脉冲密度指令，其功能为在 [S1·] 指定的输入端口（X）输入计数脉冲，在 [S2·] 指定的计数时间内，[D·] 指定元件对输入计数脉冲计数，[D·] 指定存放计数结果单元地址。

（2）应用实例

SPD 指令的应用实例如图 5-58 所示。

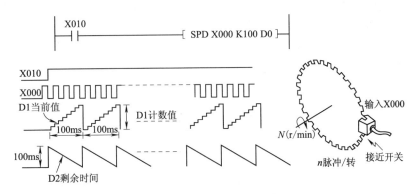

图 5-58　SPD 指令应用实例

图 5-58 中，当 X10 为 ON 时，执行 SPD 指令。此时在 X0 端口输入计数脉冲，在 [S2·] 指定的 100ms 时间内，对输入脉冲进行计数，计数结果存入 [D·] 指定的首地址单位 D0 中，D1 存放计数当前值，D2 存放剩余时间值。

D0 中的脉冲值与旋转速度成比例，速度与测定的脉冲关系为

$$N = \frac{60（D0）}{n \times t} \times 10^3 （\text{r/min}）$$

式中　n——每转的脉冲数；

　　　t——[S2·] 指定的计数时间，ms。

需要指出的是，当输入 X0 使用后，不能再将 X0 作为其他高速计数的输入端。

7. PLSY 指令

PLSY 指令助记符、功能号、名称、操作数和程序步长如表 5-54 所示。

表 5-54　PLSY 指令表

助记符	功能号	名称	操作数		程序步长
			[S1·]　　　[S2·]	[D·]	
PLSY	FNC57	脉冲输出	K、H、KnX、KnY、KnM、 KnS、T、C、D、V、Z	Y	16 位 – 7 步 32 位 – 13 步

（1）指令应用技巧

1）PLSY 指令为脉冲输出指令，该指令可用于指定频率、产生定量脉冲输出的场合。

2）［S1·］指定频率，范围为 2 ~ 20kHz；［S2·］指定产生脉冲数量，16 位指令指定范围为 1 ~ 32 627，32 位指令指定范围为 1 ~ 2 147 483 647；［D·］指定输出端口（仅限于指定晶体管输出型 Y0、Y1）。

（2）应用实例

PLSY 指令的应用实例如图 5-59 所示。

图 5-59 中，当 X0 为 ON 时，从输出口 Y000 输出一个频率为 1 kHz，脉冲个数由 D0 指定的脉冲串。

PLSY 指令输出脉冲的占空比为 50%。由于采用中断处理，所以输出控制不受扫描周期的影响。设定的输出脉冲发送完毕后，执行结束标志位 M8029 置 1。若 X10 为 OFF，则 M8029 复位。

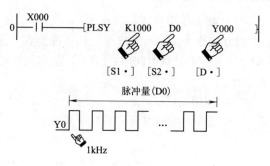

图 5-59　PLSY 指令应用实例

8. PWM 指令

PWM 指令助记符、功能号、名称、操作数和程序步长如表 5-55 所示。

表 5-55　PWM 指令表

助记符	功能号	名称	操作数		程序步长
			［S1·］　　［S2·］	［D·］	
PWM	FNC58	脉宽调制	K、H、KnX、KnY、KnM、KnS、T、C、D、V、Z	只能指定晶体管型 Y0 或 Y1	16 位 - 7 步

（1）指令应用技巧

1）PWM 指令用于产生脉冲宽度、脉冲周期可调输出的场合。

2）［S1·］指定脉冲宽度，指定范围为 0 ~ 32 767ms；［S2·］指定脉冲周期，指定范围为 1 ~ 32 767ms；［D·］指定脉冲输出端口（仅限于指定晶体管输出型 Y0、Y1）。

（2）应用实例

PWM 指令的应用实例如图 5-60 所示。

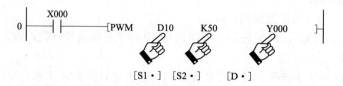

图 5-60　PWM 指令应用实例

图 5-60 中，当 X0 为 ON 时，从输出端口 Y0 输出脉冲周期为 50ms、脉冲宽度为（D10）的脉冲信号。值得注意的是，D10 的内容只能在［S2·］指定的脉冲 $T_0 = 50$ms 内变化，即［S1·］≤［S2·］，否则会出现错误。

9. PLSR 指令

PLSR 指令助记符、功能号、名称、操作数和程序步长如表 5-56 所示。

表5-56　PLSR 指令表

助记符	功能号	名称	操作数		程序步长
			[S1·] [S2·] [S3·]	[D·]	
PLSR	FNC59	可调速脉冲输出	K、H、KnX、KnY、KnM、KnS、T、C、D、V、Z	只能指定晶体管型 Y0 或 Y1	16 位 – 7 步32 位 – 17 步

（1）指令应用技巧

1）PLSR 指令对所指定的最高频率进行加速，直到达到所指定的输出脉冲数，再进行减速。

2）[S1·] 指定最高频率，设定范围为 10Hz～20kHz，并以 10 的倍数指定。[S2·] 指定总输出脉冲数，设定范围为：16 位运算指令是 110～32 767；32 位运算指令是 110～2 147 483 647。[S3·] 指定加减速时间（ms）。[D·] 指定脉冲输出 Y 地址号（仅限于指定晶体管输出型 Y0、Y1）。

（2）应用实例

PLSR 指令的应用实例如图 5-61 所示。

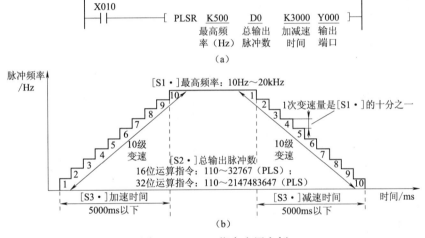

图5-61　PLSR 指令应用实例

a）PLSR 指令应用实例　b）PLSR 指令加减速原理

图 5-61 中，当 X10 为 ON 时，从输出端口 Y0 输出脉冲频率从 0 加速到达 [S1·] 指定的最高频率，到达最高频率后，再减速到达 0。输出脉冲的总数量由 [S2·] 指定，加速、减速的时间由 [S3·] 指定。

值得注意的是，本指令在程序中只能使用一次，且要选择晶体管方式输出的 PLC。此外，Y0、Y1 输出的脉冲数存入以下特殊数据寄存器。

（D8141，D8140）存放 Y0 的脉冲总数；（D8143，D8142）存放 Y1 的脉冲总数；（D8137，D8136）存放 Y0 和 Y1 的脉冲数之和，要清除以上数据寄存器的内容，可通过传送指令实现，即（D）MOV K0×××可清除。

5.7.2　工程案例：步进电动机出料控制系统设计与实施

1. 项目导入

某步进电动机出料控制器的工作过程示意图如图 5-62 所示。请用三菱 FX$_{2N}$ 系列 PLC 对该控制系统设计并实施。

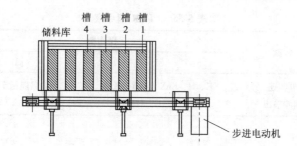

图 5-62 步进电动机出料控制器工作过程示意图

该步进电动机出料控制器控制要求设定如下：

1) 当上料检测传感器检测到有物料放入推料槽，延时 3s 后，步进电动机起动，将物料运送到对应的出料槽槽口，分拣汽缸活塞推出物料到相应的出料槽内，然后分拣汽缸活塞缩回，步进电动机反转，回到原点后停止，等待下一次上料。

2) 物料推入推料槽 1~4 根据选择按钮 SB1~SB4 选择。

2. 项目实施

（1）I/O 地址分配

根据图 5-62 所示的步进电动机出料控制系统控制要求，设定 I/O 分配表，如表 5-57 所示。

表 5-57 I/O 地址分配表

输　入			输　出		
元器件代号	地址号	功能说明	元器件代号	地址号	功能说明
S01	X0	上料检测光敏传感器	—	Y0	PUL 步进电动机脉冲输入
SB1	X1	出料槽 1 选择按钮	—	Y1	DIR 步进电动机方向输入
SB2	X2	出料槽 2 选择按钮	YV1	Y2	分拣汽缸电磁阀伸出
SB3	X3	出料槽 3 选择按钮	YV2	Y3	分拣汽缸电磁阀缩回
SB4	X4	出料槽 4 选择按钮			
S02	X5	分拣汽缸原位传感器			
S03	X6	分拣汽缸伸出传感器			
S04	X7	原点限位开关			

（2）硬件接线图设计

根据表 5-57 所示的 I/O 地址分配表，可对系统硬件接线图进行设计，如图 5-63 所示。

（3）PLC 程序设计

由上述分析可知，该步进电动机出料控制器属于典型顺序控制及高速处理类控制，故可采用顺控指令和高速处理类指令进行程序编制。该步进电动机出料控制器对应的状态转移图、梯形图程序如图 5-64 所示。

（4）系统仿真调试

1) 按照图 5-63 所示控制系统硬件接线图接线并检查、确认接线正确。

2) 利用 GX 软件和 GX Simulator-6 仿真软件输入并运行程序，监控程序运行状态，分析程序运行结果。

3) 程序符合控制要求后再接通主电路试车，进行系统调试，直到最大限度地满足系统控制要求为止。

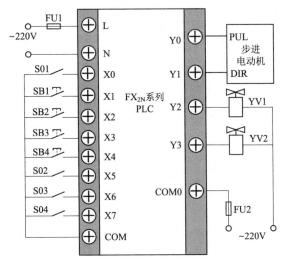

图 5-63　系统硬件接线图

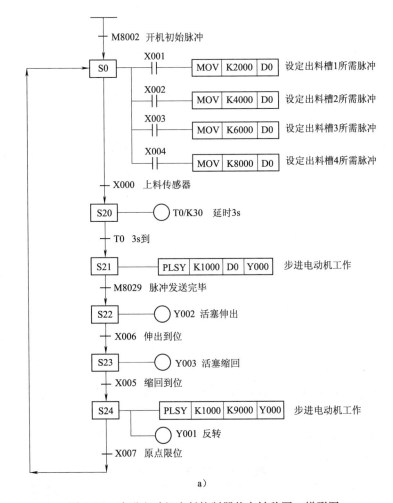

a)

图 5-64　步进电动机出料控制器状态转移图、梯形图

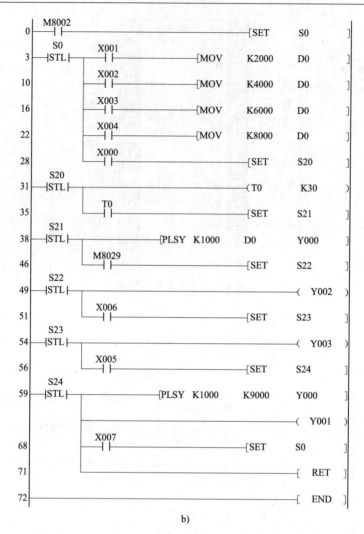

图 5-64　步进电动机出料控制器状态转移图、梯形图（续）
a）状态转移图　b）梯形图

5.8　方便指令及其应用

5.8.1　方便指令介绍

在 PLC 编程时，有时使用方便指令可以简化很多编程步骤，使程序结构简单明了。FX$_{2N}$ 系列 PLC 从 FNC60 ~ FNC69 为其方便指令，共 10 条，详见表 5-58 所示。本节选取常用方便指令进行介绍，对未介绍指令感兴趣的读者可参照相关文献资料自行学习。

表 5-58　方便指令一览表

FNC NO.	指令助记符	指令名称及功能
60	IST	状态初始化

（续）

FNC NO.	指令助记符	指令名称及功能
61	SER	数据查找
62	ABSD	凸轮控制（绝对方式）
63	INCD	凸轮控制（增量方式）
64	TTMR	示教定时器
65	STMR	特殊定时器
66	ALT	交替输出
67	RAMP	斜波信号
68	ROTC	旋转工作台控制
69	SORT	数据排序

1. IST 指令

IST 指令助记符、功能号、名称、操作数和程序步长如表 5-59 所示。

表 5-59　IST 指令表

助记符	功能号	名称	操作数			程序步长
			［S·］	［D1·］	［D2·］	
IST	FNC60	状态初始化	X、Y、M	S20 ~ S899　［D1·］ < ［D2·］		16 位 - 7 步

（1）指令应用技巧

IST 指令为状态初始化指令，其功能为当 M8000 接通时，自动设置相关内部继电器及特殊继电器状态。其中［S·］指定运行模式的初始输入端，［D1·］、［D2·］分别指定在自动操作中实际用到的最小、最大状态序号。

（2）应用实例

IST 指令的应用实例如图 5-65 所示。

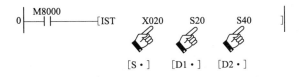

图 5-65　IST 指令应用实例

图 5-65 中，各元件功能如下：

X20：手动操作控制；　　　　　　X24：自动循环控制；

X21：返回原点操作；　　　　　　X25：返零起动控制；

X22：单步操作控制；　　　　　　X26：自动运行起动；

X23：单循环操作；　　　　　　　X27：停止

S20：指定自动模式中的实用状态的最小步序号；

S40：指定自动模式中的实用状态的最大步序号。

实际应用时，X20 ~ X27 为选择开关或按钮，其中 X20 ~ X24 不能同时接通，可使用选择开关或其他编码开关，X25 ~ X27 为按钮。

当 M8000 为 ON 时，执行 IST 指令，下列元件被自动切换控制。若在这以后，M8000 变为 OFF，这些元件的状态仍保持不变。

M8040：禁止转移　　　　　　　　　　S0：手动操作初始状态

M8041：转移开始　　　　　　　　　　S1：回零点初始状态

M8042：起动脉冲　　　　　　　　　　S2：自动运行初始状态

M8047：STL（步控指令）监控有效

注意：

◇ 使用 IST 指令时，PLC 自动将 S10 ~ S19 作为回零作用。因此在编程中请勿将这些状态作为普通状态使用。另外，PLC 还将 S0 ~ S9 作为状态初始化处理，其中 S0 ~ S2 分别作为手动操作、回零、自动操作使用。

◇ IST 指令应在状态 S0 ~ S2 等的一系列 STL 指令之前先编程。

◇ 本指令在程序中只能使用一次。若在 M8043 置 1（回原点）之前改变操作方式，则所有输出将变为 OFF。

2. SER 指令

SER 指令助记符、功能号、名称、操作数和程序步长如表 5-60 所示。

表 5-60　SER 指令表

助记符	功能号	名称	操作数				程序步长
			［S1·］	［S2·］	［D·］	n	
SER	FNC61	数据查找	KnX、KnY、KnM、KnS、T、C、D	K、H、KnX、KnY、KnM、KnS、T、C、D、V、Z	KnY、KnM、KnS、T、C、D	K、H、D 16 位：1 ~ 256 32 位：1 ~ 128	16 位 – 9 步 32 位 – 17 步

（1）指令应用技巧

SER 指令为数据查找指令，该指令可适用于查找指定数据的场合。其中［S1·］指定查找数据的首地址；［S2·］指定查找的数据值；［D·］用来存放搜索结果；［n］指定数据长度。

（2）应用实例

SER 指令的应用实例如图 5-66 所示。

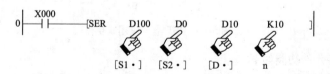

图 5-66　SER 指令应用实例

图 5-66 中，当 X0 为 ON 时，将 D100 ~ D109 中的每一个值与 D0 的内容相比较，以 D10 为起始的 5 个元件中，可存入与 D0 相同数据个数及首、末位置、最小值、最大值的位置。若不存在相同数据时，则 D10、D11、D12 中存入 0。

3. ALT 指令

ALT 指令助记符、功能号、名称、操作数和程序步长如表 5-61 所示。

表 5-61　ALT 指令表

助记符	功能号	名称	操作数	程序步长
			[D·]	
ALT	FNC66	交替输出	Y、M、S	16 位 -3 步

（1）指令应用技巧

ALT 指令为交替输出指令，其功能为当每一次控制触点从 OFF 变为 ON 时，目标元件的输出状态取反。此指令在程序运行每个周期均有效。

（2）应用实例

ALT 指令的应用实例如图 5-67 所示。

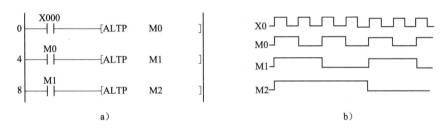

图 5-67　ALT 指令应用实例

a）ALT 指令应用实例　b）执行时序图

图 5-67a 中，当 X0 从 OFF 变为 ON 时，M0 输出状态取反。依次类推，可得到图 5-67b 所示的时序图。由上述分析可知，ALT 指令实质上实现输入脉冲二分频电路功能。

4. ROTC 指令

ROTC 指令助记符、功能号、名称、操作数和程序步长如表 5-62 所示。

表 5-62　ROTC 指令表

助记符	功能号	名称	操作数				程序步长
			[S·]	m1	m2	[D·]	
ROTC	FNC68	旋转工作台控制	D，3 个连续元件	K、H	K、H	Y、M、S 8 个连续元件	16 位 -9 步

（1）指令应用技巧

ROTC 指令为旋转工作台控制指令，该指令是将旋转工作台的工作位置移动到指定位置的指令。其中 [S·] 指定数据寄存器，它作为旋转工作台位置检测计数寄存器，m1 设定编码器输出脉冲数（或称圆周分割数），m2 设定工作台低速区间数，[D·] 指定目标元件。

注意：

◇ m1 > m2，m1 取值范围从 2 ~ 32 767，m2 取值范围从 0 ~ 32 767。

◇ ROTC 指令在程序中只能使用一次。

（2）应用实例

ROTC 指令的应用实例如图 5-68a 所示，旋转工作台示意图如图 5-68b 所示。

图 5-68b 所示为旋转工作台工作示意图。该旋转工作台分为 10 个位置，分别放置物品。机械手要取被指定的工件，要求工作台以最短路径的方向转到出口处，以便机械手方便抓取，这时

可以使用 ROTC 指令实现该功能。

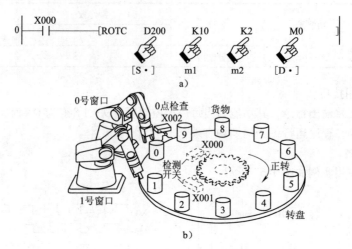

图 5-68　ROTC 指令应用实例

a）ROTC 指令应用实例　b）旋转工作台示意图

图 5-68a 中 ROTC 程序中用到的有关参数意义如下：

X1、X2、X3 为检测开关信号，其中 X2 为原点信号，当 0 号工件转到 0 号位置，X2 接通。X0、X1 为检测工作台正向、反向旋转的检测开关信号，A 相接 X0，B 相接 X1。

此外，通过［S·］设定值，还隐含 2 个数据寄存器［S+1］、［S+2］，即 D201 和 D202。其中 D201 用来自动存放取出物品窗口位置号的数据寄存器，如本例 0 号、1 号窗口；D202 用来存放要取工件的位置号的数据寄存器。

以上条件都设定后，［D·］所指定的目标元件 M0 为以 M0 开始的连续 8 个位元件，M0 ~ M7 的输出含义如下：

M0：A 相脉冲信号，由检测开关 X0 输入；

M1：B 相脉冲信号，由 X1 输入；

M2：零点检测信号，由 X2 输入；

M3：高速正转；

M4：低速正转；

M5：停止；

M6：低速正转；

M7：高速正转；

M0、M1、M2 需预先创建，分别由输入 X0、X1、X2 驱动，程序如图 5-69a 所示。A、B 相脉冲如图 5-69b 所示。M3 ~ M7 为当 X10 为 ON 时驱动 ROTC 指令自动得到的执行结果。

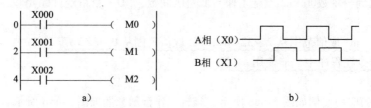

图 5-69　M0、M1、M 驱动程序及 A、B 相脉冲

a）驱动程序　b）A、B 相脉冲

当 X10 为 ON，零点检测信号 X2 为 ON 时，M2 = 1，计数寄存器 D200 的内容清零，为工件转到零点检测点进行计数。

设旋转工作台每旋转一周，编码器发出 500 个脉冲，工作台有 10 个位置，编号为 0 ~ 9，则当工作台从一个位置移动到下一个位置时，编码器发出 50 个脉冲。设原点编号为 0，则从编号 7 移动到编号 3，ROTC 指令中的参数为

$[D \cdot] + 1 = 50 \times 3 = 150$ 个脉冲

$[D \cdot] + 2 = 50 \times 7 = 350$ 个脉冲

$m1 = 500$

$m2 = 50 \times 1.5 = 75$ 个脉冲

5.8.2　工程案例：复杂机械手控制系统设计与实施

1. 项目导入

图 5-70 所示为某复杂机械手将物件从 A 点搬至 B 点的工作示意图。图 5-70a 为机械手工作示意图，图 5-70b 为机械手控制面板图。请用三菱 FX$_{2N}$ 系列 PLC 对该控制系统设计并实施。

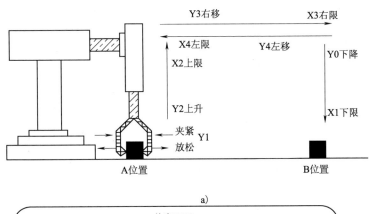

a)

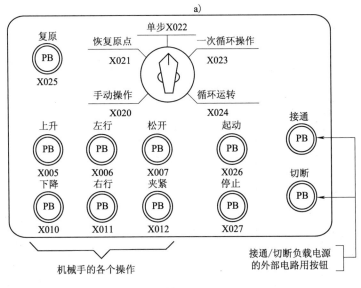

b)

图 5-70　复杂机械手控制器工作示意图

a) 工作示意图　b) 控制面板

该复杂机械手控制器控制要求如下：

1）可手动操作，每个动作均能单独操作，用于将机械手复归至原点位置；

2）可单周期运行，在原点位置按起动按钮时，机械手按图 5-70a 连续工作一个周期，一个周期的工作过程是：原点→下降→夹紧（1s）→上升→右移→下降→放松（1s）→上升→左移置原点。若机械手起始位置不在原点，则不能开始连续运行；

3）可实现单步运行，即每按一下单步运行按钮，机械手走一步；

4）可实现连续运行，即实现一个周期运行后自动进入下一个周期的运行；

5）可实现回原点控制，要求机械手回原点后才可实现自动运行。

2. 项目实施

由上述分析可知，利用 IST 指令可实现该复杂机械手控制器的手动控制、单步运行、单周期自动运行、连续运行功能的切换。该复杂机械手控制器的步进状态初始化、手动操作、回原点、自动运行（包括单步、单周期循环、连续运行）4 部分梯形图（状态转换图）如图 5-71 所示。完整程序如图 5-72 所示。

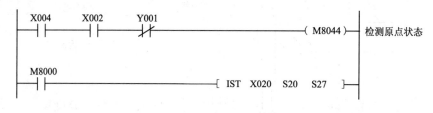

a)

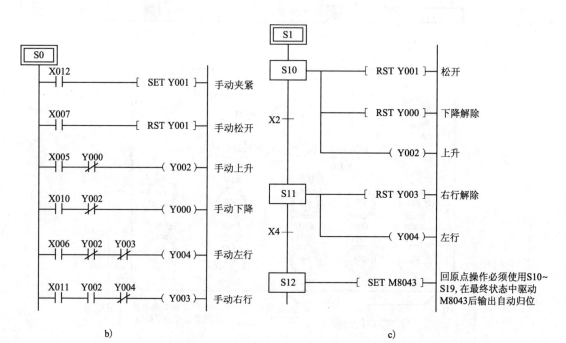

图 5-71　复杂机械手控制状态转换图

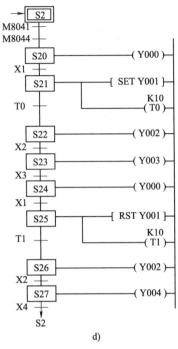

d)

图 5-71　复杂机械手控制状态转换图（续）

a）初始化程序　b）手动操作程序　c）回原点操作程序　d）自动运行程序

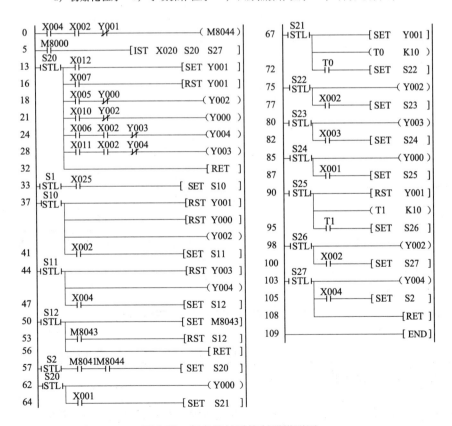

图 5-72　复杂机械手控制器梯形图

5.9　外部 I/O 设备指令及其应用

5.9.1　外部 I/O 设备指令介绍

外部 I/O 设备指令主要是使 PLC 通过最少量的外部接线和程序，就可以实现较复杂的控制功能。FX$_{2N}$系列 PLC 从 FNC70 ~ FNC79 为其外部 I/O 设备指令，详见表 5-63。本节选取常用外部 I/O 设备指令进行介绍，对未介绍指令感兴趣的读者可参照相关文献资料自行学习。

表 5-63　外部 I/O 设备指令一览表

FNC NO.	指令助记符	指令名称及功能
70	TKY	十键输入
71	HKY	十六键输入
72	DSW	数字开关
73	SEGD	七段码译码
74	SEGL	带锁存的七段码译码
75	ARWS	方向开关
76	ASC	ASC Ⅱ 码转换
77	PR	打印输出
78	FROM	BFM 读出
79	TO	BFM 写入

1. TKY 指令

TKY 指令助记符、功能号、名称、操作数和程序步长如表 5-64 所示。

表 5-64　TKY 指令表

助记符	功能号	名称	操作数			程序步长
			[S·]	[D1·]	[D2·]	
TKY	FNC70	十键输入	X、Y、M、S（10 个连续元件）	KnY、KnM、KnS T、C、D、V、Z	Y、M、S（11 个连续元件）	16 位 – 9 步 32 位 – 17 步

（1）指令应用技巧

TKY 指令为十键输入指令，该指令可实现十键输入十进制数功能。

注意：

◇ [S·] 指定输入元件，[D1·] 指定存储元件，[D2·] 指定读出元件。

◇ TKY 指令在程序中只能使用一次。

（2）应用实例

TKY 指令的应用实例如图 5-73a 所示。0 ~ 9 输入键与 PLC 的连接如图 5-73b 所示。

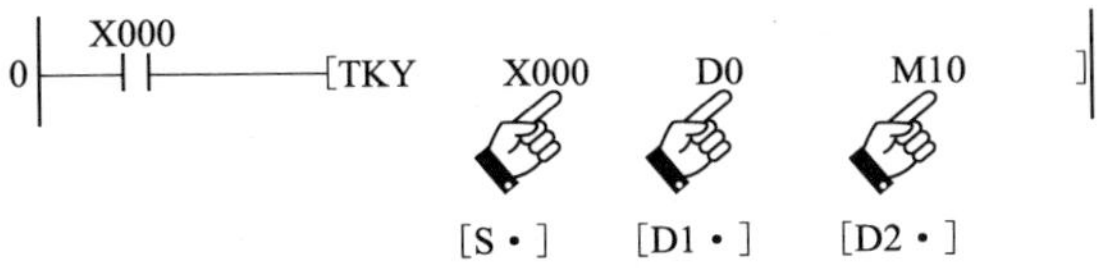

```
0 ─┤X000├────────[TKY    X000    D0    M10    ]
                       👆     👆    👆
                      [S·]    [D1·]  [D2·]
```

图 5-73　TKY 指令应用实例

图 5-73 中，当 X0 为 ON 时，连续执行 TKY 指令，此时通过输入端口 X0 ~ X11 可键入十进制数。当 X30 变为 OFF 时，D0 中的数据保持不变。但 M10 ~ M20 全部变为 OFF。

2. DSW 指令

DSW 指令助记符、功能号、名称、操作数和程序步长如表 5-65 所示。

表 5-65　DSW 指令表

助记符	功能号	名称	操作数				程序步长
			[S·]	[D1·]	[D2·]	n	
DSW	FNC72	数字开关	X （4 个连续元件）	Y （4 个连续元件）	T、C、D V、Z	K、H 1 或 2	16 位 -9 步

（1）指令应用技巧

DSW 指令。数字开关指令，该指令为输入 BCD 码开关数据的指令，可用来读入 1 组或 2 组 4 位数字开关的设置值。在一个程序中，此指令可使用两次。

注意：

◇ [S·] 指定输入点，[D1·] 指定选通点，[D2·] 指定数据存储元件，n 指定数字开关组数。

◇ DSW 指令在操作中被中止后再重新开始时，是从头循环开始而不是从中止处开始。

（2）应用实例

DSW 指令的应用实例如图 5-74 所示。

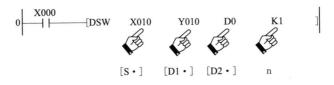

```
0 ─┤X000├───[DSW    X010    Y010    D0    K1    ]
                  👆     👆    👆    👆
                 [S·]    [D1·]  [D2·]    n
```

图 5-74　DSW 指令应用实例

图 5-74 中，X10 指定 X10、X11、X12、X13 四位输入点，Y10 指定以 Y10 开始的连续 4 位输入选通点，D0 指定数据存储元件，K1 指定数字开关的组数为 1 组。

DSW 常使用在晶体管输出的 PLC，其外部接线如图 5-75 所示。当 n = 1 时，使用一组拨码开关输入；当 n = 2 时，使用两组拨码开关输入。第一组连接 X10 ~ X13 的 BCD4 位数字开关的数据，根据 Y10 ~ Y13 顺序读入，以 BIN 值存入到目标元件 [D2·]。第二组连接 X14 ~ X17 的 BCD4 位数字开关的数据，根据 Y10 ~ Y13 顺序读入，以 BIN 值存入到目标元件 [D2·] +1 中。

此外，DSW 指令可以作为多重扫描输入。每一次读操作完成后执行结束，标志 M8029 被置位。

3. SEGD 指令

SEGD 指令助记符、功能号、名称、操作数和程序步长如表 5-66 所示。

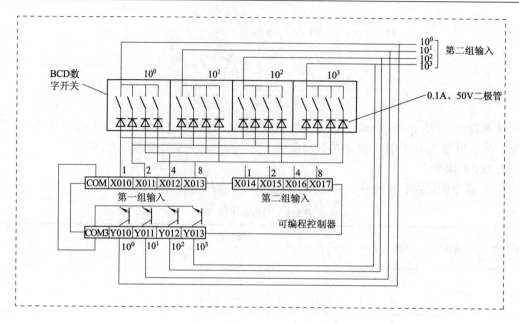

图 5-75　数字开关外部接线图

表 5-66　SEGD 指令表

助记符	功能号	名称	操作数		程序步长
			[S·]	[D·]	
SEGD	FNC73	七段码译码	K、H、KnX、KnY、KnM、KnST、C、D、V、Z	KnY、KnM、KnS T、C、D、V、Z	16 位 – 5 步

（1）指令应用技巧

SEGD 指令为七段码译码指令，其功能为将指定元件所确定的十六进制数（0 ~ F）译码驱动 1 位七段数码管。其中 [S·] 指定软元件存储待显示数据（低 4 位有效），[D·] 指定译码后的七段码存储元件（低 8 位有效）。

（2）应用实例

SEGD 指令应用的实例如图 5-76 所示。

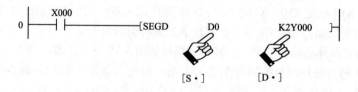

图 5-76　SEGD 指令应用实例

图 5-76 中，当 X0 为 ON 时，(D0) 低 4 位（只用低 4 位）所确定的十六进制数（0 ~ F）经译码驱动七段数码管，译码数据存于 K2Y0 低 8 位中（高 8 位保持不变）。译码真值表如表 5-67 所示。

表 5-67　SEGD 译码真值表

[S·] 十六进制	[S·] 二进制	七段数码管	[D·] B7	B6	B5	B4	B3	B2	B1	B0	显示数码
0	0000		0	0	1	1	1	1	1	1	0
1	0001		0	0	0	0	0	1	1	0	1
2	0010		0	1	0	1	1	0	1	1	2
3	0011		0	1	0	0	1	1	1	1	3
4	0100		0	1	1	0	0	1	1	0	4
5	0101	B0	0	1	1	0	1	1	0	1	5
6	0110	B5　B1	0	1	1	1	1	1	0	1	6
7	0111	B6	0	0	1	0	0	1	1	1	7
8	1000	B4　B2	0	1	1	1	1	1	1	1	8
9	1001	B3　B7	0	1	1	0	1	1	1	1	9
A	1010		0	1	1	1	0	1	1	1	A
B	1011		0	1	1	1	1	1	0	0	b
C	1100		0	0	1	1	1	0	0	1	C
D	1101		0	1	0	1	1	1	1	0	d
E	1110		0	1	1	1	1	0	0	1	E
F	1111		0	1	1	1	0	0	0	1	F

4. SEGL 指令

SEGL 指令助记符、功能号、名称、操作数和程序步长如表 5-68 所示。

表 5-68　TSEL 指令表

助记符	功能号	名称	操作数 [S·]	[D·]	n	程序步长
SEGL	FNC74	带锁存七段码译码	K、H、KnX、KnY、KnM、KnS、T、C、D、V、Z	Y	K、H N = 0 ~ 7	16 位 –7 步

（1）指令应用技巧

SEGL 指令为带锁存七段码译码指令，其功能为将十进制数［S·］写到一组 4 路扫描的软元件［D·］中，并驱动由 4 个七段数码管单元组成的显示器。本指令最多可以带两组显示器，在程序中只能使用一次。

（2）应用实例

SWGL 指令的应用实例如图 5-77 所示。

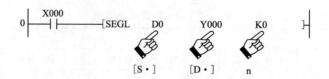

图 5-77　SWGL 指令应用实例

图 5-77 中，当 X0 为 ON 时，SEGL 反复连续执行。若 X0 由 ON 变为 OFF，则指令停止执行。带锁存七段显示器与 PLC 的连接如图 5-78 所示。

在工程技术中，本指令最多可以带两组显示器，显示器共享选通脉冲输出信号 [D·] +4 ~ [D·] +7，图 5-78 中为 Y4 ~ Y7。第一组的数据由 Y0 ~ Y3 输出，第二组的数据由 Y10 ~ Y13 输出。

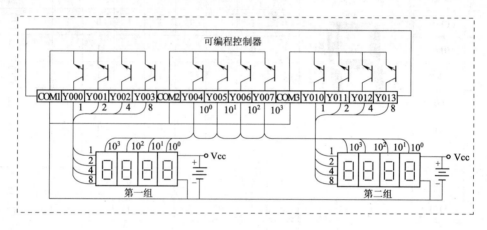

图 5-78　带锁存七段显示器与 PLC 连接

5. ASC 指令

ASC 指令助记符、功能号、名称、操作数和程序步长如表 5-69 所示。

表 5-69　ASC 指令表

助记符	功能号	名称	操作数		程序步长
			[S·]	[D·]	
ASC	FNC76	ASCⅡ 码转换	8 个字符或数字	T、C、D 4 个连续元件	16 位 -11 步

（1）指令应用技巧

1）ASC 指令为 ASCⅡ码转换指令，其功能为将源操作数 [S·] 中存放的最大 8 位数字字母变换成 ASCⅡ码，存放在目标操作数 [D·] 指定的元件中。

2）如果特殊辅助寄存器 M8161 置位后，执行 ASC 指令，则向目标操作数 [D·] 中传送 8 位，寄存器高 8 位全为零。

（2）应用实例

ASC 指令的应用实例如图 5-79 所示。

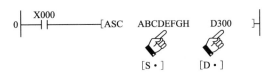

图 5-79　ASC 指令应用实例

图 5-79 中，当 X0 为 ON 时，将 A~H 转换成 ASC Ⅱ 码存储在目标元件 D300~D303 中。数字 0~9、字母 A~Z 的 ASC Ⅱ 码如表 5-70 所示。

表 5-70　数字 0~9、字母 A~Z 的 ASC Ⅱ 码

十进制	ASC Ⅱ 码	英文字母	ASC Ⅱ 码	英文字母	ASC Ⅱ 码
0	30	A	41	N	4E
1	31	B	42	O	4F
2	32	C	43	P	50
3	33	D	44	Q	51
4	34	E	45	R	52
5	35	F	46	S	53
6	36	G	47	T	54
7	37	H	48	U	55
8	38	I	49	V	56
9	39	J	4A	W	57
—	—	K	4B	X	58
—	—	L	4C	Y	59
—	—	M	4D	Z	5A

6. PR 指令

PR 指令助记符、功能号、名称、操作数和程序步长如表 5-71 所示。

表 5-71　PR 指令表

助记符	功能号	名称	操作数		程序步长
			[S·]	[D·]	
PR	FNC77	打印输出	T、C、D	Y	16 位 –5 步

（1）指令应用技巧

PR 指令为打印输出指令，其功能为将源操作数 [S·] 指定元件中存放的 ASC Ⅱ 码输出到目标操作数 [D·] 指定元件中。

注意：

◇ PR 指令在程序中只能使用一次，且必须用晶体管输出型 PLC。

◇ 在 16 位操作运行时，需要特殊继电器 M8027 为 ON，PR 指令一旦执行，它将所有 16 位字节的数据送完。

（2）应用实例

PR 指令的应用实例如图 5-80a 所示。

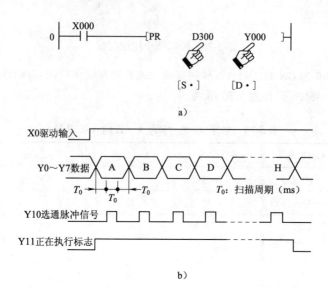

图 5-80　PR 指令应用实例

a）PR 指令应用实例　b）指令执行时序波形

图 5-80a 中，当 X0 为 ON 时，将 D300 ~ D303 中的字符 "ABCDEFGH" 送到 Y7 ~ Y0 中。发送的顺序 A 为开始，最后为 H，T_0 为扫描周期，选通脉冲为 Y10，正在执行标志为 Y11，如图 5-80b 所示。

5.9.2　工程案例：智能密码锁控制系统设计与实施

1. 项目导入

利用 FX_{2N} 系列 PLC 设计一个智能密码锁控制系统，具体控制要求如下：

1）SB1 为千位按钮，SB2 为百位按钮，SB3 为十位按钮，SB4 为个位按钮。

2）开锁密码为 2345。即按顺序按下 SB1 两次、SB2 三次、SB3 四次、SB4 五次，再按下确认键 SB5 后，电磁阀 YV 动作，密码锁被打开。

3）按钮 SB6 为撤销键，如有操作错误可按此键撤销后重新操作。

4）当输入错误密码 3 次时，按下确认键后报警灯 HL 发亮，蜂鸣器 HA 发出报警声响。同时七段数码管闪烁显示 "0" 和 "8"。

5）输入密码时，七段数码管显示当前输入值。

6）系统待机时，七段数码管显示 "0"，等待开锁。

2. 项目实施

（1）I/O 地址分配

根据智能密码锁控制要求，设定 I/O 分配表，如表 5-72 所示。

（2）硬件接线图设计

根据表 5-72 所示的 I/O 地址分配表，可对系统硬件接线图进行设计，如图 5-81 所示。

表 5-72　I/O 地址分配表

输入			输出		
元器件代号	地址号	功能说明	元器件代号	地址号	功能说明
SB1	X1	千位键按钮	UA	Y0	七段显示"a"段
SB2	X2	百位键按钮	UB	Y1	七段显示"b"段
SB3	X3	十位键按钮	UC	Y2	七段显示"c"段
SB4	X4	个位键按钮	UD	Y3	七段显示"d"段
SB5	X5	确认键按钮	UE	Y4	七段显示"e"段
SB6	X6	撤销键按钮	UF	Y5	七段显示"f"段
			UG	Y6	七段显示"g"段
			U·	Y7	七段显示"·"段
			HL	Y10	报警灯
			HA	Y11	蜂鸣器
			YV	Y12	开锁电磁阀

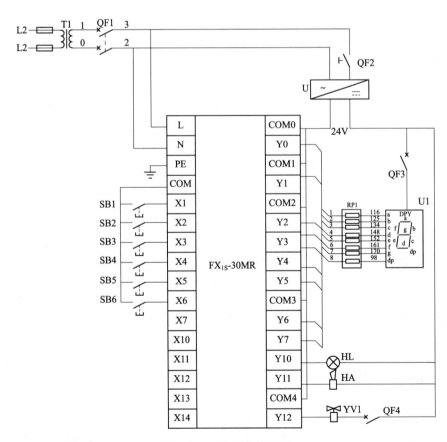

图 5-81　系统硬件接线图

（3）控制程序设计

由上述分析可知，利用 SEGD 指令可实现七段数码管控制功能。该智能密码锁控制器梯形图如图 5-82 所示。

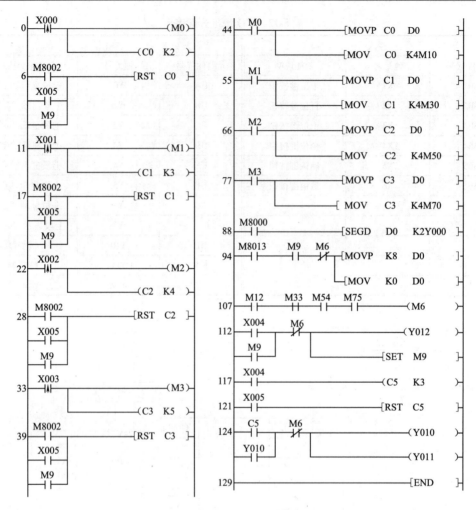

图 5-82　智能密码锁控制器梯形图

（4）系统仿真调试

1）按照图 5-81 所示控制系统硬件接线图接线并检查、确认接线正确。

2）利用 GX 软件和 GX Simulator - 6 仿真软件输入并运行程序，监控程序运行状态，分析程序运行结果。

3）程序符合控制要求后再接通主电路试车，进行系统调试，直到最大限度地满足系统控制要求为止。

5.10　其他典型功能指令及其应用

FX$_{2N}$系列 PLC 除上述功能指令之外，还有外部串联接口设备控制指令、浮点数运算指令、定位指令、时钟运算指令、外围设备指令和触点比较指令等。本节选取典型功能指令进行介绍，对其他功能指令感兴趣的读者可参照相关文献资料自行学习。

5.10.1　外部串联接口设备控制指令介绍

外部串联接口设备控制指令是对连接串行口的外部特殊设备或适配器进行数据交换控制的指令。

1. RS 指令

RS 指令助记符、功能号、名称、操作数和程序步长如表 5-73 所示。

表 5-73　RS 指令表

助记符	功能号	名称	操作数				程序步长
			[S·]	m	[D·]	n	
RS	FNC80	串行数据传送	D	K、H、D m = 0 ~ 256	D	K、H、D m = 0 ~ 256	16 位 – 9 步

（1）指令应用技巧

1）RS 指令为串行数据传送指令，该指令主要实现 PLC 与使用 RS – 232C（或 RS – 485）端口的特殊功能扩展板（如 $FX_{2N}485 – BD$ 通信模块）或适配器进行数据通信。

2）[S·] 指定发送数据单元的首地址，m 指定发送数据的长度（也称点数），[D·] 指定接收数据的首地址，n 指定接收数据的长度。

（2）应用实例

RS 指令的应用实例如图 5-83 所示。

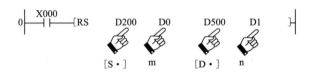

图 5-83　RS 指令应用实例

图 5-83 中，当 X0 为 ON 时，PLC 与功能扩展板（如 $FX_{2N}485 – BD$）进行通信，即发送与接收分别以 D200、D500 为首地址、数据长度分别由（D0）与（D1）指定。

值得注意的是，在使用本指令之前，先要对某些通信参数进行设置，然后才能用此指令完成数据的传送（发送与接收）。此处由于篇幅有限，具体设置方法不予介绍。

2. PID 指令

PID 指令助记符、功能号、名称、操作数和程序步长如表 5-74 所示。

表 5-74　PID 指令表

助记符	功能号	名称	操作数				程序步长
			[S1·]	[S2·]	[S3·]	[D·]	
PID	FNC88	PID 运算	D	D	D 25 个连续元件	D	16 位 – 9 步

（1）指令应用技巧

1）PID 指令为 PID 运算指令，其功能为实现模拟量控制系统的控制算法，该指令实质上是一种动态偏差校正系统。

2）PID 指令可以在程序中多次使用，但是用户运算的数据寄存器的元件号不能重复使用。

（2）应用实例

PID 指令的应用实例如图 5-84 所示。

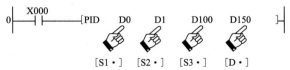

图 5-84　PID 指令应用实例

图 5-84 中，源操作数 [S1·] 指定的 D0 为设定目标值 (SV)，[S2·] 指定的 D1 为实际测量值 (PV)，[S3·] 指定的 D100 ~ D106 为 PID 设定的控制参数，PID 运算后的结果存入到目标操作数 [D·] 指定的 D150 中。

值得注意的是，PID 指令用于闭环模拟量控制，在使用它之前，应使用 MOV 指令将有关参数设定完毕。此处由于篇幅有限，具体设置方法不予介绍。

控制参数的设定和 PID 通信中的数据出现错误时，"运算出错"标志 M8067 为 ON，错误代码存放在 D8067 中。

5.10.2　浮点数运算指令介绍

浮点数运算包括二进制浮点数比较、转换、四则运算、开方和三角函数等。浮点数运算指令的用法与二进制整数运算指令的用法相似，不同的是浮点数运算指令中用到的数据为带小数点的浮点数，且浮点数操作指令为 32 位操作，其助记符一般为二进制整数运算类指令前加 E。二进制浮点数运算指令如表 5-75 所示。

表 5-75　二进制浮点数运算指令表

FNC NO.	指令助记符	指令名称	FNC NO.	指令助记符	指令名称
110	ECMP	二进制浮点比较指令	123	EDIV	二进制浮点数除法指令
111	EZCP	二进制浮点区间比较指令	127	ESQR	二进制浮点开方指令
118	EBCD	二进制浮点转换成十进制浮点指令	129	INT	二进制浮点转换成二进制整数指令
119	EBIN	十进制浮点转换成二进制浮点指令	130	SIN	二进制浮点正弦函数指令
120	EADD	二进制浮点加法指令	131	COS	二进制浮点余弦函数指令
121	ESUB	二进制浮点减法指令	132	TAN	二进制浮点正切函数指令
122	EMUL	二进制浮点乘法指令	147	SWAP	上下字节变换指令

5.10.3　时钟运算指令介绍

PLC 功能指令中有 7 条有关时钟的指令，这些指令可对 PLC 内置的实时时钟进行时间校准和时钟数据格式化操作。

1. TCMP 指令

TCMP 指令助记符、功能号、名称、操作数和程序步长如表 5-76 所示。

表 5-76　TCMP 指令表

助记符	功能号	名称	操作数					程序步长
			[S1·]	[S2·]	[S3·]	[S·]	[D·]	
TCMP	FNC160	时钟数据比较	K、H、KnX、KnY、KnM、KnS、T、C、D、V、Z			T、C、D	Y、M、S 连续 3 个元件	16 位 −11 步

（1）指令应用技巧

1）TCMP 指令为时钟数据比较指令，其功能为将基准时间源 [S1·]、[S2·]、[S3·]（时、分、秒)与时钟数据[S·]、[S·]+1、[S·]+2(时、分、秒)比较,比较的结果放在以[D·]为首地址的连续 3 个元件中。当[S1·]、[S2·]、[S3·] > [S·]、[S·]+1、[S·]+2 时,[D·]为 ON;当[S1·]、[S2·]、[S3·] = [S·]、[S·]+1、[S·]+2 时,[D·]+1 为 ON;当[S1·]、[S2·]、[S3·] < [S·]、[S·]+1、[S·]+2 时,[D·]+2 为 ON。

2)时的设定范围为 0 ~ 23,分和秒的设定范围为 0 ~ 59。

(2)应用实例

TCMP 指令的应用实例如图 5-85 所示。

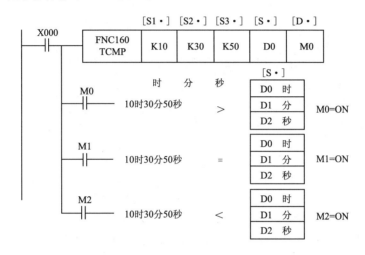

图 5-85 TCMP 指令应用实例

图 5-85 中,当 X0 为 ON 时,执行 TCMP 指令。即将基准时间源(10 时 30 分 50 秒)与时钟数据(D0、D1、D2)进行比较,比较结果影响 M0 ~ M2。当 X0 为 OFF 时,停止执行 TCMP 指令,M0 ~ M2 状态保持不变。

2. TRD、TWR 指令

TRD、TWR 指令助记符、功能号、名称、操作数和程序步长如表 5-77 所示。

表 5-77　TRD、TWR 指令表

助记符	功能号	名称	操作数		程序步长
			[S·]	[D·]	
TRD	FNC166	时钟数据读取	无	T、C、D（占 7 点）	16 位 – 3 步
TWR	FNC167	时钟数据写入	T、C、D	无	16 位 – 3 步

(1)指令应用技巧

1)TRD 指令为时钟数据读取指令,其功能为将 PLC 的实时时钟数据读取后存入到目标操作数[D·]指定元件中,共占用 7 个地址,分别存放年、月、日、时、分、秒、星期共计 7 个参数。

2)TWR 指令为时钟数据写入指令,其功能为将源操作数[S·]设定的时钟数据(年、月、日、时、分、秒、星期)写入到 PLC 的实时时钟数据存储器 D8013 ~ D8019 中。

(2)应用实例

TRD、TWR 指令的应用实例如图 5-86 所示。

图 5-86a 中，当 X0 为 ON 时，执行 TRD 指令。即将 PLC 实时时钟数据存储器 D8013 ～ D8019 中的时钟数据传送至目标元件中。时钟数据读取过程如图 5-87 所示。

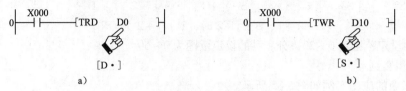

a)　　　　　　　　　　　　　　　b)

图 5-86　TRD、TWR 指令应用实例

a) TRD 指令应用实例　b) TWR 指令应用实例

	元件	项目	时钟数据		元件	项目
特殊数据寄存器用实时时钟	D8018	年(公历)	0～99年(公历后两位)	→	D0	年(公历)
	D8017	月	1～12	→	D1	月
	D8016	日	1～31	→	D2	日
	D8015	时	0～23	→	D3	时
	D8014	分	0～59	→	D4	分
	D8013	秒	0～59	→	D5	秒
	D8019	星期	0(日)～6(六)	→	D6	星期

图 5-87　TRD 指令时钟数据读取示意图

图 5-86b 中，当 X0 为 ON 时，执行 TWR 指令。即将源操作数 D10 新设定的时钟数据写入 PLC 实时数据存储器 D8013 ～ D8019 中。时钟数据写入过程如图 5-88 所示。

	元件	项目	时钟数据		元件	项目
特殊数据寄存器用实时时钟	D10	年(公历)	0～99年(公历后两位)	→	D8018	年(公历)
	D11	月	1～12	→	D8017	月
	D12	日	1～31	→	D8016	日
	D13	时	0～23	→	D8015	时
	D14	分	0～59	→	D8014	分
	D15	秒	0～59	→	D8013	秒
	D16	星期	0(日)～6(六)	→	D8019	星期

图 5-88　TER 指令时钟数据写入示意图

5.10.4　格雷码变换指令介绍

PLC 与外围一些特殊功能模块进行数据的交换，需要用外围设备指令，常用外围设备指令有格雷码转换指令（GRY）与格雷码逆转换指令（GBIN）。

1. GRY、GBIN 指令介绍

GRY、GBIN 指令助记符、功能号、名称、操作数和程序步长如表 5-78 所示。

表 5-78　GRY、GBIN 指令表

助记符	功能号	名称	操作数		程序步长
			[S·]	[D·]	
GRY	FNC170	格雷码转换	K、H、KnX、KnY、KnM、	KnY、KnM、KnS	16 位 – 5 步
GBIN	FNC171	格雷码逆转换	KnS、T、C、D、V、Z	T、C、D、V、Z	32 位 – 9 步

（1）指令应用技巧

1）GRY 指令为格雷码转换指令，其功能为将源操作数［S·］指定的二进制数码转换成格雷码送目标操作数［D·］。［S·］的范围：16 位操作为 0 ~ 32 767，32 位操作为 0 ~ 2 147 483 647。

2）GBIN 指令为格雷码逆转换指令，其功能为将源操作数［S·］指定的格雷码转换成二进制数码送目标操作数［D·］。［S·］的范围与 GRY 指令相同。

（2）应用实例

GRY、GBIN 指令的应用实例如图 5-89 所示。

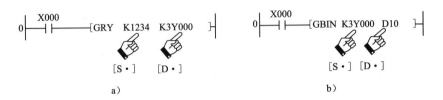

图 5-89　GRY、GBIN 指令应用实例

a）GRY 指令应用实例　b）GBIN 指令应用实例

图 5-89a 中，当 X0 为 ON 时，执行 GRY 指令。即将 K1234 自动转换为二进制数码，再将二进制数码变换为格雷码送 K3Y0。

图 5-89b 中，当 X0 为 ON 时，执行 GBIN 指令。即将 K3Y0 的格雷码变换为二进制数据并传送到 D10。若 K3Y0 为 0110 1011 1011，则转化后 D10 为 0101 1110 0110。

5.10.5　触点比较指令介绍

触点比较指令包括 LD 开始触点比较指令、AND 触点形式比较指令和 OR 触点形式比较指令。

1. LD 开始触点比较指令

LD 开始触点比较指令助记符、功能号、名称、操作数和程序步长如表 5-79 所示。

表 5-79　LD 开始触点比较指令表

助记符	功能号	操作数			程序步长
		［S1·］	［S2·］	导通条件	
LD =	FNC224			［S1·］= ［S2·］	
LD >	FNC225			［S1·］> ［S2·］	
LD <	FNC226	K、H KnX、KnY、KnM、KnS T、C、D、V、Z		［S1·］< ［S2·］	16 位 -5 步 32 位 -9 步
LD < >	FNC228			［S1·］≠ ［S2·］	
LD ≤	FNC229			［S1·］≤ ［S2·］	
LD ≥	FNC230			［S1·］≥ ［S2·］	

在图 5-90 所示的程序中，若 D0 = 3，则 Y0 为 ON，若 D0 ≠ 3，则 Y0 为 OFF。

2. AND 触点形式比较指令

AND 触点形式比较指令助记符、功能号、名称、操作数和程序步长如表 5-80 所示。

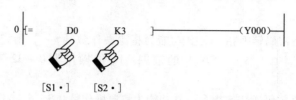

图 5-90　LD 开始触点比较指令应用实例

表 5-80　AND 触点形式比较指令表

助记符	功能号	操作数			程序步长
		[S1·]	[S2·]	导通条件	
AND =	FNC232	K、H KnX、KnY、KnM、KnS T、C、D、V、Z		[S1·] = [S2·]	16 位 –5 步 32 位 –9 步
AND >	FNC233			[S1·] > [S2·]	
AND <	FNC234			[S1·] < [S2·]	
AND < >	FNC236			[S1·] ≠ [S2·]	
AND ≤	FNC237			[S1·] ≤ [S2·]	
AND ≥	FNC238			[S1·] ≥ [S2·]	

　　AND 触点形式比较指令典型应用如图 5-91 所示。若 D0 大于 3，则 Y0 为 ON，若 D0 小于或等于 3，则 Y0 为 OFF。

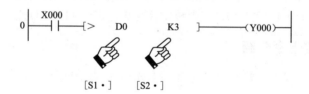

图 5-91　AND 触点形式比较指令应用实例

3. OR 触点形式比较指令

　　OR 触点形式比较指令助记符、功能号、名称、操作数和程序步长如表 5-81 所示。

表 5-81　OR 触点形式比较指令表

助记符	功能号	操作数			程序步长
		[S1·]	[S2·]	导通条件	
OR =	FNC240	K、H KnX、KnY、KnM、KnS T、C、D、V、Z		[S1·] = [S2·]	16 位 –5 步 32 位 –9 步
OR >	FNC241			[S1·] > [S2·]	
OR <	FNC242			[S1·] < [S2·]	
OR < >	FNC244			[S1·] ≠ [S2·]	
OR ≤	FNC245			[S1·] ≤ [S2·]	
OR ≥	FNC246			[S1·] ≥ [S2·]	

　　OR 触点形式比较指令典型应用如图 5-92 所示。当 X0 为 OFF，且 D0 大于 3，则 Y0 为 ON；若 X0 为 OFF，且 D0 小于或等于 3，则 Y0 为 OFF。

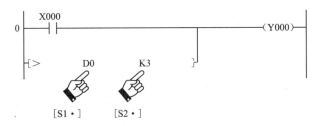

图 5-92　OR 触点形式比较指令应用实例

5.10.6　工程案例：工厂作息时间控制系统设计与实施

1. 项目导入

某工厂上、下班有 4 个响铃时刻，上午 8 点，中午 12 点，下午 1：30，下午 5：30，每次响铃 1min。请用 FX$_{2N}$ 系列 PLC 对该控制系统进行设计并实施。

2. 项目实施

（1）I/O 地址分配

根据工厂作息时间控制系统控制要求，设定 I/O 地址分配表，如表 5-82 所示。

表 5-82　I/O 地址分配表

输　入			输　出		
元器件代号	地址号	功能说明	元器件代号	地址号	功能说明
QS	X10	起动/停止控制	KM	Y0	响铃控制

（2）硬件接线图设计

根据表 5-82 所示的 I/O 地址分配表，可对硬件接线图进行设计，如图 5-93 所示。

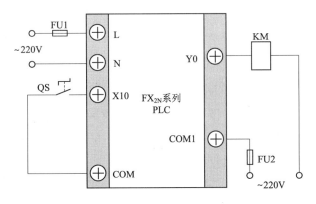

图 5-93　系统硬件接线图

（3）控制程序设计

根据控制要求和 I/O 地址分配表，设计控制梯形图如图 5-94 所示，对应指令语句表请读者自行编制，此处不予介绍。

（4）系统仿真调试

1）按照图 5-93 所示控制系统硬件接线图接线并检查、确认接线正确。

2）利用 GX 软件和 GX Simulator - 6 仿真软件输入并运行程序，监控程序运行状态，分析程序运行结果。

3）程序符合控制要求后再接通主电路试车，进行系统调试，直到最大限度地满足系统控制要求为止。

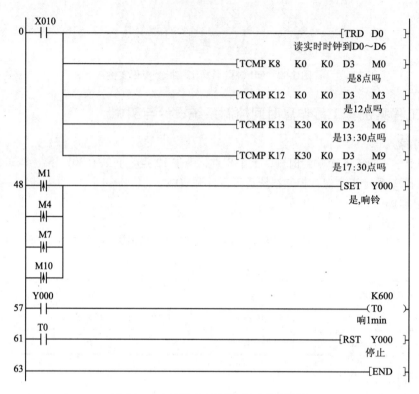

图 5-94 工厂作息时间控制系统梯形图

第6章 PLC 工业控制系统设计与工程实例

导读：在了解并掌握 PLC 的基本工作原理和编程技术的基础上，就可以结合实际，应用 PLC 构成实际的工业控制系统。PLC 工业控制系统设计包括硬件设计与软件设计，其中软件设计也就是梯形图设计，即编制程序。由于 PLC 所有的控制功能都以程序的形式体现，故大量的工作将用在程序设计上。

6.1 PLC 工业控制系统的规划与设计

6.1.1 PLC 工业控制系统设计的基本原则

在工程技术中，任何工业控制系统都是为了实现被控对象（生产设备或生产过程）的工艺要求，以提高生产效率和产品质量。因此，在设计 PLC 工业控制系统时，应遵循以下基本原则：

1）充分发挥 PLC 的功能，最大限度地满足被控对象的控制要求；

2）在满足控制要求的前提下，力求使控制系统简单、经济，使用和维修方便；

3）保证控制系统的安全、可靠；

4）应考虑生产发展和工艺的改进，在选择 PLC 的型号、I/O 点数和存储器容量等项目时，应留有适当的余量，以利于系统的调整和功能扩展。

6.1.2 PLC 工业控制系统设计的基本内容

PLC 工业控制系统是由 PLC 与用户 I/O 设备连接而成的。因此，PLC 控制系统设计的基本内容包括如下几点：

1）确定 I/O 设备。根据控制系统的控制要求，确定系统的 I/O 设备的数量及种类，如按钮、开关、传感器、接触器、电磁阀和电动机等。这些设备属于一般的电气元件，其选择的方法在其他书籍中已有介绍，本书不再赘述。

2）选择 PLC。PLC 是 PLC 控制系统的核心部件。选择 PLC 主要包括机型、容量、I/O 点数（模块）、电源模块以及特殊功能模块的选择。

3）分配 PLC 的 I/O 点数。列出 I/O 设备与 PLC 输入、输出端子的地址分配表，以便于编制控制程序、设计接线图及硬件安装。所有的输入点和输出点分配时要有规律，并考虑信号特点及 PLC 公共端（COM 端）的电流容量。

4）设计控制程序。设计控制程序包括设计梯形图、语句表或控制系统流程图等。

控制程序是控制整个系统工作的软件，是保证系统正常工作，安全可靠的关键。因此，控制程序的设计必须经过反复调试、修改，直到满足要求为止。

5）必要时还需设计控制台（柜）。

6）编制系统的技术文件。

6.1.3　PLC 工业控制系统的设计流程

PLC 工业控制系统的一般设计流程图如图 6-1 所示。

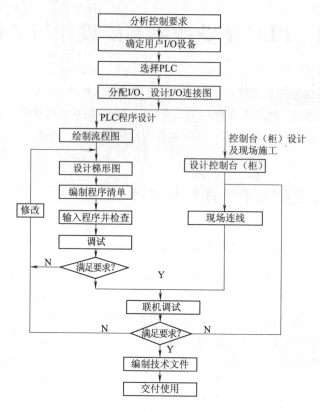

图 6-1　PLC 工业控制系统的一般设计流程图

由上述设计流程图可知，PLC 工业控制系统设计具体步骤如下：

1）分析被控对象，明确控制要求。根据生产和工艺过程分析控制要求，确定控制对象及控制要求，确定控制系统的工作方式，例如全自动、半自动、手动、单机运行、多机联机运行等。还要确定系统应有的其他功能，例如故障检测、诊断与显示报警、紧急情况的处理、管理功能、联网通信功能等。在分析被控对象的基础上，根据 PLC 的技术特点，与继电－接触器控制系统、DCS 系统、微机控制系统进行比较，优选控制方案。

2）确定 PLC 机型，以及用户 I/O 设备，据此确定 PLC 的 I/O 点数。选择 PLC 机型时应考虑生产厂家、性能结构、I/O 点数、存储容量和特殊功能等方面。具体选型详见 6.2 节。

3）分配 PLC 的 I/O 地址，设计 I/O 连接图。根据已确定的 I/O 设备和选定的可编程序控制器，列出 I/O 设备与 PLC 的 I/O 点的地址分配表，以便编制控制程序、设计接线图及硬件安装。

4）PLC 的硬件设计。PLC 工业控制系统硬件设计指电气电路设计，包括主电路、PLC 外部控制电路、PLC 的 I/O 接线图、设备供电系统图、电气控制柜结构及电气设备安装图等。

5）PLC 的软件设计。PLC 工业控制系统软件设计包括状态转移图、梯形图、指令语句表等。控制程序设计是 PLC 系统应用中最关键的，也是整个工业控制系统设计的核心。

6）联机调试。软件设计完毕后，一般先要进行模拟调试，即不带输出设备，利用编程软件仿真调试功能进行调试。发现问题及时修改，直到完全符合设计要求。此后就可联机调试，先连接电气柜而不带负载，各输出设备调试正常后，再接上负载运行调试，直到完全满足设计要求为止。

7）完成 PLC 工业控制系统的设计，投入实际使用。值得注意的是，为了确保控制系统的工作可靠性，联机调试后，还要经过一段时间的试运行，以检验系统的可靠性。

8）编制技术文件。技术文件包括设计说明书、电气原理图和安装图、元器件明细表、状态转换图、梯形图及使用说明书等。

9）交付使用。

在设计过程中，第4步硬件设计和第5步软件设计，若事先有明确的约定，可同时进行。

6.1.4　PLC 软件设计与程序调试

1. PLC 软件设计

软件设计的主要任务是完成参数表的定义、程序框图的绘制、程序的编制和程序说明书的编写等。

参数表为编写程序做准备，对系统各个接口参数进行规范化的定义，包括输入信号表、输出信号表、中间标志表和存储表的定义等。参数表的定义和格式因人而异，但总的原则是便于使用。合理编制参数表，不仅有利于程序的编写，也有利于程序的调试。

程序框图描述了系统控制流程走向和系统功能的说明。它应该是全部应用程序中各功能单元的结构形式，据此可以了解所有控制功能在整个程序中的位置。一个详细的程序框图有利于程序的编写和调试。

软件设计的主要过程是编写用户程序，它是控制功能的具体实现过程。

程序说明书是对整个程序内容的注释性综合说明。它应包括程序设计依据、程序基本结构、各功能单元详细分析、各参数来源以及程序测试情况等。

需要指出的是，对于一个具有丰富工程实践经验的工程技术人员，在进行 PLC 软件设计时，往往不单独列出参数表和程序框图等辅助设计资料，而直接进行用户程序编写。本书由于篇幅有限，主要介绍用户程序编写。

2. PLC 程序调试

PLC 程序调试包括模拟调试和联机调试。

模拟调试是根据输入/输出模块指示灯的显示，不带输出设备进行调试。首先要逐条进行检查和验证，改正程序设计中的逻辑、语法、数据错误或输入过程中的按键及传输错误，观察在可能的情况下各个输入量、输出量之间的变化关系是否符合设计的预期要求。发现问题要及时修改设计，直到完全满足程序控制的要求。

联机调试分两步进行。首先连接电器柜，在不带负载（如电动机、电磁阀等）的情况下，检查各输出设备的工作情况。待各部分调试正常后，再带上负载运行调试，直到完全满足设计要求为止。

6.2　PLC 工业控制系统硬件设计

系统硬件设计是 PLC 工业控制系统设计的重要组成部分，其性能好坏直接影响控制系统性能。可以形象地理解为硬件是躯体，软件/程序是灵魂。

6.2.1　PLC 系统硬件设计方案

1. 系统硬件设计总体方案

在利用 PLC 构成工业控制系统时，首先要明确对控制对象的要求，然后根据实际需要确定控制系统的类型和系统工作时的运行方式。

（1）PLC 控制系统类型

由 PLC 构成的控制系统可分为集中式控制系统和分布式控制系统。

1）集中式控制系统。集中式控制系统如图 6-2 所示。

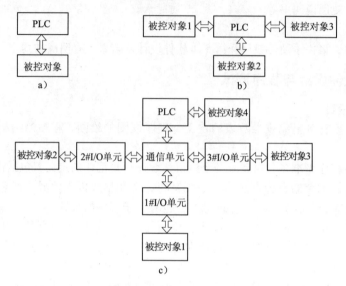

图 6-2　集中式控制系统

a）单台控制　b）多台控制　c）远程控制

图 6-2a 为典型的单台控制，即由 1 台 PLC 控制单台被控对象，这种系统对 PLC 的 I/O 点数和存储器存储容量要求较少，且控制系统的结构简单明了。值得指出的是，考虑控制系统功能扩展，应选择具有通信功能的 PLC。

图 6-2b 为用 1 台 PLC 控制多台被控设备，每个被控对象与 PLC 的指定 I/O 相连接。该控制系统多用于控制对象所处的地理位置比较接近，且相互之间的动作有一定联系的领域。由于采用一台 PLC 控制，因此各被控设备之间的数据状态的变换不需要另设专门的通信线路。如果各控制对象的地理位置比较远，而且大多数的输入、输出线都要引入控制器，这时需要的电缆线、施工量和系统成本就会增加，在这种情况下，建议使用远程 I/O 控制系统。

集中式控制系统的最大缺点是当某一控制对象的控制程序需要改变或 PLC 出现故障时，必须停止整个系统工作。因此，对于大型的集中式控制系统，可以采用冗余系统克服上述缺点。

图 6-2c 为用 1 台 PLC 构成远程 I/O 控制系统。PLC 通过通信模块控制远程 I/O 模块。该控制系统适用于被控制对象远离集中控制室的场合。一个控制系统需要设置多少个远程 I/O 通道，视被控对象的分散程度和距离而定，同时还受所选 PLC 机型所能驱动 I/O 通道数的限制。

2）分布式控制系统。分布式控制系统如图 6-3 所示。

由图 6-3 可知，该类型控制系统的被控对象比较多，它们分布在一个较大区域内，相互之间的距离较远，且各被控对象之间要求经常地交换数据和信息。这种系统的控制由若干个相互之间具有通信联网功能的 PLC 构成，系统的上位机可以采用 PLC，也可以采用计算机。在分布式控制系统中，每一台 PLC 控制一个被控对象，各控制器之间可以通过信号传递进行内部联锁、响应或发令等，也可由上位机通过数据总线进行通信。分布式控制系统多用于多台机械生产线的控制，各生产线间有数据连接。

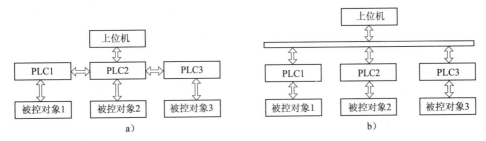

图6-3　分布式控制系统

a）通信方式1　b）通信方式2

由于各控制对象都有自己的PLC，当某一台PLC由于故障或调试而需停止时，不需要停止其他的PLC。当此系统与集中式控制系统具有相同的I/O点时，虽然系统总的构成价格偏高，但从维护、试运转或增设控制对象等方面看，其灵活性要大得多。

（2）系统的运行方式

用PLC构成的工业控制系统有自动运行、半自动运行、单步运行和手动运行4种方式。

1）自动运行方式。自动运行方式是工业控制系统的主要运行方式，其主要特点是在系统工作过程中，系统按给定的程序自动完成对被控对象的控制，不需人工干预。系统的启动可由PLC本身的启动系统进行，也可由PLC发出启动预告，由操作人员确认并按下启动响应按钮后，PLC自动启动系统。

2）半自动运行方式。半自动运行方式的特点是系统在启动和运行过程中的某些步骤需要人工干预才能进行下去。半自动运行方式多用于检测手段不完善、需要人工判断或某些设备不具备自控条件，需要人工干预的领域。

3）单步运行方式。单步运行方式的特点是系统运行中的每一步都需要人工的干预才能进行下去。单步运行方式常用于调试，调试完成后，可将其撤除。

4）手动运行方式。手动运行方式不是控制系统的主要运行方式，而是一种用于设备测试、系统调整和故障情况下的运行方式，因此它是自动运行方式的辅助方式。

（3）系统的停止方式

与系统运行方式的设计相对应，还必须考虑系统停止方式的设计。PLC的停止方式有正常停止、暂时停止和紧急停止3种情况。

1）正常停止。正常停止由PLC的程序执行，当系统的运行步骤执行完毕，且不需要重新启动执行程序时，或PLC接收到操作人员的正常停止指令后，PLC按规定的步骤停止系统运行。

2）暂时停止。暂时停止方式用于暂停执行当前程序，使所有输出都设置成OFF状态，待暂停解除时将继续执行被暂停的程序。另外，也可用暂停开关直接切断负载电源，同时将此信息传给PLC，以停止执行程序，或者把CPU从RUN模式切换成STOP模式，以实现对系统的暂停。

3）紧急停止。紧急停止方式是在系统运行过程中设备出现异常情况或故障，若不中断系统运行，将导致重大事故或有可能损坏设备时，必须使用紧急停止按钮使整个系统立即停止。紧急停止时，所有设备都必须停止运行，且程序控制被解除，控制内容复位到初始状态。

2. 系统硬件设计文件

在对系统硬件设计形成一个初步的设计方案，且对所配置的 PLC 型号类型也基本确定后，还应完成以下的系统硬件设计文件。一般硬件系统的设计文件应包括系统硬件配置图、模块统计表、I/O 地址分配表和 I/O 接线图，此处仅介绍 I/O 地址分配表和 I/O 接线图。

（1）I/O 地址分配表

在 PLC 系统硬件设计中，根据系统控制要求把输入/输出元器件列出表格，给出相应的 PLC 输入/输出端口地址号和功能说明，是系统硬件设计的重要环节之一，也是正确编制 PLC 程序和设计 I/O 硬件接线图的前提条件。如用 PLC 改造三相异步电动机多地控制电路的 I/O 地址分配如表 6-1 所示。

表 6-1　I/O 地址分配表

输　　入			输　　出		
元器件代号	地址号	功能说明	元器件代号	地址号	功能说明
SB1	X0	起动按钮 A	KM	Y0	电动机电源控制
SB2	X1	起动按钮 B			
SB3	X3	停止按钮 A			
SB4	X4	停止按钮 B			
FR1	X5	热继电器			

（2）I/O 硬件接线图

I/O 硬件接线图是根据 I/O 地址分配表而设计的反映 PLC 输入/输出模块与现场设备的连接方式示意图，是系统硬件设计的另一个重要环节，也是进行系统安装与调试的前提条件。I/O 硬件接线图的详细介绍见后续章节。

6.2.2　PLC 的接口电路设计

PLC 工业控制系统中均存在输入/输出设备，常见的输入电器有按钮、行程开关、转换开关、接近开关、拨码开关和传感器等。输出电器有接触器、继电器、电磁阀、指示灯及其他有关显示、执行电器等。正确地连接输入/输出设备，是保证 PLC 安全可靠工作的前提。

1. 输入接口电路设计

（1）根据输入信号类型合理选择输入模块

在各类 PLC 工业控制系统中，常用的输入信号有开关量、数字量和模拟量等。其中开关量输入信号应注意开关信号的频率，当频率较高时，应选用高速计数模块。

数字量输入信号应合理选择电压等级。电压等级一般可分为交、直流 24V，交、直流 110V 和交、直流 220V 或使用 TTL 及与 TTL 兼容的电平。

模拟量输入信号则应首先将非标准模拟量信号转换为标准范围的模拟量输入信号，如：1 ～ 5V，4 ～ 20mA，然后选择合适的 A-D 转换模块。

（2）PLC 与输入元件的接线方式

1）PLC 与按钮、开关等输入元件的连接。

三菱 FX_{2N} 系列 PLC 基本单元的输入端口与按钮、开关、限位开关等的接线方式如图 6-4 所示。按钮（或开关）的一端连接到 PLC 的输入端（例如 X0、X1、…），另一端连在一起接到公共端上（COM 端）。

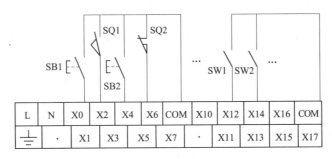

图 6-4　PLC 与按钮、开关等输入元件接线图

注意：在进行 PLC 接口电路设计时，一般要求所有按钮、开关均为常开状态。这样做的目的有二：一是为了避免 PLC 的输入电路长期通电而使能耗增加，缩短电气设备的使用寿命；二是常闭触点可在程序中通过"取反"体现出来，进而使编制的梯形图程序更符合电气图的形式，从而使阅读程序清晰明了。

2）PLC 与拨码开关的连接。

拨码开关在 PLC 工业控制系统中常常用到。图 6-5a 所示为常见 8 位拨码开关实物图。利用拨码开关可以方便地进行数据变更，如控制系统中需要经常修改数据，可使用 4 位拨码开关组成一组拨码开关与 PLC 相连，其接口电路如图 6-5b 所示。

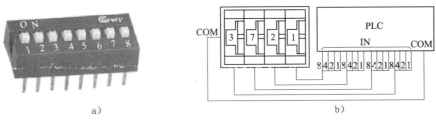

图 6-5　PLC 与拨码开关的连接示意图

a）拨码开关实物图　b）PLC 与拨码开关接线图

图 6-5b 中，4 位拨码开关的 COM 端连在一起接到 PLC 的 COM 端，每位拨码开关的 4 条数据线按一定顺序接到 PLC 的 4 个输入点上。这种方法占用 PLC 的输入点较多，因此若不是十分必要的场合，一般不要采用这种接线方法。

3）PLC 与旋转编码器的连接。

旋转编码器可以提供高速脉冲信号，在数控机床及工业控制中经常用到。图 6-6a 所示为常见旋转编码器实物图，图 6-6b 所示为 FX_{2N} 系列 PLC 与 $E6A_2$ – C 系列旋转编码器的接线图。

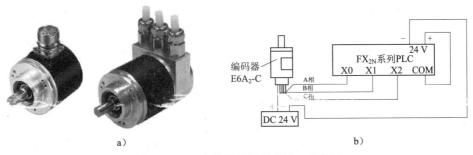

图 6-6　PLC 与旋转编码器的接口示意图

a）旋转编码器实物图　b）PLC 与旋转编码器接线图

　　4）PLC 与传感器的连接。

　　传感器的种类很多，其输出方式也各不相同。接近开关、光电开关、磁性开关等为两线式传感器，霍尔开关为三线式传感器，它们与 PLC 的接口电路如图 6-7 所示。

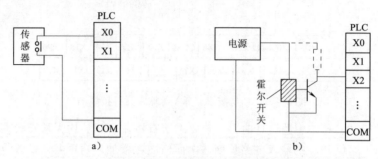

图 6-7　PLC 与传感器的接口电路
a）两线式传感器　b）三线式传感器

2. 输出接口电路设计

（1）根据负载类型确定输出方法

　　对于只接受开关量信号的负载，根据其电源类型以及输出开关信号的频率要求，可选用继电器输出、晶体管输出或晶闸管输出模块。

　　继电器输出电路可驱动交流负载，也可驱动直流负载，承受瞬间过电流、过电压的能力较强，但响应速度较慢，其开通与关断延迟时间约为 10ms。

　　晶体管输出电路的开通与关断时间均小于 1ms，但它只能采用直流电源为负载供电（交流供电会导致输出晶体管损坏）。

　　晶闸管输出电路的开通与关断时间约为 1ms 和 10ms，但它只能采用交流电源为负载供电（直流供电时会导致无法关断的异常现象）。

　　对于需要模拟量驱动的负载，则应选用合适的 D-A 模块。

（2）PLC 与输出元件的接线方式

　　PLC 的输出方式有继电器输出、晶体管输出和晶闸管输出 3 种方式，其接口电路分别如图 6-8 所示。

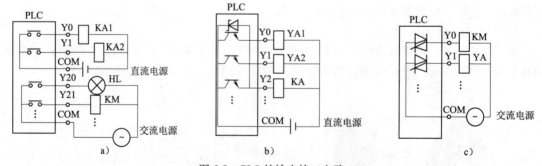

图 6-8　PLC 的输出接口电路
a）继电器输出　b）晶体管输出　c）晶闸管输出

（3）选择输出电压/电流

　　输出模块的额定输出电压/电流必须大于负载所需的电压/电流。如果负载实际电流较大，输出模块无法直接驱动，可以增加中间驱动环节。

　　此外，在进行负载接线设计时，还应考虑在同一公共端所属输出点的数量，必须确保同一公共端所属的所有输出点同时接通时，输出负载的电流之和小于公共端所允许通过的电流值。

（4）输出接口电路的抗干扰措施

PLC 与外接感性负载连接时，为了防止其误动作或瞬间干扰，对感性负载要加入抗干扰措施，如图 6-9 所示。

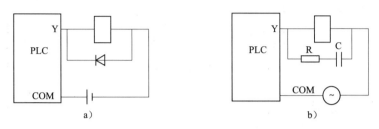

图 6-9　输出接口电路的抗干扰措施

a）直流负载　b）交流负载

由图 6-9 可知，在直流接口电路中，应在感性负载两端并联续流二极管，续流二极管的额定工作电压应为负载供电电源电压的 2～3 倍，且必须确保续流二极管的负极接负载供电电源的正极。在交流接口电路中，则应在感性负载两端并联阻容吸收回路，阻容吸收回路的 RC 值根据经验可选（120Ω，$0.1\mu F$）、（47Ω，$0.47\mu F$）和（50Ω，$0.5\mu F$）等。后续章节的实例中为了简化分析一般未予画出，读者在实际使用中应根据实际情况采用适当的保护措施。

6.2.3　节省 I/O 点数的措施

在设计 PLC 工业控制系统或对陈旧设备进行技术改造时，往往会遇到输入点数不够或输出点数不够而需要扩展的问题。从技术层面讲，该问题可通过增加 I/O 扩展单元或 I/O 模块来解决，但由于 I/O 扩展单元或 I/O 模块价格较高，故节省所需 I/O 点数是降低系统硬件费用的主要措施。

1. 节省输入点数的措施

（1）矩阵输入法

在工程技术中，PLC 工业控制系统大部分存在多种工作方式，但各种工作方式又不可能同时运行。所以，可将这几种工作方式分别使用的输入信号分成若干组，PLC 运行时只会用到其中的一组信号，这种输入法称为矩阵输入法。这种方法常用于具有多种输入操作方式的场合，典型应用如图 6-10 所示。

图 6-10 中，PLC 工业控制系统具有自动和手动两种工作方式。其中 S1～S8 为自动输入信号开关，Q1～Q8 为手动输入信号开关，两者共用 PLC 输入端口 X0～X7（如 S8 与 Q8 共用 PLC 输入点 X7）。

SA 为"工作方式"选择开关，当 SA 置于上端时，系统工作于自动工作方式，此时输入信号由 S1～S8 进行控制；当 SA 置于下端时，系统工作于手动工作方式，此时输入信号由 Q1～Q8 进行控制。

此外，该系统通过 X10 让 PLC 识别是自动信号还是手动信号，从而执行自动程序或手动程序。

（2）输入触点的合并

如果某些外部输入信号总是以某种"与或非"组合的整体形式出现在梯形图中，可以将它们对应的触点在 PLC 外部串、并联后作为一个整体输入 PLC，只占 PLC 的一个输入端口。典型应用如图 6-11 所示。

图 6-11 所示为基于 PLC 的三相异步电动机多地控制电路，其中 SB1、SB2、SB3 为多地起动按钮，根据其控制特点可将其先并联后接入 PLC 一个输入端口，可节省 2 个输入端口；SB4、SB5、SB6 为多地停止按钮，根据其控制特点也可将其先串联后接入 PLC 一个输入端口，也可节省 2 个输入端口。该方法与每个起动按钮和停止按钮占用一个输入端口的方法相比，不仅节约了输入点数，还简化了梯形图电路。

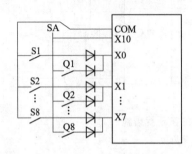

图 6-10   8 行 2 列输入的矩阵输入法

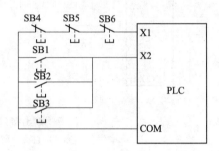

图 6-11   输入触点的合并

（3）将信号设置在 PLC 之外

系统的某些输入信号，如手动操作按钮提供的信号和电动机热继电器 FR 的常闭触点提供的信号等，都可以设置在 PLC 外部的硬件电路中。典型应用如图 6-12 所示。某些手动按钮需要串接一些安全联锁触点，如果外部硬件联锁电路过于复杂，则应考虑将有关信号送入 PLC，用梯形图实现联锁。

2. 节省输出点数的措施

（1）矩阵输出法

图 6-13 中采用 8 个输出组成的 4×4 矩阵，可接 16 个输出设备。

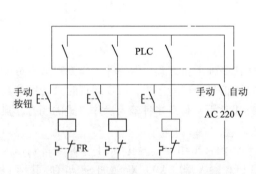

图 6-12   将信号设置在 PLC 外部硬件电路

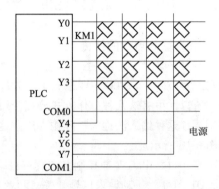

图 6-13   矩阵输出

由图 6-13 可知，要使某个负载接通工作，只要控制它所在的行与列对应的输出继电器接通即可。例如，要使负载 KM1 得电，只要控制输出继电器 Y0 和 Y4 同时输出接通即可。所以，8 个输出点就可控制 16 个不同控制要求的负载，大大节省了输出点数。

值得注意的是，只有某一行（列）对应的输出继电器接通，各列（行）对应的输出继电器才可任意接通，否则将会出现错误接通负载。因此，采用矩阵输出时，必须要将同一时间段接通的负载安排在同一行或同一列中，否则无法控制。

（2）外部译码输出

用七段码译码指令 SEGD 可以直接驱动一个七段数码管，电路也比较简单，但需要 7 个输出端口。如果采用在输出端外部译码，则可减少输出点数的数量。外部译码的方法很多，如用 SEGL，可以用 12 点输出控制 8 个七段数码管。

图 6-14 所示为利用集成电路 CD4511 组成的 1 位 BCD 译码驱动电路，只用了 4 点输出。如显示值小于 8 可用 3 点输出，显示值小于 4 可用 2 点输出。

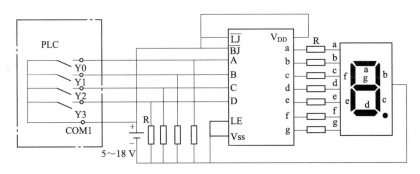

图 6-14　BCD 码驱动七段数码管电路图

此外，利用节省输入点数的方法（2）、（3）也可实现输出点数的节省，读者可参照进行分析和设计。

6.2.4　PLC 的系统供电及接地设计

在 PLC 工业控制系统中，设计一个合理的供电与接地系统，是保证控制系统正常运行的重要环节。一般情况下，PLC 控制系统的交流电源可直接与电网相连，而输入设备（开关）和输出负载等的直流电源最好分别采用独立的直流供电电源，如图 6-15 所示。

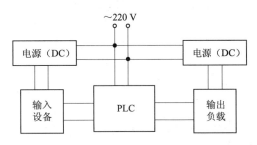

图 6-15　PLC 电源电路框图

此外，良好的接地是 PLC 安全可靠运行的重要条件。PLC 一般最好单独接地，与其他设备分别使用各自的接地装置。也可以采用公共接地，但禁止使用串联接地方式。另外，PLC 的接地线应尽量短，使接地点尽量靠近 PLC。同时，接地线的横截面积应大于 $2mm^2$。在 PLC 组成的控制系统中，大致有以下几种地线：

1）数字地——也叫逻辑地，是各种开关量（数字量）信号的零电位。

2）模拟地——指各种模拟量信号的零电位。

3）信号地——通常指传感器的地。

4）交流地——交流供电电源的地。

5）直流地——直流供电电源的地。

6）屏蔽地——也称屏蔽接地 E，是为防止静电感应而设置的。

以上地线如何处理也是 PLC 系统设计、安装、调试中的一个重要问题。

6.3　工程案例：基于 PLC 的工业控制系统设计

6.3.1　工程案例 1：摩天轮控制系统设计与实施

1. 项目导入

图 6-16 所示为某摩天轮控制系统示意图。请用 FX$_{2N}$ 系列 PLC 对该控制系统进行设计并实施。

图 6-16 中，为了增加摩天轮的气氛，灯"1 路"～"12 路"为各种不同颜色的花灯。此外，灯"7 路"～"12 路"为绕着各自圆环轨迹的圆环灯。该摩天轮控制系统控制要求设定如下：

1）摩天轮可以绕着中心轴正反转；

2）按下起动按钮，摩天轮起动旋转。灯"1 路"～"6 路"按顺序从下至上亮 0.4s；然后灯"7 路"～"12 路"按顺序从里到外亮 0.2s；接着灯"7 路"～"12 路"闪烁 3 次，时间间隔为亮 0.1s 停 0.1s；最后灯"7 路"～"12 路"亮 0.8s……如此循环，周而复始。

3）灯和摩天轮都可以单独控制。

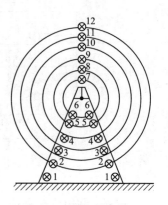

图 6-16　摩天轮控制系统示意图

2. 项目实施

（1）I/O 地址分配

根据摩天轮控制系统控制要求，设定系统 I/O 地址分配表，如表 6-2 所示。

表 6-2　I/O 地址分配表

输入			输出		
元器件代号	地址号	功能说明	元器件代号	地址号	功能说明
SB1	X0	摩天轮正转起动按钮（带灯）	KM1	Y0	摩天轮正转接触器
SB2	X1	摩天轮反转起动按钮（带灯）	KM2	Y1	摩天轮反转接触器
SB3	X2	摩天轮正转起动按钮（不带灯）	KM3	Y2	灯"1 路"
SB4	X3	摩天轮反转起动按钮（不带灯）	KM4	Y3	灯"2 路"
SB5	X4	摩天轮灯起动按钮	KM5	Y4	灯"3 路"
SB6	X5	摩天轮灯停止按钮	KM6	Y5	灯"4 路"
			KM7	Y6	灯"5 路"
			KM8	Y7	灯"6 路"
			KM9	Y10	灯"7 路"
			KM10	Y11	灯"8 路"
			KM11	Y12	灯"9 路"
			KM12	Y13	灯"10 路"
			KM13	Y14	灯"11 路"
			KM14	Y15	灯"12 路"

（2）硬件接线图设计

根据表 6-2 所示的 I/O 地址分配表，可对系统硬件接线图进行设计，如图 6-17 所示。

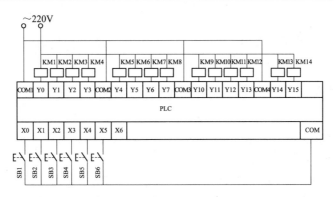

图 6-17　系统硬件接线图

（3）控制程序设计

根据系统控制要求和 I/O 地址分配表，编写摩天轮三菱 FX_{2N} 系列 PLC 控制梯形图如图 6-18 所示。

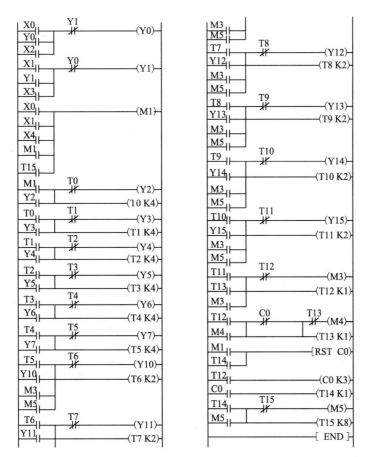

图 6-18　摩天轮三菱 FX_{2N} 系列 PLC 控制梯形图

（4）系统仿真调试

1）按照图 6-17 所示的系统硬件接线图接线并检查、确认接线正确。

2）利用 GX 软件和 GX Simulator－6 仿真软件输入并运行程序，监控程序运行状态，分析程序运行结果。

3）程序符合控制要求后再接通主电路试车，进行系统仿真调试，直到最大限度地满足系统控制要求为止。

6.3.2　工程案例 2：居室安全控制系统设计与实施

1. 项目导入

居室安全控制系统是指居室户主在度假期间，利用室内的一些灯光等设备设施的运作，使盗窃者产生一种错觉，从而达到居室安全的目的。

本例居室安全控制系统在户主度假期间，4 个居室的百叶窗在白天时打开，在晚上时关闭。而 4 个居室的照明灯在晚上 6 点至晚上 10 点时轮流接通点亮 1h。控制系统由户主在外出时早晨7 点起动。请用 FX$_{2N}$ 系列 PLC 对该控制系统进行设计并实施。

2. 项目实施

（1）I/O 地址分配

根据居室安全控制系统控制要求，设定系统 I/O 地址分配表，如表 6-3 所示。

表 6-3　I/O 地址分配表

输　　　入			输　　　出		
元器件代号	地址号	功能说明	元器件代号	地址号	功能说明
S	X0	百叶窗光电开关（白天闭合、晚上断开）	KA1	Y0	第一居室百叶窗上升继电器
SQ1	X1	第一居室百叶窗上限位行程开关	KA2	Y1	第一居室百叶窗下降继电器
SQ2	X2	第一居室百叶窗下限位行程开关	KA3	Y2	第二居室百叶窗上升继电器
SB	X3	起动按钮	KA4	Y3	第二居室百叶窗下降继电器
SQ3	X4	第二居室百叶窗上限位行程开关	KA5	Y4	第三居室百叶窗上升继电器
SQ4	X5	第二居室百叶窗下限位行程开关	KA6	Y5	第三居室百叶窗下降继电器
SQ5	X6	第三居室百叶窗上限位行程开关	KA7	Y6	第四居室百叶窗上升继电器
SQ6	X7	第三居室百叶窗下限位行程开关	KA8	Y7	第四居室百叶窗下降继电器
SQ7	X10	第四居室百叶窗上限位行程开关	EL1	Y10	第一居室照明灯
SQ8	X11	第四居室百叶窗下限位行程开关	EL2	Y11	第二居室照明灯
			EL3	Y12	第三居室照明灯
			EL4	Y13	第四居室照明灯

（2）硬件接线图设计

根据表 6-3 所示的 I/O 地址分配表，可对系统硬件接线图进行设计，如图 6-19 所示。

（3）控制程序设计

根据系统控制要求和 I/O 地址分配表，编写居室安全控制系统三菱 FX$_{2N}$ 系列 PLC 控制梯形图，如图 6-20 所示。

（4）系统仿真调试

1）按照图 6-19 所示系统硬件接线图接线并检查、确认接线正确。

2）利用 GX 软件和 GX Simulator – 6 仿真软件输入并运行程序，监控程序运行状态，分析程序运行结果。

3）程序符合控制要求后再接通主电路试车，进行系统仿真调试，直到最大限度地满足系统控制要求为止。

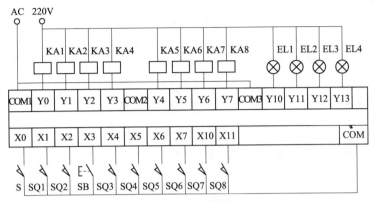

图 6-19 系统硬件接线图

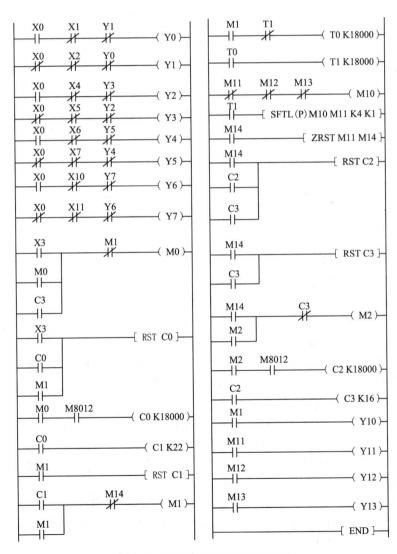

图 6-20 居室安全控制系统梯形图

6.3.3 工程案例3：C650型卧式车床电气控制系统技改设计与实施

1. 项目导入

C650型卧式车床电气控制系统如图6-21所示。请分析该控制系统的控制功能，并用FX$_{2N}$系列PLC对该控制系统进行技术改造。

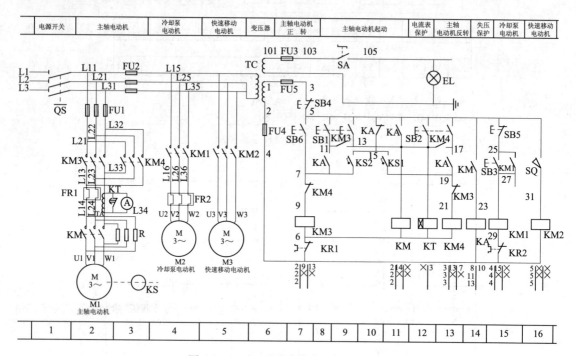

图6-21　C650型卧式车床电气控制系统

C650型卧式车床工作原理及控制要求如下：

1）C650型普通车床共有3台驱动电动机M1、M2、M3。其中M1为主轴电动机，功能为拖动主轴及进给传动系统运转；M2为冷却泵电动机，功能为供应冷却液；M3为快速移动电动机，功能为拖动刀架快速移动。

2）主轴电动机M1由接触器KM、KM3、KM4控制，具有正、反转控制、点动控制和双向反接制动功能。其具体控制过程如下：

按下按钮SB1，接触器KM和KM3通电工作，M1正向起动运转；按下按钮SB2，接触器KM和KM4通电工作，M1反向起动运转；按下按钮SB6，接触器KM3通电工作，M1串电阻点动运行；按下按钮SB4，M1反接制动停止。

3）冷却泵电动机M2由接触器KM1控制，属于典型的单向运转控制电路。其具体控制过程如下：按下按钮SB3，接触器KM1通电工作，M2起动运转；按下按钮SB5，M2停止运行。

4）快速移动电动机M3由接触器KM2控制，属于典型的点动运转控制电路，其点动控制由行程开关ST进行控制。

5）主轴电动机M1、冷却泵电动机M2设置热继电器，实现过载保护功能。因快速移动电动机M3短时工作，所以不设过载保护。此外，主轴电动机任何时刻只能一个方向运转，编程时应加必要的联锁限制。

6）为便于操作，C650型卧式车床设置总停止按钮SB4。按下SB4，控制电路断电，车床停止工作。

7）保留原有电气控制主电路，所有输入、输出设备不变。

2. 项目实施

（1）I/O 地址分配

根据控制要求，设定系统 I/O 地址分配表，如表 6-4 所示。

表 6-4　I/O 地址分配表

输入分配			输出分配		
元器件代号	地址号	功能说明	元器件代号	地址号	功能说明
SB1	X0	M1 正转起动按钮	KM	Y0	M1 全压运行接触器
SB2	X1	M1 反转起动按钮	KM1	Y1	M2 控制接触器
SB3	X2	M2 起动按钮	KM2	Y2	M3 控制接触器
SB4	X3	总停止按钮	KM3	Y3	M1 正转接触器
SB5	X4	M2 停止按钮	KM4	Y4	M1 反转接触器
SB6	X5	M1 点动按钮	KA	Y5	电流表 A 短接中间继电器
SQ	X6	M3 点动行程开关			
FR1	X7	M1 过载保护热继电器			
FR2	X10	M2 过载保护热继电器			
KS1	X11	正转制动速度继电器动合触点			
KS2	X12	反转制动速度继电器动合触点			

（2）硬件接线图设计

根据表 6-4 所示的 I/O 地址分配表，可对系统硬件接线图进行设计，如图 6-22 所示。

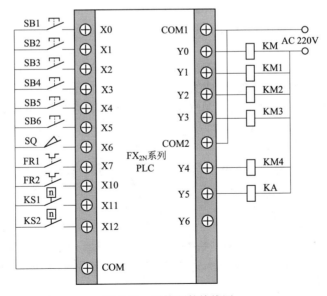

图 6-22　系统硬件接线图

（3）控制程序设计

根据系统控制要求和 I/O 地址分配表，编写控制程序梯形图如图 6-23 所示。

程序设计说明：

1）主轴电动机正转控制。

按下 M1 正转起动按钮 SB1，第 1 逻辑行中 X0 闭合，Y0 接通并自锁，T0 接通并开始计时，第 3 逻辑行 X0 闭合，辅助继电器 M1 接通。第 2 逻辑行 Y0 常闭触点闭合，辅助继电器 M0 接通；第 5 逻辑行 M0、M1 常开触点闭合，Y3 接通，主轴电动机正转起动运转。

当主轴电动机正向旋转速度达到 100r/min 时，第 6 逻辑行 X11 常开触点闭合，为主轴电动机正向旋转反接制动作了为了准备。

T0 计时经过 5s 后动作，第 9 逻辑行 T0 常开触点闭合，接通 Y5，电流表 A 开始监测主轴电动机的工作电流。

2）主轴电动机正转反接制动控制。

当 Y0、Y3、T0、Y5 闭合，主轴电动机正向运行时，按下停止按钮 SB4，第 1 逻辑行中 X3 常闭触点断开，Y0、T0 失电；第 3 逻辑行中 X3 常闭触点断开，M1 失电；第 5 逻辑行中 M1 常开触点复位断开，Y3 失电，切除主轴电动机正转运行电源，主轴电动机失电，但由于存在惯性力，仍然保持正向旋转。与此同时，第 6 逻辑行中 X3 常开触点闭合，Y4 接通，主轴电动机接入

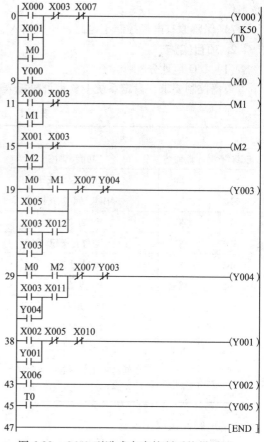

图 6-23　C650 型卧式车床控制系统梯形图

反转制动电源，使之产生一个反向力矩来制动主轴电动机的正向旋转，使主轴电动机的正转速度快速下降。当主轴电动机的正转速度下降至 100r/min 时，正转时已闭合的速度继电器 KS1 触点断开，X11 常开触点复位断开，Y4 失电，切断主轴电动机反接制动电源而又防止了主轴电动机的反向起动，完成了主轴电动机正向起动运行时的停机反接制动控制过程。

3）主轴电动机反转控制及反接制动控制。

主轴电动机反转控制及反接制动控制程序设计说明与正转控制及反接制动控制过程相似，请读者参照自行分析，自此不再赘述。

4）主轴电动机正向点动控制。

按下主轴电动机正向点动按钮 SB6，第 5 逻辑行 X5 常开触点闭合，Y3 接通，主轴电动机串接电阻 R 正向低速点动运行；松开 SB6，Y3 断电，主轴电动机停转，从而实现主轴电动机点动控制功能。

5）冷却泵电动机控制。

按下冷却泵电动机的起动按钮 SB3，第 7 逻辑行 X2 常开触点闭合，Y1 接通，冷却泵电动机起动运行；按下冷却泵电动机停止按钮 SB5，第 7 逻辑行 X5 常闭触点断开，Y1 断电，切断冷却泵电动机电源，冷却泵电动机停止运行。

6）快速移动电动机控制。

压合位置开关 SQ，第 8 逻辑行中 X6 常开触点闭合，Y2 接通，快速移动电动机起动运行；松开位置开关 SQ，第 8 逻辑行中 X6 常开触点复位，Y2 断电，切断快速移动电动机电源，快速

移动电动机停止运行。

7）过载保护控制。

当主轴电动机过载，热继电器 FR1 动作时，第 1、5、6 逻辑行中 X7 常闭触点复位断开，Y0、Y3、Y4 失电，主轴电动机停止运行。

当冷却泵电动机过载，热继电器 FR2 动作时，第 7 行中 X10 常闭触点复位断开，Y1 失电，冷却泵电动机停止运行。

（4）系统仿真调试

1）按照图 6-22 所示的控制系统硬件接线图接线并检查、确认接线正确。

2）利用 GX 软件和 GX Simulator – 6 仿真软件输入并运行程序，监控程序运行状态，分析程序运行结果。

3）程序符合控制要求后再接通主电路试车，进行系统仿真调试，直到最大限度地满足系统控制要求为止。

6.3.4　工程案例 4：4 层电梯电气控制系统设计与实施

1. 项目导入

设计一个 4 层电梯电气控制系统，要求用 FX_{2N} 系列 PLC 进行控制和显示，具体控制要求如下：

（1）电梯上升控制

1）电梯处于某层时，当有高层某一信号呼叫时，电梯上升到呼叫层停止。例如电梯在 1 楼，4 楼呼叫，电梯则上升到 4 楼停止。

2）电梯停于某层，当高层有多个信号同时呼叫时，电梯先上升到低的呼叫层，停 3s 后继续上升到高的呼叫层。例如电梯在 1 楼，3、4 楼同时呼叫，电梯先上升到 3 楼，停 3s 后继续上升到 4 楼。

（2）电梯下降控制

1）电梯停于某层时，当有低层某一信号呼叫时，电梯下降到呼叫层停止。例如电梯在 4 楼，2 楼呼叫，电梯则下降到 2 楼停止。

2）电梯停于某层，当低层有多个信号同时呼叫时，电梯先下降到高的呼叫层，停 3s 后继续下降到低的呼叫层。例如电梯在 4 楼，1、2 楼同时呼叫，则电梯先下降到 2 楼，停 3s 后继续下降到 1 楼。

（3）其他控制

1）电梯在上升/下降过程中，任何反向的呼叫按钮均无效。

2）用数码管显示电梯的即时楼层位置。

3）用数码管显示层呼叫指示。

2. 项目实施

（1）I/O 地址分配

根据 4 层电梯控制器的工艺过程和控制要求，设定 I/O 分配表，如表 6-5 所示。

（2）硬件接线图设计

根据表 6-5 所示的 I/O 地址分配表，可对系统硬件接线图进行设计，如图 6-24 所示。

（3）控制程序设计

根据 4 层电梯控制系统工艺过程和控制要求及表 6-5 中分配给该控制系统的 PLC 软硬件资源，编制出该控制系统的梯形图程序，如图 6-25 所示。

表 6-5 I/O 地址分配表

输 入			输 出		
元器件代号	地址号	功能说明	元器件代号	地址号	功能说明
SQ1	X0	1 层限位开关	A	Y0	数码管 A 段显示
SQ2	X1	2 层限位开关	B	Y1	数码管 B 段显示
SQ3	X2	3 层限位开关	C	Y2	数码管 C 段显示
SQ4	X3	4 层限位开关	D	Y3	数码管 D 段显示
SB1	X4	1 层向上呼叫按钮	E	Y4	数码管 E 段显示
SB2	X5	2 层向上呼叫按钮	F	Y5	数码管 F 段显示
SB3	X6	3 层向上呼叫按钮	G	Y6	数码管 G 段显示
SB4	X7	4 层向下呼叫按钮	KM1	Y10	电梯向上运行
SB5	X10	3 层向下呼叫按钮	KM2	Y11	电梯向下运行
SB6	X11	2 层向下呼叫按钮	EL1	Y12	1 层向上呼叫指示
			EL2	Y13	2 层向上呼叫指示
			EL3	Y14	3 层向上呼叫指示
			EL4	Y15	4 层向下呼叫指示
			EL5	Y16	3 层向下呼叫指示
			EL6	Y17	2 层向下呼叫指示

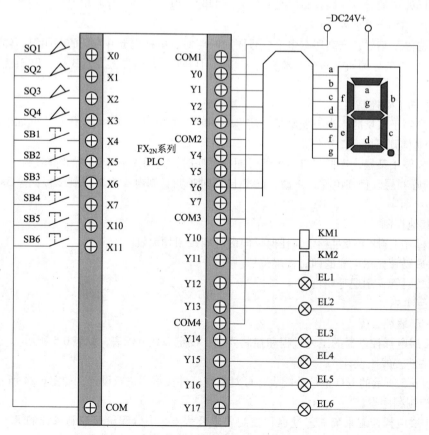

图 6-24　系统硬件接线图

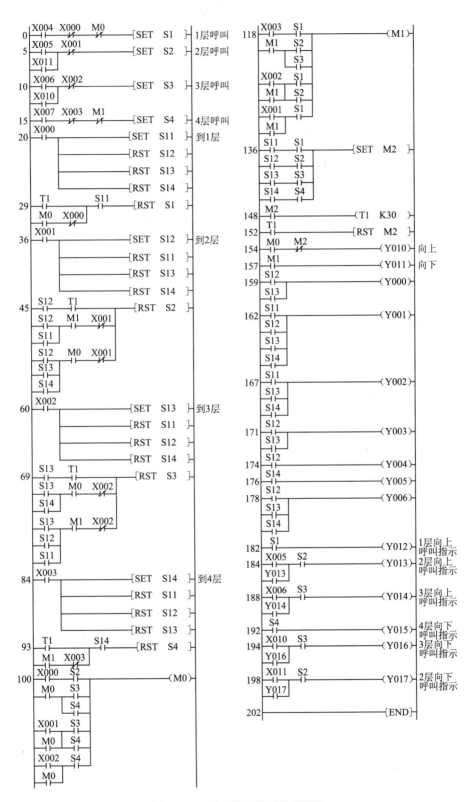

图 6-25　4 层电梯控制系统梯形图

6.3.5　工程案例 5：智能电动小车控制系统设计与实施

1. 项目导入

图 6-26 所示为某智能小车工作示意图，请用 FX_{2N} 系列 PLC 对该控制系统进行设计并实施。

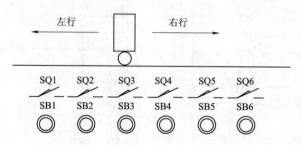

图 6-26　智能电动小车工作示意图

由图 6-26 可知，该智能电动小车供 6 个加工点使用，电动小车在 6 个工位之间运行，每个工位均有一个位置行程开关和呼叫按钮。该控制系统控制要求如下：

1）电动小车开始可以在 6 个工位中的任意工位上停止并压下相应的位置行程开关。PLC 起动后，任意工位呼叫后，电动小车均能驶向该工位并停止在该工位上。

2）工位呼叫每次只能按一个按钮，电动小车不论行走或停止时只能压住一个位置开关。

图 6-27 所示为智能电动小车程序框图，其中 m 表示呼叫位置的值，n 表示小车所处位置的值。

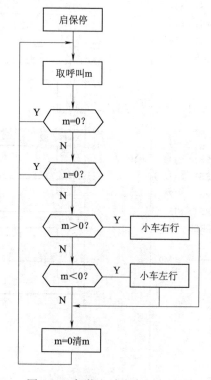

图 6-27　智能电动小车程序框图

2. 项目实施

（1）I/O地址分配

根据智能小车控制系统控制要求，设定控制系统I/O地址分配表，如表6-6所示。

表6-6　I/O地址分配表

输　入			输　出		
元器件代号	地址号	功能说明	元器件代号	地址号	功能说明
SB1	X0	1号工位按钮	KM1	Y0	左行接触器
SB2	X1	2号工位按钮	KM2	Y1	右行接触器
SB3	X2	3号工位按钮			
SB4	X3	4号工位按钮			
SB5	X4	5号工位按钮			
SB6	X5	6号工位按钮			
SB10	X21	起动按钮			
SB11	X22	停止按钮			
SQ1	X10	1号工位限位开关			
SQ2	X11	2号工位限位开关			
SQ3	X12	3号工位限位开关			
SQ4	X13	4号工位限位开关			
SQ5	X14	5号工位限位开关			
SQ6	X15	6号工位限位开关			

（2）硬件接线图设计

根据表6-6所示的I/O地址分配表，可对控制系统硬件接线图进行设计，如图6-28所示。

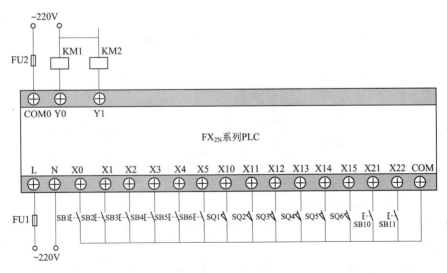

图6-28　硬件接线图

（3）控制程序设计

由于智能电动小车工位呼叫每次只能按一个按钮，电动小车不论行走或停止时只能压住一个位置开关，故可以用组合位元件K2X0来表示呼叫位置的值，K2X10表示小车所处位置的值，则 K2X0 = m，K2X10 = n。若 m > n（呼叫值 > 停止值），小车右行；若 m < n（呼叫值 < 停止值），小车左行；若 m = n（呼叫值 = 停止值），小车停在原地或行至呼叫位置。

此外，程序设计有3个问题需要解决。

1）一开始未按呼叫，K2X0 = 0，该值会进入比较指令 CMP 而使电动车误动作，故必须设置联锁环节。

2）电动车行走时，如在两个限位开关之间，则 K2X10 = 0，这在右行时没有问题，但在左行时，就会出现 m > n 情况，这时电动车会在该位置来去摆动行走，故也必须设置联锁环节。

3）为防止电动车到位后，误动其他限位开关而引起电动车行走，故当电动车行到位后，同时将 D0 清零，使控制系统处于等待状态。

综上所述，根据系统控制要求和 I/O 地址分配表，设计控制程序梯形图如图 6-29 所示。

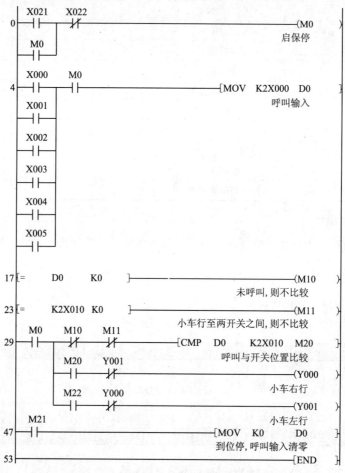

图 6-29 智能电动小车控制系统梯形图

（4）系统仿真调试

1）按照图 6-28 所示的控制系统硬件接线图接线并检查、确认接线正确。

2）利用 GX 软件和 GX Simulator – 6 仿真软件输入并运行程序，监控程序运行状态，分析程序运行结果。

3）程序符合控制要求后再接通主电路试车，进行系统调试，直到最大限度地满足系统控制要求为止。

第 7 章　变频器的概念、基本结构与工作原理

导读：变频器是将固定电压、固定频率的交流电变换为电压可变或频率可调的交流电的装置。变频器技术随着微电子技术、电力电子技术、计算机技术和自动控制理论等的不断发展而发展，其应用也日益广泛。本章主要介绍变频器的基本结构与工作原理。

7.1　变频器概述

7.1.1　变频器的基本概念

通常，把电压和频率固定不变的交流电变换为电压或频率可变的交流电的装置称为"变频器"。为了产生可变的电压和频率，该装置首先要把电源的交流电（AC）变换为直流电（DC），然后再将直流电变换为交流电。把直流电变换为交流电的装置，其科学术语为"Inverter"（逆变器）。由于变频器设备中产生可变的电压或频率的主要装置叫"Inverter"，故该产品本身就被命名为"Inverter"，即变频器。

1. 变频器的发展

电力电子器件是变频器发展的基础。

第一代电力电子器件是以 1956 年出现的晶闸管为代表。晶闸管是电流控制型开关器件，只能通过门极控制其导通而不能控制其关断，因此也称为半控器件。由晶闸管组成的变频器工作频率较低，应用范围很窄。

第二代电力电子器件以门极关断（GTO）晶闸管和电力晶体管（GTR）为代表。这两种电力电子器件是电流控制型自关断开关器件，可以方便地实现逆变和斩波，但其工作频率仍然不高，一般在 5kHz 以下。尽管该阶段已经出现了脉宽调制（PWM）技术，但因斩波频率和最小脉宽都受到限制，难以获得较为理想的正弦脉宽调制波形，会使异步电动机在变频调速时产生刺耳的噪声，因而限制了变频器的推广和应用。

第三代电力电子器件是以电力 MOS 场效应晶体管（MOSFET）和绝缘栅双极型晶体管（IGBT）为代表，在 20 世纪 70 年代开始应用。这两种电力电子器件是电压型自关断器件，其开关频率可达到 20kHz 以上，由于采用脉宽调制（PWM）技术，由 MOSFET 或 IGBT 构成的变频器应用于异步电动机变频调速时，噪声可大大降低。目前，由 MOSFET 或 IGBT 构成的变频器已在工业控制等领域得到广泛应用。

第四代电力电子器件是以智能化功率集成电路（PIC）和智能功率模块（IPM）为代表。它

们实现了开关频率的高速化、低导通电压的高效化和功率器件的集成化，另外还可集成逻辑控制、保护、传感及测量等变频器辅助功能。目前，由 PIC 或 IPM 构成的变频器是众多变频器生产厂家的主要研究和生产方向。

2. 变频器的分类

变频器的种类很多，分类的方法也有多种，常见的分类方式主要有如下 8 种。

1）按供电电压等级，可分为低压变频器（110V、220V、380V）、中压变频器（500V、660V、1140V）和高压变频器（3kV、3.3kV、6kV、6.6kV、10kV）。

2）按供电电源相数，可分为单相输入变频器和三相输入变频器。

3）按控制方式，可分为压频比（U/f）控制变频器、转差频率（SF）控制变频器和矢量控制（VC）变频器。

4）按用途，可分为通用变频器和专用变频器。其中通用变频器又分为简易型通用变频器和高性能的多功能通用变频器；专用变频器又分为高频变频器和高压变频器。

5）按主电路结构形式，可分为交—直—交变频器和交—交变频器。

6）按输出电压调制方式，可分为脉冲幅值调制（PAM）控制变频器和脉冲宽度调制（PWM）控制变频器。

7）按主开关器件，可分为 IGBT 变频器、GTO 晶闸管变频器、GTR 变频器。

8）按机壳外形，可分为塑壳变频器、铁壳变频器和柜式变频器。

常见变频器的外形如图 7-1 所示。

a）　　　　　　　　　　　b）　　　　　　　　　　　c）

图 7-1　常见变频器的外形

a）塑壳变频器　b）铁壳变频器　c）柜式变频器

7.1.2　变频器的应用与发展前景

1. 变频器的基本功能

随着变频器技术的快速发展，变频器尤其是高性能通用变频器的功能越来越丰富，已在工业控制、机械制造、汽车装配、电力系统等行业的电动机控制领域得到广泛应用。下面按用途对通用变频器的基本功能进行简要介绍。

（1）控制电动机的起动电流

当电动机通过工频直接起动时，其起动电流一般为额定电流的 7~8 倍。该电流值将大大增加电动机绕组的电应力并产生热量，这样就会降低电动机的使用寿命。而变频器调速系统可以在零速零电压下起动，一旦频率和电压的关系建立，变频器就可以按照 U/f 或 VC 方式带动负载进行工作。故采用变频器调速系统控制电动机能充分降低起动电流，提高绕组承受力，带给用户最直接的好处就是电动机的维护成本将进一步降低，电动机的寿命则相应增加。

（2）降低电力线路的电压波动

在电动机工频起动，起动电流剧增的同时，电网电压也会大幅度波动，电压下降的幅度取决于起动电动机的功率大小和配电网的容量。电压下降就会导致同一供电网络中的电压敏感设备故障跳闸或工作异常，如 PC、传感器、接近开关或接触器等均会动作出错。而采用变频器调速系统后，由于能在零频零压时逐步起动，则能最大程度地消除电压下降现象。

（3）起动时需要的功率更低

电动机功率与电流和电压的乘积成正比，因此通过工频直接起动的电动机消耗的功率将大大高于变频起动所需要的功率。在一些工况下其配电系统已经达到了容量的最高极限，直接工频起动电动机所产生的电涌将会对同电网上的其他用户产生严重的影响，从而将受到电网运营商的警告，甚至罚款。如果采用变频器进行电动机起停，就不会产生类似的问题。

（4）可控的加速功能

变频调速能在零速起动并按照用户的需要进行光滑加速，而且其加速曲线也可以选择（直线加速、S 形加速或者自动加速）。而通过工频起动时对电动机或相连的机械轴承或齿轮都会产生剧烈的振动。这种振动将进一步加剧机械磨损和损耗，降低机械部件和电动机的使用寿命。

（5）可调的运行速度

运用变频调速能优化工艺过程，并能根据工艺过程迅速改变，还能通过远控 PLC 或其他控制器来实现速度变化。

（6）可调的转矩极限

通过变频调速后，能够设置相应的转矩极限来保护机械不致损坏，从而保证工艺过程的连续性和产品的可靠性。目前的变频技术不仅使转矩极限可调，甚至转矩的控制准确度都能达到 3% ~5% 。在工频状态下，电动机只能通过检测电流值或热保护进行控制，而无法像变频控制一样设置精确的转矩值来动作。

（7）受控的停止方式

如同可控的加速一样，在变频调速中，停止方式可以受控，并且有不同的停止方式可以选择（减速停止、自由停止、减速停止 + 直流制动），同样它能减少对机械部件和电动机的冲击，从而使整个系统更加可靠，寿命也会相应增加。

（8）节能

离心风机或水泵采用变频器后能大幅度地降低能耗，这在十几年的工程经验中已经得到了验证。由于最终的能耗是与电动机的转速成三次方比，所以采用变频器后投资回报就更快，厂家也乐意接受。

（9）可逆运行控制

在变频器控制中，要实现可逆运行控制无需额外的可逆控制装置，只需要改变输出电压的相序即可，这样就能减低维护成本并节省安装空间。

（10）减少机械传动部件

目前，矢量控制变频器加上同步电动机就能实现高效的转矩输出，从而节省齿轮箱等机械传动部件，最终构成直接变频传动系统，达到降低成本和空间，提高设备性价比的目的。

2. 变频器的典型应用

目前，变频器在工业控制、机械制造、汽车装配和电力系统等行业的电动机控制领域可实现节能、调速、可逆运行控制等诸多功能，其中典型应用如下所示。

（1）节能控制

在工程技术中，变频调速已被认为是最理想、最有发展前途的调速和节能方式之一。

风机、泵类负载采用变频调速后，节电率可以达到 20%～60%，这是由于风机、泵类负载的耗电功率基本与转速的三次方成正比。当用户需要的平均流量较小时，风机、泵类采用变频调速后其转速降低，节能效果非常可观。而传统的风机、泵类采用挡板和阀门进行流量调节，电动机转速基本不变，耗电功率变化不大。

由于风机、水泵、压缩机在采用变频调速后，可以节省大量电能，所需的投资在较短的时间内就可以收回，因此在这一领域中变频调速应用得最多。目前应用较成功的有恒压供水、各类风机、中央空调器和液压泵的变频调速。

（2）自动化系统控制

由于变频器内置有 32 位或 16 位的微处理器，具有多种算术逻辑运算和智能控制功能，还设置有完善的检测、保护环节。因此，变频器在自动化控制系统中得到了广泛应用，如化纤工业中的卷绕、拉伸、计量、导丝，玻璃工业中的平板玻璃退火炉、玻璃窑搅拌、拉边机、制瓶机，电弧炉的自动加料、配料系统以及电梯的智能控制等。

（3）产品工艺和质量控制

变频器还可以广泛应用于传送、起重、挤压和机床等各种机械设备控制领域，它可以提高工艺水平和产品质量，减少设备的冲击和噪声，延长设备的使用寿命。目前应用较成功的有数控机床、数控加工中心等。图 7-2 所示为用于数控加工中心主轴驱动系统的变频器。

a)　　　　　　　　　　　　　　　　　　b)

图 7-2　MV1060 立式加工中心及用于主轴驱动系统的变频器
a）MV1060 立式加工中心　b）变频器

3. 变频器的发展前景

变频器技术的发展方向是高电压、大容量化、变频化、组件模块化、微型化、智能化和低成本化，同时多种适宜变频调速的新型电动机也正在研制之中。IT 的迅猛发展，以及控制理论的不断创新，这些技术都将影响变频器发展的趋势。

7.2　变频器的基本结构及工作原理

7.2.1　变频器的基本结构

目前，通用变频器的变换环节大多采用交—直—交变频变压方式。该方式是先把工频交流电通过整流器变换成直流电，然后再把直流电逆变成频率、电压连续可调的交流电。通用变频器基本结构如图 7-3 所示。

由图 7-3 可知，通用变频器由主电路和控制电路组成，而主电路又包括整流电路、直流中间电路和逆变电路 3 部分。

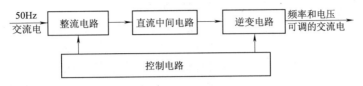

图 7-3　交—直—交变频器的基本结构

1. 变频器的主电路

给异步电动机提供可调频、可调压电源的电力变换电路，称为主电路。图 7-4 所示为某交—直—交通用变频器的主电路。

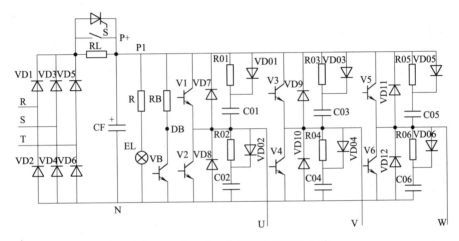

图 7-4　交—直—交通用变频器主电路

（1）整流电路

整流电路的作用是将频率固定的三相（或单相）交流电变换成脉动直流电。

图 7-4 中，VD1 ~ VD6 组成三相桥式整流电路，其功能为将交流电变换成脉动直流电，若电源线电压为 U_L，则整流后的平均电压 $U_D = 1.35 U_L$。

（2）直流中间电路

直流中间电路的主要作用是将整流电路输出的脉动直流电变换成平滑直流电，以保证逆变电路所需要的直流电源质量。

图 7-4 中，CF 为滤波电容器，其功能为将脉冲直流电变换为平滑直流电。

RL 与开关 S 组成充电限流控制电路，接通电源时，将电容器 CF 的充电浪涌电流限制在允许的范围内，以保护桥式整流电路。而当 CF 充电到一定程度时，令开关 S 接通，将 RL 短路。值得注意的是，在许多新型变频器中，S 已被晶闸管代替。

R 与 EL 组成电源指示电路。

RB 与 VB 组成制动电路，其功能为当电动机减速或变频器输出频率下降过快时，消耗因电动机处于再生发电制动状态而回馈到直流电路中的能量，以避免变频器本身的过电压保护电路动作而切断变频器的正常输出。

（3）逆变电路

逆变电路的功能是在控制电路的控制下，将直流电逆变成频率、幅值可调的交流电。

图 7-4 中，电力晶体管 VT1 ~ VT6 组成三相桥式逆变器，其功能为通过逆变管 VT1 ~ VT6 按一定规律轮流导通和截止，将直流电逆变成频率、幅值都可调的三相交流电。

VD7 ~ VD12 为续流二极管，组成续流电路，续流电路的作用如下：①为电动机绕组的无功电流返回直流电路提供通路；②当频率下降使电动机转速下降时，为电动机的再生电能反馈至直流电路提供通路；③为电路的寄生电感在逆变过程中释放能量提供通路。

R01 ~ R06、VD01 ~ VD06、C01 ~ C06 组成缓冲电路，其功能为限制过高的电流和电压，保护逆变管免遭损坏。

2. 变频器的控制电路

变频器的控制电路为主电路提供控制信号，其主要任务是完成对逆变器开关元件的开关控制和提供多种保护功能。控制方式有模拟控制和数字控制两种。

通用变频器控制电路的控制框图如图 7-5 所示，主要由主控板、键盘与显示板、电源板与驱动板、外接控制电路等构成。

（1）主控板

主控板是变频器运行的控制中心，其核心器件是微处理器（单片微机）或数字信号处理器（DSP），其主要功能有：

图 7-5　通用变频器控制电路的控制框图

1）接收并处理从键盘、外部控制电路输入的各种信号，如修改参数、正反转指令等；

2）接收并处理内部的各种采样信号，如主电路中电压与电流的采样信号、各逆变管工作状态的采样信号等；

3）向外电路发出控制信号及显示信号，如正常运行信号、频率到达信号等，一旦发现异常情况，立刻发出保护指令进行保护或停车，并输出故障信号；

4）完成 SPWM，将接收的各种信号进行判断和综合运算，产生相应的 SPWM 信号，并分配给各逆变管的驱动电路；

5）向显示板和显示屏发出各种显示信号。

（2）键盘与显示板

在变频器中，键盘和显示板总是组合在一起。键盘向主控板发出各种信号或指令，主要用于向变频器发出运行控制或修改运行数据等。

显示板将主控板提供的各种数据进行显示，还有 RUN（运行）、STOP（停止）、FWD（正转）、REV（反转）和 FLT（故障）等状态指示灯和单位指示灯，如频率、电流和电压等，可以完成以下指示功能：

1）在运行监视模式下，显示各种运行数据，如频率、电流和电压等；

2）在参数模式下，显示功能码和数据码；

3）在故障模式下，显示故障原因代码。

（3）电源板与驱动板

变频器的内部电源普遍使用开关稳压电源，电源板主要提供以下直流电源。

1）主控板电源：具有良好稳定性和抗干扰能力的一组电源；

2）驱动电源：逆变电路中上桥臂的 3 只逆变管驱动电路的电源是相互隔离的 3 组独立电源，下桥臂 3 只逆变管驱动电源则可共"地"，但驱动电源与主控板电源必须可靠绝缘；

3）外控电源：为变频器外电路提供的稳定直流电源，中、小功率变频器的驱动电路往往与电源电路在同一块电路板上，驱动电路接收主控板输出的 SPWM 信号，在进行光电隔离、放大后驱动逆变管（开关管）工作。

（4）外接控制电路

外接控制电路可实现由电位器、主令电器、继电器及其他自控设备对变频器的运行控制，并输出其运行状态、故障报警和运行数据信号等。一般包括外部给定电路、外接输入控制电路、外接输出电路和报警输出电路等。

需要指出的是，大多数中、小容量通用变频器中，外接控制电路往往与主控电路设计在同一电路板上，以减小其整体的体积，提高电路可靠性，降低生产成本。

7.2.2　变频器常用电力半导体器件简介

目前，通用变频器逆变电路使用的电力半导体器件主要有电力晶体管（GTR）、MOS 场效应晶体管（MOSFET）、绝缘栅双极型晶体管（IGBT）、门极关断（GTO）晶闸管和智能功率模块（IPM）等。

1. 电力晶体管（GTR）

GTR 是一种高击穿电压、大容量的晶体管，具有自关断能力。常用 GTR 模块外形结构、图形符号和模块等效电路如图 7-6 所示。

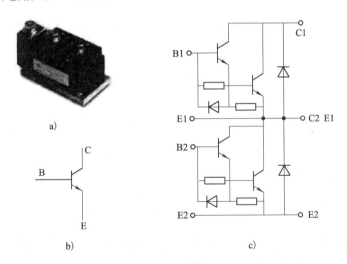

图 7-6　GTR 的外形结构、图形符号和模块等效电路

a）GTR 模块外形结构　b）图形符号　c）模块等效电路

GTR 是一种放大器件，具有 3 种工作状态：放大状态、饱和状态和截止状态。在逆变电路中，GTR 用作开关器件，即 GTR 工作在饱和状态和截止状态。

目前，通用变频器中普遍使用的是模块型电力晶体管，该类型电力晶体管一个模块的内部结构有一单元结构、二单元结构、四单元结构和六单元结构 4 种。

所谓一单元结构是指在一个模块内有一个电力晶体管和一个续流二极管反向并联，如 1DI20OA – 120；二单元结构（又称半桥结构）是两个一单元串联在一个模块内，构成一个桥臂；四单元结构（又称全桥结构）是由两个二单元结构并联组成，可以构成单相桥式电路；而六单元结构（又称三相桥结构）是由三个二单元结构并联组成，可以构成三相桥式电路。对于小容量变频器，一般使用六单元模块，如 6DI1OM – 120。

2. 绝缘栅双极型晶体管（IGBT）

IGBT 是 MOSFET 和 GTR 相结合的产物，其主体部分与 GTR 相同，也有集电极和发射极，但驱动部分却与 MOSFET 相同，采用绝缘栅结构。常用 IGBT 的外形结构、图形符号如图 7-7 所示。

图 7-7　常用 IGBT 的外形结构、图形符号

a）六单元 IGBT 模块外形结构　b）图形符号

IGBT 在外形上有模块型和芯片型两种。在通用变频器中使用的 IGBT 一般是模块型，有单管模块、双管模块和六管模块等，图 7-8 所示是它们的内部电路简图，目前已有 1200V/8A ~ 1200V/2400A 系列产品。

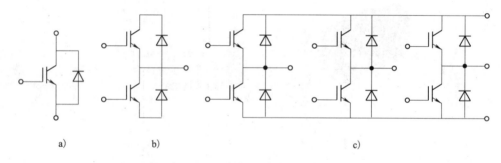

图 7-8　IGBT 模块内部电路简图

a）单管模块　b）双管模块　c）六管模块

此外，IGBT 工作时，控制信号为电压信号，输入阻抗很高，栅极电流约为零，故输入驱动功率很小。而其主电路与 GTR 相同，工作电流为集电极电流 I_c。其工作频率可达 20kHz，故变频器以 IGBT 为开关器件时，电动机的电流波形比较平滑，基本无电磁噪声。

3. 门极关断（GTO）晶闸管

门极关断（GTO）晶闸管具有普通晶闸管的全部优点，如耐压高、电流大等。同时它又是全控型器件，即在门极正脉冲电流触发下导通，在负脉冲电流触发下关断。如图 7-9 所示为门极关断晶闸管的外形结构、图形符号。

GTO 晶闸管的内部结构与普通晶闸管相似，都是 PNPN 四层三端结构，外部引出阳极 A、阴极 K 和门极 G 三个电极。和普通晶闸管不同的是，GTO 晶闸管是一种多元胞的功率集成器件，内部包含数十个甚至数百个共阳极的小 GTO 晶闸管元胞，这些 GTO 晶闸管元胞的阴极和门极在器件内部并联在一起，使器件的功率可以达到相当大的数值。

作为一种全控型电力电子器件，GTO 晶闸管主要用于直流变换和逆变等需要器件强迫关断的地方，电压、电流容量较大，与普通晶闸管相近，可达到兆瓦数量级。

图 7-9　门极关断（GTO）晶闸管外形结构、图形符号

a）外形结构　b）图形符号

4. 智能功率模块（IPM）

智能功率模块（IPM）是将大功率开关器件和其驱动电路、保护电路、检测电路等集成在同一个模块内。目前，IPM 一般采用 IGBT 作为大功率开关器件。IPM 的主要特点如下：

1）内含设定了最佳 IGBT 驱动条件的驱动电路；

2）内含完善的保护功能及相应的报警输出信号，如过电流保护、短路保护、控制电源欠电压保护、过热保护等；

3）内含制动电路；

4）散热效果良好。

7.2.3　变频器的工作原理

由电动机基本理论可以知道，异步电动机的转速表达式为

$$n = \frac{60f}{p}\ (1-s)$$

式中，n 为异步电动机的转速；f 为异步电动机的定子绕组电源频率；s 为电动机的转差率；p 为电动机磁极对数。

由上式可见，转速 n 与频率 f 成正比，只要改变频率 f，即可改变异步电动机的转速。在工程技术中，利用变频器实现电动机转速等控制已成为构成电动机控制系统的优选方案之一。

1. 逆变的基本工作原理

将直流电变换为交流电的过程称为逆变，完成逆变功能的装置称为逆变器，它是变频器的重要组成部分。本节以单相逆变器为例，说明其工作原理。单相逆变器电路结构与输出电压波形如图 7-10 所示。

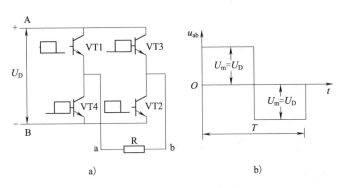

a）　　　　　　　　　　　　b）

图 7-10　单相逆变器工作原理

a）电路结构　b）输出电压波形

图 7-10 中，当逆变器开关元件 VT1 ~ VT4 轮流闭合和断开时，在负载上即可得到如图 7-10b 所示的交流电压，完成直流到交流的逆变过程。

必须指出的是，这里讨论的仅仅是逆变的基本原理，据此得到的交流电压是不能直接用于控制电动机运行的，实际应用的变频器要复杂得多。

2. U/f **控制**

U/f 控制是在改变变频器输出电压频率的同时改变输出电压的幅值，以维持电动机磁通基本恒定，从而在较宽的调速范围内，使电动机的效率、功率因数不下降。

目前，U/f 控制是通用变频器中广泛采用的控制方式，即对电动机进行控制的变频器一般要求兼有调压和调频功能，通常将这种变频器称为变频变压（VVVF）型变频器。

3. 脉冲宽度调制（PWM）技术

实现调频调压的方法有多种，目前应用较多的是脉冲宽度调制（PWM）技术。PWM 技术是指在保持整流得到的直流电压大小不变的条件下，在改变输出频率的同时，通过改变输出脉冲的宽度（或用占空比描述），达到改变等效输出电压的一种方法。PWM 的输出电压基本波形如图 7-11 所示。

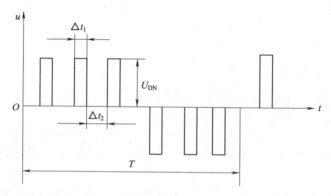

图 7-11　PWM 输出电压基本波形

由图 7-11 可知，在半个周期内，PWM 输出电压平均值的大小由半周中输出脉冲的总宽度决定。在半周中保持脉冲个数不变而改变脉冲宽度，可改变半周内输出电压的平均值，从而达到改变输出电压有效值的目的。

值得注意的是，PWM 输出电压的波形是非正弦波，用于驱动异步电动机运行时性能较差。如果使整个半周内脉冲宽度按正弦规律变化，即使脉冲宽度先逐步增大，然后再逐渐减小，则输出电压也会按正弦规律变化，这就是目前工程技术中应用最多的正弦 PWM 法，简称 SPWM，相关内容请读者参阅相关文献资料自行学习，此处不予介绍。

7.3　变频器的额定参数、技术指标与产品选型

7.3.1　变频器的额定参数与技术指标

1. 变频器的额定参数

（1）输入侧的额定参数

变频器输入侧的额定参数主要是电压和相数。在我国的中小容量变频器中，输入电压的额

定值有以下几种情况（均为线电压）:

1）380V/50Hz，三相，用于绝大多数电器中。

2）200～230V/50Hz 或 60Hz，三相，主要用于某些进口设备中。

3）200～230V/50Hz，单相，主要用于精细加工电器和家用电器。

（2）输出侧的额定值

1）输出电压额定值 U_N（单位为 V）。由于变频器在变频的同时也要变压，所以输出电压的额定值是指输出电压中的最大值。大多数情况下，它就是输出频率等于电动机额定频率时的输出电压值。通常，输出电压的额定值总是和输入电压的额定值相等。

2）输出电流额定值 I_N（单位为 A）。输出电流的额定值是指允许长时间输出的最大电流，是用户进行变频器选型的主要依据。

3）输出容量 S_N（单位为 kVA）。S_N 与 U_N 和 I_N 的关系为 $S_N = \sqrt{3}\, U_N I_N$。

4）适用电动机功率 P_N（单位为 kW）。变频器规定的适用电动机功率，适用于长期连续负载运行。对于各种变动负载，则不适用。此外，适用电动机功率 P_N 是针对 4 极电动机而言，若拖动的电动机是六极或其他，则相应的变频器容量加大。

5）过载能力。变频器的过载能力是指其输出电流超过额定电流的允许范围和时间。大多数变频器都规定为 150%、60s 或 180%、0.5s。

2. 变频器的技术指标

（1）频率范围

频率范围是指变频器能够输出的最高频率 f_{max} 和最低频率 f_{min}。各种变频器规定的频率范围不尽相同。通常，最低工作频率为 0.1～1Hz，最高工作频率为 120～650Hz。

（2）频率准确度

频率准确度即为变频器输出频率的准确程度，又称频率稳定精度。频率准确度是指变频器频率给定值不变的情况下，当温度、负载变化或电压波动时，变频器的实际输出频率与设定频率之间的最大误差与最高工作频率之比的百分数。

通常，由数字量给定时的频率准确度比模拟量给定时的频率准确度高一个数量级，前者能达到 ±0.01%，后者通常能达到 ±0.05%。

（3）频率分辨率

频率分辨率是指输出频率的最小改变量，即每相邻两档频率之间的最小差值，一般分为模拟设定分辨率和数字设定分辨率。

对于数字设定式的变频器，频率分辨率取决于计算机系统的性能，在整个频率范围（如 0.5～400Hz）内是一个常数（如 ±0.01Hz）。对于模拟设定的变频器，其频率分辨率还与频率给定电位器的分辨率有关，一般可以达到最高输出频率的 ±0.05Hz。

（4）速度调节范围控制准确度和转矩控制准确度

现有变频器的速度调节范围控制准确度能达到 ±0.005%，转矩控制准确度能达到 ±3%。

7.3.2　变频器的产品选型

目前，变频器产品系列众多，且各种类型的变频器各有优缺点，能满足用户的各种需求，但在组成、功能等方面，尚无统一的标准，无法进行横向比较。下面提出在电动机控制系统设计中对变频器产品选型的一些看法，可以在选择变频器时作为参考。

1. 变频器类型的选择

根据控制功能可将通用变频器分为 3 种类型：普通功能型 U/f 控制变频器、具有转矩控制功

能的多功能型 U/f 控制变频器和矢量控制高性能型变频器。

变频器类型的选择，一般根据负载的要求进行。

1) 风机、泵类负载，低速下负载转矩较小（为二次方转矩负载），通常可以选用普通功能型变频器；

2) 恒转矩类负载，例如挤压机、搅拌机、传送带和起重机的平移结构等，有如下两种情况：

①采用普通功能型变频器。为了保证低速时的恒转矩调速，常需要采用加大电动机和变频器容量的方法，以提高低速转矩。

②采用具有转矩控制功能的多功能型 U/f 控制变频器，实现恒转矩负载的恒速运行。

2. 变频器容量的选择

变频器的容量通常用额定输出电流、输出容量、适用电动机功率表示。

对于标准 4 极电动机拖动的连续恒定负载，变频器的容量可根据适用电动机的功率选择。

对于其他极数电动机拖动的负载、变动负载、断续负载和短时负载，因其额定电流比标准电动机大，不能根据适用电动机的功率选择变频器容量。变频器的容量应按运行过程中可能出现的最大工作电流来选择，即

$$I_N \geqslant I_{Mmax}$$

式中，I_N 为变频器的额定电流，单位为 A；I_{Mmax} 为电动机的最大工作电流，单位为 A。

3. 变频器外围设备及其选择

在选定了变频器之后，下一步的工作就是根据需要选择与变频器配合工作的各种外围设备。正确选择变频器外围设备是保证变频器驱动系统正常工作的必备条件。

外围设备通常指配件，分为常规配件和专用配件，如图 7-12 所示。

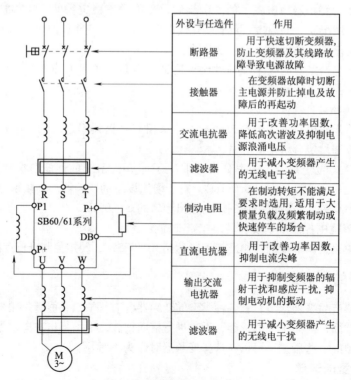

外设与任选件	作用
断路器	用于快速切断变频器，防止变频器及其线路故障导致电源故障
接触器	在变频器故障时切断主电源并防止掉电及故障后的再起动
交流电抗器	用于改善功率因数，降低高次谐波及抑制电源浪涌电压
滤波器	用于减小变频器产生的无线电干扰
制动电阻	在制动转矩不能满足要求时选用，适用于大惯量负载及频繁制动或快速停车的场合
直流电抗器	用于改善功率因数，抑制电流尖峰
输出交流电抗器	用于抑制变频器的辐射干扰和感应干扰，抑制电动机的振动
滤波器	用于减小变频器产生的无线电干扰

图 7-12　变频器的外围设备

图 7-12 中，断路器和接触器为常规配件；输入交流电抗器、滤波器、制动电阻、直流电抗器和输出交流电抗器是专用配件。

（1）常规配件的选择

由于变频调速系统中，电动机的起动电流可控制在较小范围内，因此电源侧断路器的额定电流和接触器可按变频器的额定电流来选用。

（2）专用配件的选择

专用配件的选择应以变频器厂家提供的用户手册中的要求为依据，不可盲目选取。

第8章 初识三菱 FR – E700 系列变频器

导读：本章以三菱 FR – E700 系列变频器为例，介绍变频器的接线端口、运行与操作，以及变频器的常用参数设置，并结合工程案例，介绍变频器的应用方法。

8.1 三菱 FR – E700 系列变频器快速入门

国内变频器市场是以外资品牌的进入而发展，西门子、ABB、三菱等外资品牌牢牢地掌握了市场份额。然而随着国内企业节能减排意识的不断增强以及我国政府出台的相关鼓励政策，逐渐孕育出了国产变频器企业成长的良好环境。本土品牌不断涌现，实力逐渐增强，近几年发展更为迅猛。据统计，目前本土变频器企业拥有 20% ~25% 的市场份额，日本品牌则占据 40% 的市场份额，30% 为欧美品牌，另有 5% ~10% 被中国台湾和韩国品牌占据。我国变频器市场形成了欧美品牌、日本品牌、内资品牌三足鼎立的格局。

三菱公司的变频器是较早进入我国市场的产品。三菱公司近年来推出的变频器主要有 FR – A700 系列高性能矢量变频器、FR – D700 系列紧凑型多功能变频器和 FR – E700 系列经济型高性能变频器。三菱变频器常用系列产品如图 8-1 所示。

图 8-1 常用三菱变频器产品

a) FR – A700 b) FR – D700 c) FR – E700

本书选取 FR – E700 系列 FR – E740 型变频器为例进行介绍。FR – E740 型变频器的型号、铭牌及其外形示意图如图 8-2 所示。

8.1.1 FR – E740 型变频器基本接线图

图 8-3 所示为三菱 FR – E740 型变频器的基本接线图。

由图 8-3 可见，FR – E740 型变频器接线图包括主电路接线和控制电路接线两部分。各部分具体接线及注意事项请读者参照《三菱通用变频器 FR – E740 使用手册》自行进行学习，本书由于篇幅有限，不予介绍。

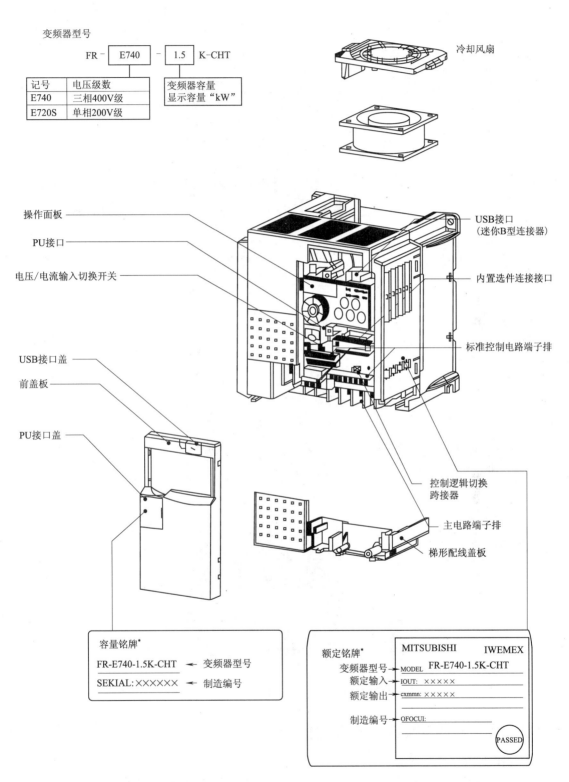

图 8-2　FR－E740 型变频器的型号、铭牌及其外形示意图

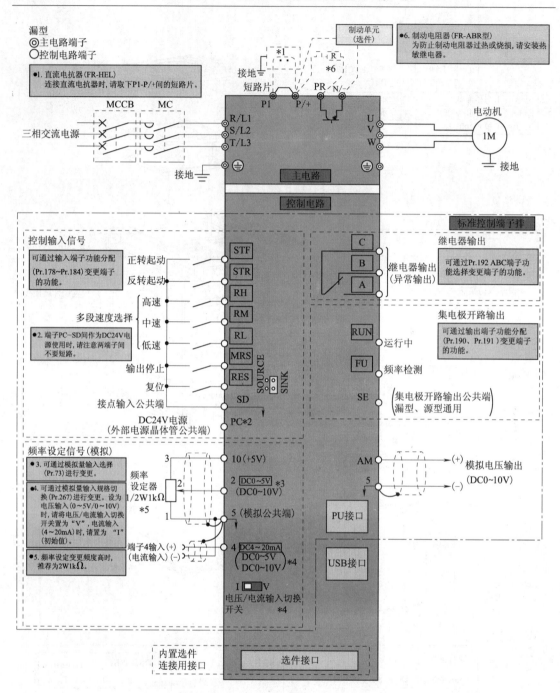

图 8-3　三菱 FR – E740 型变频器的基本接线图

8.1.2　FR – E740 型变频器端子功能简介

1. 主电路端子功能简介

三菱 FR – E740 型变频器主电路端子主要包括交流电源输入、变频器输出等端子。端子功能说明见表 8-1。

表 8-1　主电路端子功能

端子标记	端子名称	功能说明
R/L1、S/L2、T/L3	交流电源输入	连接工频电源，在使用高功率因数变流器（FR – HC）及共直流母线变流器（FR – CV）时不要连接任何设备
U、V、W	变频器输出	连接三相笼型电动机
P/ + 、PR	制动电阻器连接	在端子 P/ + –PR 间连接选件制动电阻器（FR – ABR）
P/ + 、N/ –	制动单元连接	连接选件制动单元（FR – BU2）、共直流母线变流器（FR – CV）以及高功率因数变流器（FR – HC）
P/ + 、P1	直流电抗器连接	拆下端子 P/ + –P1 间的短路片，连接选件直流电抗器
⏚	接地	变频器机架接地用，必须接大地

2. 控制电路端子功能简介

三菱 FR – E740 型变频器控制电路端子包括接点输入、频率设定、继电器输出、集电极输出、模拟输出和通信 6 部分。各端子的功能可通过调整相关参数的值进行变更，在出厂初始值的情况下，各控制电路端子的功能说明见表 8-2。

表 8-2　控制电路端子功能

种类	端子标记	端子名称	功能说明	
接点输入	STF	正转起动	STF 信号为 ON 时为正转，为 OFF 时为停止指令	STF、STR 同时为 ON 时变成停止指令
	STR	反转起动	STR 信号为 ON 时为反转，为 OFF 时为停止指令	
	RH、RM、RL	多段速度选择	用 RH、RM 和 RL 信号的组合可以选择多段速度	
	MRS	输出停止	MRS 信号为 ON（20ms 以上）时，变频器输出停止，用电磁制动停止电动机时用于断开变频器的输出	
	RES	复位	复位用于解除保护回路动作时的报警输出，使 RES 信号处于 ON 状态 0.1s 或以上，然后断开　初始设定为始终可进行复位，但进行了 Pr. 75 的设定后，仅在变频器报警发生时进行复位	
	SD	接点输入公共端（漏型）（初始设定）	接点输入端子公共端（漏型逻辑）	
		外部晶体管公共端（源型）	源型逻辑时当连接晶体管输出（即集电极开路输出），例如 PLC 时，将晶体管输出用的外部电源公共端接到该端子时，可以防止因漏电引起的误动作	
		DC24V 电源公共端	DC24V、0.1A 电源的公共端，与端子 5、端子 SE 绝缘	
	PC	外部晶体管输出端（漏型）（初始设定）	漏型逻辑时当连接晶体管输出（即集电极开路输出），例如 PLC 时，将晶体管输出用的外部电源公共端接到该端子时，可以防止因漏电引起的误动作	
		接点输入公共端（源型）	接点输入端子公共端（源型逻辑）	
		DC24V 电源	可作为 DC24V、0.1A 的电源使用	

（续）

种类	端子标记	端子名称	功能说明
	10	频率设定用电源	作为外接频率设定用电位器时的电源使用
频率设定	2	频率设定（电压）	如果输入 DC0~5V（或 0~10V），在 5V（10V）时为最大输出频率，输入输出成正比；通过 Pr.73 可进行 DC0~5V（初始设定）和 0~10V 输入的切换操作
	4	频率设定（电流）	如果输入 DC4~20mA（或 0~5V，0~10V），在 20mA 时为最大输出频率，输入输出成正比，只有 AU 信号为 ON 时端子 4 的输入信号才会有效（端子 2 的输入将无效）；通过 Pr.267 可进行 4~20mA（初始设定）和 DC0~5V、DC0~10V 输入的切换操作；电源输入（0~5V/0~10V）时，请将电压/电流输入切换开关切换至"V"
	5	频率设定公共端	频率设定信号（端子 2 或 4）及端子 AM 的公共端子，不要接大地
继电器输出	A、B、C	继电器输出（异常输出）	指示变频器因保护功能动作而停止输出的转换触点，异常时，B-C 间不导通（A-C 间导通）；正常时，B-C 间导通（A-C 间不导通）
集电极输出	RUN	变频器正在运行	变频器输出频率为起动频率（初始值 0.5Hz）或以上时为低电平，正在停止或正在直流制动时为高电平
	FU	频率检测	输出频率为任意设定检测频率以上时为低电平，未达到时为高电平
	SE	集电极开路输出公共端	端子 RUN、FU 的公共端
模拟输出	AM	模拟电压输出	从多种监视项目中选一种作为输出，输出信号与监视项目的大小成比例
RS-485 通信	—	PU 接口	通过 PU 接口，可进行 RS-485 通信 ·标准规格：EIA-485（RS-485） ·传输方式：多站点通信 ·通信速率：4800~38 400bit/s ·总长距离：500m
USB 通信	—	USB 接口	与个人电脑通过 USB 连接后，可以实现 FR Configutator 的操作。 ·标准规格：USB1.1 ·传输速率：12M bit/s

8.2　三菱 FR-E700 系列变频器的运行与操作

使用变频器之前，首先要熟悉它的操作面板和键盘操作单元（或称控制单元），并且按照使用现场的要求合理设置参数。FR-E740 型变频器的参数设置通常利用固定在其上的操作面板

（不能拆下）实现，也可以使用连接到变频器 PU 端口的参数单元（FR － PU07）实现。

8.2.1　FR － E740 型变频器操作面板

FR － E740 型变频器选用 FR － PA07 型操作面板，如图 8-4 所示。其上半部为面板显示器，下半部为 M 旋钮和各种按键。

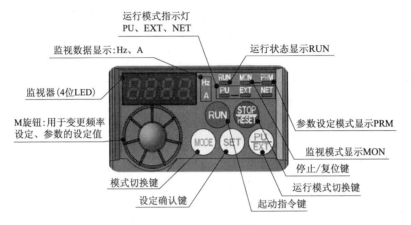

图 8-4　FR － PA07 型操作面板

FR － PA07 型操作面板旋钮、按键功能和运行状态显示分别见表 8-3 和表 8-4。

表 8-3　旋钮、按键功能

旋钮和按键	功能说明
M 旋钮	旋动该旋钮用于变更频率设定、参数的设定值，按下该按钮可显示以下内容：①监视模式时的设定频率，②校正时的当前设定值，③错误历史模式时的顺序
模式切换键 MODE	用于切换各设定模式，与运行模式切换键同时按下也可以用来切换运行模式，长按此键（2s）可以锁定操作
设定确认键 SET	各设定的确认键，运行中按此键则监视器出现以下显示： 运行频率 → 输出电流 → 输出电压
运行模式切换键 PU/EXT	用于切换 PU/EXT 运行模式，使用外部运行模式（通过另接的频率设定电位器和起动信号起动的运行）时按此键，使指示运行模式的 EXT 处于亮灯状态
起动指令键 RUN	在 PU 模式下，按此键起动运行；通过 Pr. 40 的设定，可以选择旋转方向
停止/复位键 STOP/RESET	在 PU 模式下，按此键停止运转；保护功能（严重故障）生效时，也可以进行报警复位

表 8-4　运行状态显示

显　示	功能说明
运行模式显示	PU：PU 运行模式（用操作面板起停和调速）时亮灯； EXT：外部运行模式时亮灯； NET：网络运行模式时亮灯

（续）

显　　示	功 能 说 明
监视器（4 位 LED）	显示频率、参数编号等
监视数据单元显示 Hz/A	Hz：显示频率时亮灯（显示设定频率监视时闪烁）； A：显示电流时亮灯； （显示上述以外的内容时，"Hz" "A" 均熄灭）
运行状态显示 RUN	变频器动作中亮灯/闪烁，其中： 亮灯：正转运行中； 缓慢闪烁（1.4s 循环）：反转运行中； 快速闪烁（0.2s 循环）： ·按键或输入起动指令都无法运行时； ·有起动指令，但频率指令在起动频率以下时； ·输入了 MRS 信号时
参数设定模式显示 PRM	参数设定模式时亮灯
监视器显示 MON	监视模式时亮灯

8.2.2　FR – E740 型变频器的运行模式和参数设置

1. FR – E740 型变频器的运行模式

由表 8-3 和表 8-4 可见，在变频器不同的运行模式下，各种按键、M 旋钮的功能各异。所谓运行模式是指对输入到变频器的起动指令和设定频率的命令来源的指定。一般来说，使用控制电路端子、在外部设置电位器和开关来进行操作的是"外部运行模式"，使用操作面板或参数单元输入起动指令、设定频率的是"PU 运行模式"，通过 PU 接口进行 RS – 485 通信或使用通信选件的是"网络运行模式（由于篇幅有限，此处不予介绍）"。在进行变频器操作以前，必须了解其各种运行模式，才能进行各项操作。

FR – E740 型变频器通过参数 Pr. 79 的设定值来指定变频器运行模式，设定值范围为 0，1，2，3，4，6，7。FR – E740 型变频器运行模式的功能以及相关 LED 指示灯的状态如表 8-5 所示。

表 8-5　参数 Pr. 79 与运行模式的设置

Pr. 79 设定值	运行模式功能	LED 显示 ■□：灭灯 □：亮灯
0	外部/PU 切换模式 通过运行模式切换键 PU/EXT 可以切换 PU 与外部运行模式 接通电源时为外部运行模式	外部运行模式 PU EXT NET PU 运行模式 PU EXT NET
1	固定 PU 运行模式	PU EXT NET
2	固定外部运行模式 可以在外部、网络运行模式间切换运行	外部运行模式 PU EXT NET 网络运行模式 PU EXT NET

（续）

Pr. 79 设定值	运行模式功能		LED 显示 ▨: 灭灯 ▭: 亮灯
3	外部/PU 组合运行模式 1		PU EXTNET
	频率指令	启动指令	
	用操作面板或参数单元（FR - PU07）设定，或外部信号输入（多段速设定，端子 4 - 5 间（AU 信号为 ON 时有效））	外部信号输入（端子 STF、STR）	
4	外部/PU 组合运行模式 2		PU EXTNET
	频率指令	起动指令	
	外部信号输入（端子 2、4、JOG、多段速选择等）	通过操作面板的起动指令键 RUN 或参数单元（FR - PU07）的 FWD 、 REV 键来输入	
6	切换模式 在保持运行状态的同时，可进行 PU 运行、外部运行、网络运行模式的切换		PU 运行模式 PU EXTNET 外部运行模式 PU EXTNET 网络运行模式 PU EXTNET
7	外部运行模式（PU 运行互锁） X12 信号为 ON 时，可切换到 PU 运行模式 X12 信号为 OFF 时，禁止切换到 PU 运行模式		PU 运行模式 PU EXTNET 外部运行模式 PU EXTNET

　　FR - E740 型变频器出厂时，参数 Pr. 79 设定值为 0。当停止运行时用户可以根据实际需要修改其设定值。

　　修改 Pr. 79 设定值的一种方法是：按 MODE 键使变频器进入参数设定模式；旋动 M 旋钮，选择参数 Pr. 79，用 SET 键确定；再旋动 M 旋钮选择合适的设定值，用 SET 键再次确定；再次按 MODE 键后，变频器的运行模式将变更为设定的模式。

　　图 8-5 是修改 Pr. 79 设置值的一个实例。该实例将 FR - E740 型变频器从固定外部运行模式变更为组合运行模式 1。

2. FR - E740 型变频器的参数设置

　　FR - E740 型变频器有几百个参数，实际使用时，只需根据使用现场的要求设定部分参数，其余按出厂设定值即可（变频器参数的出厂设定值被设置为完成简单的变速运行）。熟悉变频器常用参数的设置，是利用变频器解决实际工控问题的基本条件。

　　本书根据一般工控系统对变频器的要求，介绍其常用参数的设定。关于参数设定更详细的说明请参阅 FR - E740 使用手册。

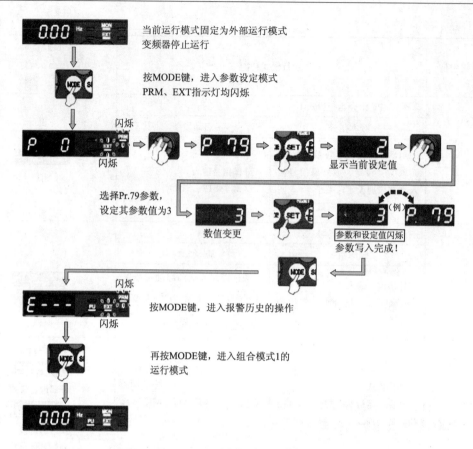

图 8-5　FR－E740 型变频器运行模式变更实例

（1）输出频率的限制（Pr.1、Pr.2）

为了限制电动机的速度，应对变频器的输出频率加以限制。用 Pr.1 "上限频率"和 Pr.2 "下限频率"来设定，可将输出频率的上、下限钳位。

输出频率限制相关参数意义及设定范围如表 8-6 所示。

表 8-6　输出频率限制相关参数意义及设定范围

参数编号	名称	初始值	设定范围	功能说明
Pr.1	上限频率	120Hz	0～120Hz	设定输出频率的上限
Pr.2	下限频率	0Hz	0～120Hz	设定输出频率的下限

图 8-6 所示为变更参数 Pr.1 设定值示例，所完成的操作是把参数 Pr.1（上限频率）从出厂设定值 120Hz 变更为 50Hz，假定当前运行模式为外部/PU 切换模式（Pr.79 = 0）。

（2）加/减速时间（Pr.7、Pr.8、Pr.20）

加速时间是指输出频率从 0Hz 上升到基准频率所需的时间。加速时间越长，起动电流越小，起动越平缓。对于频繁起动的设备，加速时间要求短些；对于惯性较大的设备，加速时间要求长些。参数 Pr.7 用于设置电动机加速时间，Pr.7 设定值越大，加速时间越长。

减速时间是指输出频率从基准频率下降到 0Hz 所需的时间。参数 Pr.8 用于设置电动机减速时间，Pr.8 设定值越大，减速时间越长。

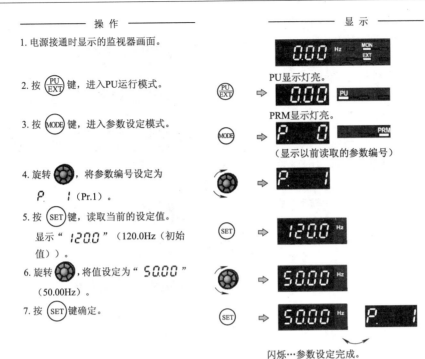

图 8-6　变更参数 Pr.1 设定值示例

参数 Pr.20 用于设置加减速基准频率，在我国一般选用 50Hz。

加/减速时间相关参数意义及设定范围如表 8-7 所示。

表 8-7　加/减速时间相关参数意义及设定范围

参数编号	名称	初始值	设定范围	功能说明
Pr.7	加速时间	5s	0～3600/360s①	设定电动机的加速时间
Pr.8	减速时间	5s	0～3600/360s①	设定电动机的减速时间
Pr.20	加/减速基准频率	50Hz	1～400Hz	设定加/减速基准频率

① 根据 Pr.21 加减法时间单位的设定值进行设定。初始值设定范围为 "0～3600s"，设定单位为 "0.1s"。

图 8-7 所示为变更参数 Pr.7 设定值示例，所完成的操作是把参数 Pr.7（加速时间）从出厂设定值 5s 变更为 10s，假定当前运行模式为外部/PU 切换模式（Pr.79 = 0）。

（3）多段速运行模式的操作

在外部运行模式或组合运行模式 2 下，变频器可以通过外接的开关器件组合通断改变输入端子状态来实现输出频率的控制。这种控制频率的方式称为多段速控制功能。

FR－E740 型变频器的速度控制端子是 RH、RM 和 RL。通过这些开关的组合可以实现 3 段速和 7 段速的控制。

转速的切换：由于转速的档次是按二进制顺序排列，故 3 个输入端可以组合成 3 段速至 7 段速（0 状态不计）转速。其中 3 段速由 RH、RM、RL 单个通断实现，7 段速由 RH、RM、RL 通断组合实现。

7 段速的各自运行频率则由参数 Pr.4～Pr.6（设置前 3 段速的频率）、Pr.24～Pr.27（设置第 4 段速至第 7 段速的频率）。对应控制端状态及参数关系见图 8-8 所示。

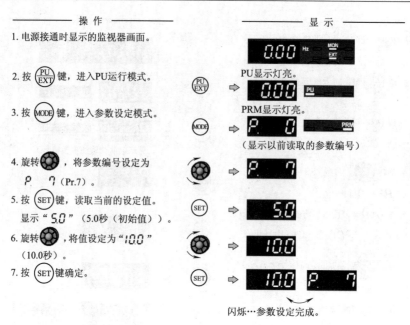

图 8-7　变更参数 Pr. 7 设定值示例

参数号	出厂设定	设定范围	备注
4	50Hz	0～400Hz	
5	30Hz	0～400Hz	
6	10Hz	0～400Hz	
24～27	9999	0～400Hz，9999	9999：未选择

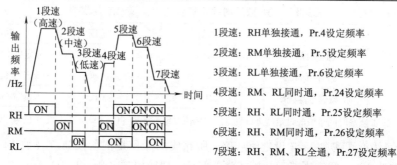

图 8-8　多段速控制对应的控制端状态及参数关系

　　多段速设定在 PU 运行和外部运行中都可以设定，运行期间参数值也能被改变。

　　3 段速设定的场合（Pr. 24～Pr. 27 设定为 9999），2 段速以上同时被选择时，低速信号的设定频率优先。

　　最后指出，如果把参数 Pr. 183 设置为 8，将 RMS 端子的功能转换成多段速控制端 REX，就可以用 RH、RM、RL 和 REX 通断组合实现 15 段速。详细的说明请参阅 FR – E740 使用手册。

　　（4）通过模拟量输入（端子 2、4）设定频率

　　工控系统变频器的频率设定，除了用 PLC 输出端子控制多段速设定外，也有连续设定频率的要求。例如在变频器安装和接线完成进行运行试验时，常常用调速电位器连接到变频器的模拟量输入信号端进行连续调速试验。需要注意的是，如果要用模拟量输入（端子 2、4）设定频率，则 RH、RM、RL 端子应断开，否则多段速设定优先。

1）模拟量输入信号端子的选择。FR—E740 型变频器提供 2 个模拟量输入信号端子（端子2、4）用作连续变化的频率设定。在出厂设定情况下，只能使用端子 2，端子 4 无效。

要使端子 4 有效，需要在各接点输入端子 STF、STR、…RES 之中选择一个，将其功能定位为 AU 信号输入。则当这个端子与 SD 端短接时，AU 信号为 ON，端子 4 变为有效，端子 2 变为无效。

例如：选择 RES 端子用作 AU 信号输入，则设置参数 Pr. 184 = "4"，在 RES 端子与 SD 端子之间连接一个开关，当此开关断开时，AU 信号为 OFF，端子 2 有效；反之，当此开关接通时，AU 信号为 ON，端子 4 有效。

2）模拟量信号的输入规格。如果使用端子 2，模拟量信号可为 0 ~ 5V 或 0 ~ 10V 的电压信号，用参数 Pr. 73 指定，其出厂设定值为 1，指定为 0 ~ 5V 的输入规格，并且不能可逆运行。参数 Pr. 73 的取值范围为 0、1、10、11，具体内容见表 8-8。

如果使用端子 4，模拟量信号可为电压输入（0 ~ 5V、0 ~ 10V）或电流输入（4 ~ 20mA），用参数 Pr. 267 和电压/电流输入切换开关设定，并且要输入与设定相符的模拟量信号。参数 Pr. 267 的取值范围为 0、1、2，具体内容见表 8-8。

表 8-8 模拟量输入选择（Pr. 73、Pr. 267）

参数编号	名称	初始值	设定范围	内 容	
Pr. 73	模拟量输入选择	1	0	端子 2 输入 0 ~ 10V	无可逆运行
			1	端子 2 输入 0 ~ 5V	
			10	端子 2 输入 0 ~ 10V	有可逆运行
			11	端子 2 输入 0 ~ 5V	
			设定范围	电压/电流输入切换开关	内容
Pr. 267	端子 4 输入选择	0	0	I ▯ V	端子 4 输入 4 ~ 20mA
			1	I ▯ V	端子 4 输入 0 ~ 5V
			2		端子 4 输入 0 ~ 10V

3）应用示例。利用模拟量输入（端子 2）设定频率应用示例如图 8-9 所示。

【接线例】

（从变频器向频率设定器供给5V的电源（端子10））

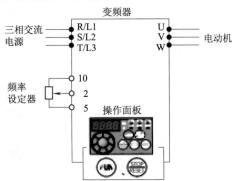

图 8-9 模拟量输入（端子 2）设定频率应用示例

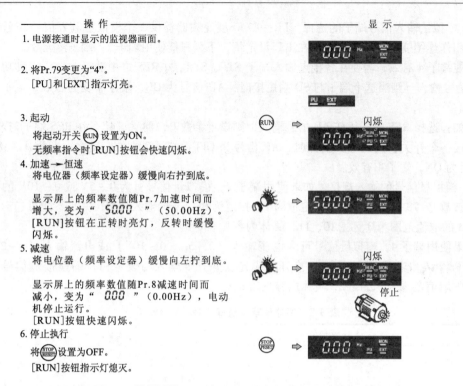

图 8-9　模拟量输入（端子 2）设定频率应用示例（续）

（5）参数清除操作

　　如果用户在参数调试过程中遇到问题，并且希望重新开始调试，可用参数清除操作方法实现。即在 PU 运行模式下，设定 Pr. CL 参数清除、ALLC 参数全部清除均为 "1"，可使参数恢复为初始值（但如果设定参数 Pr. 77 为 "1"，则无法清除）。

　　参数清除操作需要在参数设定模式下，用 M 旋钮选择参数 Pr. CL 或 ALLC，并把它们的值均置为 1，操作步骤如图 8-10 所示。

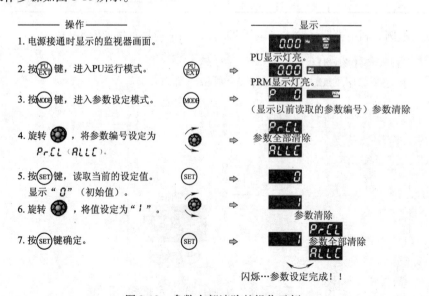

图·8-10　参数全部清除的操作示例

8.3　三菱 FR – E700 系列变频器联机技术与使用注意事项

8.3.1　三菱 FR – E700 系列变频器联机技术

在工程技术中，常常利用 PLC 与三菱 FR – E700 系列变频器联机解决实际问题，即变频器在 PLC 的控制下工作。PLC 与变频器的联机有 3 种方式：开关量联机、模拟量联机和 RS – 485 通信联机。

1. 开关量联机

变频器有很多开关量端子，如正转、反转和多段转速控制端子等。在不使用 PLC 时，只要给这些端子外接开关就能对电动机进行正转、反转和多段转速控制。当变频器与 PLC 进行开关量联机后，PLC 不但可通过开关量输出端子控制变频器开关量输入端子的输入状态，还可以通过开关量输入端子检测变频器开关量输出端子的状态。

变频器与 PLC 的开关量联机如图 8-11 所示。当 PLC 内部程序运行使 Y001 端子内部主触头闭合时，相当于变频器的 STF 端子外部开关闭合，STF 端子输入为 ON，变频器驱动电动机正转，调节 10、2、5 端子所接电位器改变端子 2 的输入电压，可以调节电动机的转速。如果变频器内部出现异常，A、C 端子之间的内部触头闭合，相当于 PLC 的 X001 端子外部开关闭合，X001 端子输入为 ON。

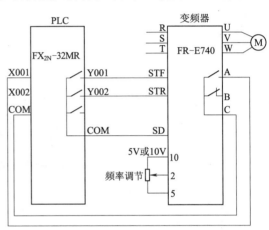

图 8-11　变频器与 PLC 的开关量联机

2. 模拟量联机

三菱 FR – E700 系列变频器设置有电压和电流模拟量输入端子，改变这些端子的电压或电流可以调节电动机的转速。如果将这些端子与 PLC 的模拟量输出端子连接，就可以利用 PLC 控制变频器来调节电动机的转速。变频器与 PLC 的模拟量联机如图 8-12 所示。

图 8-12 中，由于三菱 FX_{2N} - 32MR 型 PLC 无模拟量输出功能，需要连接模拟量输出模块（FX_{2N} - 4DA），再将模拟量输出模块的输出端子与变频器的模拟量输入端子连接。当 STF 端子外接开关闭合时，STF 端子输入为 ON，变频器驱动电动机正转，PLC 内部程序运行时产生的数据通过连接电缆送到模拟量

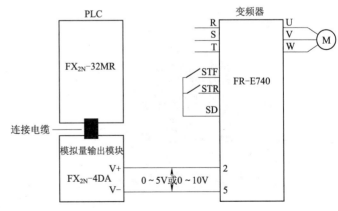

图 8-12　变频器与 PLC 的模拟量联机

输出模块，再转换成 0 ~ 5V 或 0 ~ 10V 的模拟电压送到变频器 2、5 端子，控制变频器的输出频率，从而实现电动机转速调节的功能。

3. RS－485 通信联机

三菱 FR－E700 系列变频器与 PLC 进行 RS－485 通信联机后，可以接收 PLC 通过通信电缆发送过来的命令。在生产实践中，可根据控制系统需要将单台变频器或多台变频器与 PLC 进行联机，下面分别予以介绍。

（1）单台变频器与 PLC 的 RS－485 通信联机

单台变频器与 PLC 的 RS－485 通信联机如图 8-13 所示。

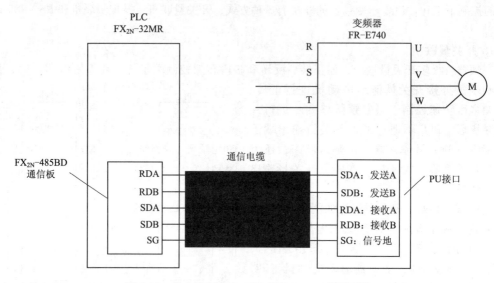

图 8-13　单台变频器与 PLC 的 RS－485 通信联机

由图 8-13 可见，进行联机时，需给 PLC 安装 FX$_{2N}$－485BD 通信板，其外形和安装方法如图 8-14所示。在联机时，变频器需要卸下操作面板，将 PU 接口空出来用作 RS－485 通信，PU接口与计算机网卡的 RJ45 接口外形相同，但其端子功能定义不同，如图 8-15 所示。

（2）多台变频器与 PLC 的 RS－485 通信联机

多台变频器与 PLC 的 RS－485 通信联机如图 8-16 所示，它可以实现一台 PLC 控制多台变频器的运行。

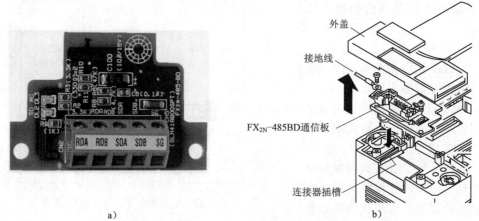

a)

图 8-14　FX$_{2N}$－485BD 通信板的外形与安装

a）外形　b）安装方法

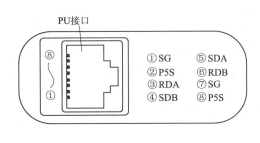

插针编号	名称	内容
①	SG	接地 （与端子5导通）
②	—	参数单元电源
③	RDA	变频器接收+
④	SDB	变频器发送-
⑤	SDA	变频器发送+
⑥	RDB	变频器接收-
⑦	SG	接地 （与端子5导通）
⑧	—	参数单元电源

a)   b)

图 8-15　变频器 PU 接口的外形与各引脚功能定义

a）外形　b）引脚功能

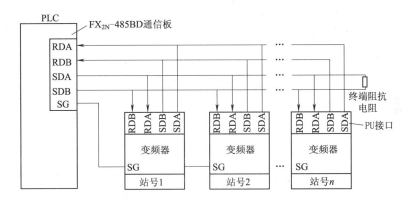

图 8-16　多台变频器与 PLC 的 RS-485 通信联机

8.3.2　三菱 FR-E700 系列变频器使用注意事项

FR-E700 系列变频器虽然是高可靠性产品，但周边电路的连接方法错误以及运行、使用方法不当也会导致产品寿命缩短或损坏。故 FR-E700 系列变频器运行前务必确认下列注意事项。

1）电源及电动机接线的压接端子推荐使用带绝缘套管的端子。

2）电源一定不能接到变频器输出端子（U、V、W）上，否则将损坏变频器。

3）接线时勿在变频器内留下电线切屑。电线切屑可能会导致异常、故障、误动作发生。保持变频器的清洁，在控制柜等上钻安装孔时勿使切屑粉掉进变频器内。

4）为使电压降在2%以内请用适当规格的电线进行接线。变频器和电动机之间的接线距离较长时，特别是低频率输出时，会由于主电路电缆的电压降而导致电动机的转矩下降。

5）接线总长不要超过500m。尤其是长距离接线时，由于寄生电容等因素影响，变频器输出侧连接的设备可能会发生误动作或异常，因此务必注意总接线长度。

6）电磁波干扰。变频器输入/输出（主电路）包含有谐波成分，可能干扰变频器附近的通信设备（如 AM 收音机）。这种情况下安装无线电噪声滤波器 FR-BIF（输入侧专用）、三菱线噪声滤波器 FR-BSF01 和 FR-BLF 等选件，可以将干扰降低。

7）在变频器的输出侧不可安装移相用电容器或浪涌吸收器、无线电噪声滤波器等。否则将导致变频器故障、电容器和浪涌抑制器的损坏。

8）断开电源后，由于电容器上仍然残留有高压电，因此当进行变频器内部检查时，在断开电源10min后用万用表等确认变频器主电路" + "和" - "间的电压在直流30V以下后再进行检查。

9）变频器输出侧的短路或接地可能会导致变频器模块损坏。

①由于周边电路异常而引起的反复短路和接线不当、电动机绝缘电阻低而实施的接地都可能造成变频器模块损坏，因此在运行变频器前需确认电路的绝缘电阻。

②在接通电源前充分确认变频器输出侧的对地电阻、相间绝缘。当使用特别旧的电动机或使用环境较差时，务必进行电动机绝缘电阻的确认。

10）不要使用变频器输入侧的电磁接触器起动/停止变频器，即变频器的起动与停止务必使用起动信号（STF、STR 信号的 ON、OFF）进行。

11）除了外接再生制动用电阻器以外，端子 + 、PR 之间不要连接其他设备，同时不要使端子 + 、PR 之间短路。

12）在有工频供电与变频器切换的操作中，确保用于工频切换的接触器 KM1、KM2 可以进行电气和机械互锁。

13）需要防止停电后恢复通电时设备的再起动时，在变频器输入侧安装电磁接触器，同时不要将顺控设定为起动信号 ON 的状态。若起动信号（起动开关）保持 ON 的状态，供电恢复后变频器将自动重新起动。

14）过负载运行的注意事项：变频器反复运行、停止频率较高时，因大电流反复流过，变频器内部的大功率电力半导体器件会反复升温、降温。从而可能会因热疲劳导致寿命缩短。热疲劳的程度受电流大小的影响，因此减小堵转电流及起动电流可以延长变频器寿命。虽然减小电流可延长寿命，但由于电流不足可能引起转矩不足，从而导致无法起动的情况发生。因此，可采取增大变频器容量（提高 2 级左右），使电流保持一定宽裕的对策。

15）通过模拟信号使电动机转速可变后使用时，为了防止变频器发出的噪声导致频率设定信号发生变动以及电动机转速不稳定等情况，需采取下列对策：

①避免信号线和动力线（变频器输入、输出线）平行接线和成束接线。

②信号线尽量远离动力线。

③信号线使用屏蔽线。

④信号线上设置铁氧体磁心。

第9章 三菱 FR – E700 系列变频器在工控领域的应用

导读：随着变频技术及 PLC 技术的快速发展，其应用已涉及工业控制等各领域，由变频器与 PLC 联机构成的控制系统已成为大型机械设备及智能设备的优选方案之一。本章以三菱 FR – E700 系列变频器为例，介绍变频器的基本应用及 PID 控制。

9.1 三菱 FR – E700 系列变频器的基本应用

9.1.1 工程案例1：小车正、反转控制系统设计与实施

1. 项目导入

在生产实践中，小车正、反转控制是很常见的，既可以采用继电器－接触器构成控制电路（见图 2-14）、也可采用单独变频器构成控制电路，还可采用 PLC 与变频器联机构成控制电路。本书以三菱 FX$_{2N}$ 系列 PLC 与三菱 FR – E700 系列变频器联机构成的控制电路为例进行介绍。

2. 项目实施

（1）I/O 地址分配

根据三相异步电动机正、反转控制线路控制要求，设定控制系统 I/O 地址分配表，如表 9-1 所示。

表 9-1 I/O 地址分配表

输入			输出		
元器件代号	地址号	功能说明	元器件代号	地址号	功能说明
SB1	X0	通电按钮	KM	Y0	通/断电控制
SB2	X1	断电按钮	EL1	Y1	电源指示
SA	X2/X3	正/反转转换开关	EL2	Y2	正转指示
变频器 A、C	X4	故障检测	EL3	Y3	反转指示
			EL4	Y4	故障指示
			变频器 STF	Y10	正转控制
			变频器 STR	Y11	反转控制

（2）硬件接线图设计

根据表 9-1 所示的 I/O 地址分配表，可对系统硬件接线图进行设计，如图 9-1 所示。

（3）FR – E700 系列变频器参数设置

在用三菱 FX$_{2N}$ 系列 PLC 与三菱 FR – E700 系列变频器联机进行电动机正、反转控制时，需要对变频器进行有关参数设置，具体如表 9-2 所示。

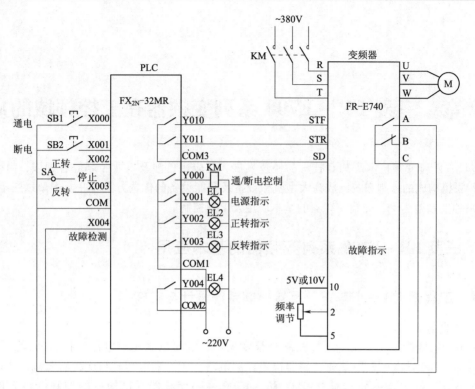

图 9-1 控制系统硬件接线图

表 9-2 变频器参数设置表

参数编号	参数名称	设定值
Pr. 1	上限频率	50Hz
Pr. 2	下限频率	0Hz
Pr. 3	基准频率	50Hz
Pr. 7	加速时间	5s
Pr. 8	减速时间	3s
Pr. 20	加、减速基准频率	50Hz
Pr. 79	运行模式	2

（4）PLC 程序设计

变频器有关参数设定好后，还需为 PLC 编写控制程序。电动机正、反转控制程序如图 9-2 所示。

程序详解：

下面对照图 9-1 所示的硬件接线图和图 9-2 所示的程序来说明 PLC 与变频器联机实现电动机正、反转控制的工作原理。

1）通电控制。当按下通电按钮 SB1 时，PLC 的输入端子 X000 为 ON，它使输入继电器 X000 常开触点闭合，执行"SET Y000"指令，输出继电器 Y000 被置 1，Y000 的主触头闭合，接触器 KM 线圈得电，KM 主触头闭合，将 380V 三相交流电加至变频器的 R、S、T 端。此外，Y000 的常开触点闭合，EL1 指示灯通电点亮，指示变频器通电。

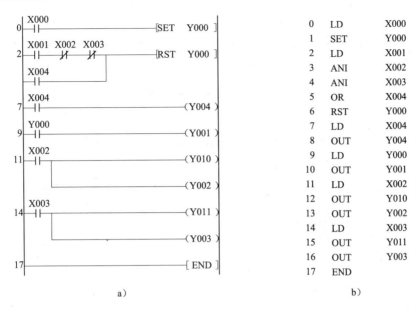

图 9-2 电动机正、反转控制程序

a）梯形图 b）语句指令表

2）正、反转控制。在变频器通电的前提下，将三档开关 SA 置于"正转"位置时，PLC 的输入端子 X002 为 ON，它使输入继电器 X002 常开触点闭合，输出继电器 Y010、Y002 均置 1。Y010 主触头闭合将变频器的 STF、SD 端子接通，即 STF 端子输入为 ON，变频器输出电源驱动电动机正转；Y002 主触头闭合使 EL2 指示灯通电点亮，用以指示变频器工作于电动机正转状态。

反转控制与正转控制工作原理基本相同，请读者参照正转控制自行分析，此处不再赘述。

3）停转控制。在电动机处于正转或反转时，若将 SA 开关置于"停止"位置，输入端子 X002 或 X003 为 OFF，使输入继电器 X002 或 X003 常开触点断开，Y010、Y002 或 Y011、Y003 主触头断开，变频器的 STF 或 STR 端子输入为 OFF，变频器停止输出电源，电动机停转，同时 EL2 或 EL3 指示灯熄灭。

4）断电控制。当 SA 置于"停止"位置使电动机停转时，若按下断电按钮 SB2，PLC 的输入端子 X001 为 ON，使输入继电器 X001 常开触点闭合，执行"RST Y000"指令，输出继电器 Y000 复位，其主触头断开，接触器 KM 线圈失电释放，切断变频器的输入电源。此外，Y000 常开触点断开使 Y001 复位，其主触头断开使指示灯 EL1 熄灭。如果 SA 处于"正转"或"反转"位置，输入继电器 X002 或 X003 常闭触点断开，无法执行"RST Y000"指令，即电动机在正转或反转时，操作 SB2 不能断开变频器输入电源。

5）故障保护。如果变频器内部保护电路动作，A、C 端子间的内部触点闭合，PLC 的输入端子 X004 为 ON，使输入继电器 X004 常开触点闭合，执行"RST Y000"指令，Y000 主触头断开，接触器 KM 线圈失电，KM 主触头断开，切断变频器的输入电源，从而实现变频器保护功能。此外，X004 常开触点闭合，使输出继电器 Y004 主触头闭合，指示灯 EL4 通电点亮，用以指示变频器工作于故障保护状态。

（5）系统仿真调试

1）按照图 9-1 所示的系统硬件接线图接线并检查、确认接线正确。

2）利用 FR - E740 型变频器操作面板按表 9-2 设定参数。

3）利用 GX 软件和 GX Simulator - 6 仿真软件输入并运行程序，监控程序运行状态，分析程序运行结果。

4）程序符合控制要求后再接通主电路试车，进行系统仿真调试，直到最大限度地满足系统控制要求为止。

9.1.2　工程案例 2：电梯轿厢开关门控制系统设计与实施

1. 项目导入

图 9-3 所示为某电梯轿厢开关门控制系统速度曲线示意图，请用 PLC 与变频器联机对该控制系统设计并实施。

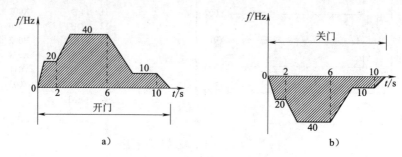

图 9-3　电梯轿厢开关门速度曲线示意图

a）开门速度曲线　b）关门速度曲线

该电梯轿厢开关门控制系统控制要求设定如下：

1）按开门按钮 SB1，电梯轿厢门打开，打开的速度曲线如图 9-3a 所示，即按开门按钮 SB1 后起动（20Hz）2s 后加速（40Hz），6s 后减速（10Hz），10s 后开门停止。

2）按关门按钮 SB2，电梯轿厢关闭，关门的速度曲线如图 9-3b 所示，即按关门按钮 SB2 后起动（20Hz）2s 后加速（40Hz），6s 后减速（10Hz），10s 后关门停止。

3）电动机运行过程中，若热保护动作，则电动机无条件停止运行。

4）电动机的加、减速时间自行设定。

5）采用 FR – E700 系列变频器的 3 段调速功能来实现，即通过变频器的输入端子 RH、RM、RL，并结合变频器的参数 Pr. 4、Pr. 5、Pr. 6 进行变频器的多段调速；而输入端子 RH、RM、RL 与 SD 端子的通和断则通过 PLC 的输出信号进行控制。

2. 项目实施

（1）I/O 地址分配

根据电梯轿厢开关门控制系统控制要求，设定控制系统 I/O 地址分配表，如表 9-3 所示。

表 9-3　I/O 地址分配表

输入			输出		
元器件代号	地址号	功能说明	元器件代号	地址号	功能说明
SB1	X1	开门按钮	变频器 STF	Y0	正转控制
SB2	X2	关门按钮	变频器 RH	Y1	高速控制
FR	X3	热继电器	变频器 RM	Y2	中速控制
SB10	X10	通电按钮	变频器 RL	Y3	低速控制
SB11	X11	断电按钮	变频器 STR	Y4	反转控制

（续）

输入			输出		
元器件代号	地址号	功能说明	元器件代号	地址号	功能说明
变频器 A、C	X12	故障检测	KM	Y10	通/断电控制
			EL1	Y11	开门指示
			EL2	Y12	关门指示

（2）硬件接线图设计

根据表9-3所示 I/O 地址分配表，可对系统硬件接线图进行设计，如图9-4所示。

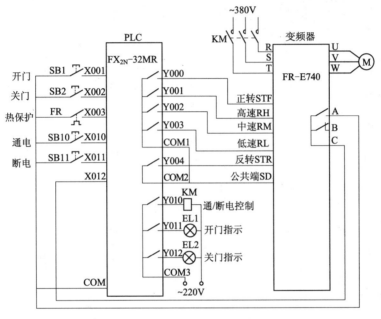

图9-4　控制系统硬件接线图

（3）FR－E700 系列变频器参数设置

根据电梯轿厢开关门控制系统控制要求，需要对变频器进行有关参数设置，具体见表9-4。

表9-4　变频器参数设置表

参数编号	参数名称	设定值
Pr. 1	上限频率	50Hz
Pr. 2	下限频率	0Hz
Pr. 4	多段速设定（1速）	20Hz
Pr. 5	多段速设定（2速）	40Hz
Pr. 6	多段速设定（3速）	10Hz
Pr. 7	加速时间	1s
Pr. 8	减速时间	1s
Pr. 9	电子过电流保护	电动机额定电流
Pr. 20	加、减速基准频率	50Hz
Pr. 79	运行模式	3

（4）PLC 程序设计

根据系统控制要求和 I/O 地址分配表，可对 PLC 程序进行设计，电梯轿厢开关门控制梯形图如图 9-5 所示。

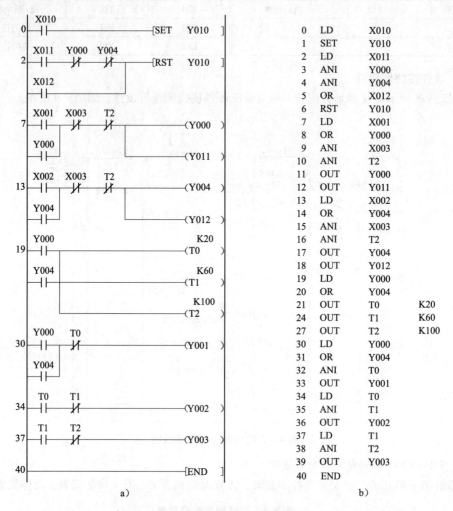

图 9-5　电梯轿厢开关门控制系统程序
a）梯形图　b）语句指令表

程序详解：

下面对照图 9-4 所示的硬件接线图和图 9-5 所示的程序来说明 PLC 与变频器联机实现电梯轿厢开关门控制的工作原理。由于本项目通电控制、断电控制、故障保护工作原理与项目 1 类似，请读者参照自行分析。

1）开门控制。

在变频器通电的前提下，按下开门按钮 SB1，输入继电器 X001 常开触点闭合，输出继电器 Y000 被 1。Y000 的主触头闭合将变频器的 STF、SD 端子接通，即 STF 端子输入为 ON；Y000 在第 6 逻辑行的常开触点闭合，输出继电器 Y001 被置 1，即变频器 RH 端子为 ON，此时电动机按第 1 段速度（20Hz）正转，驱动电梯轿厢工作于开门状态。此外，Y000 在第 5 逻辑行的常开触点闭合，驱动定时器 T0、T1、T2 开始分别进行 2s、6s、10s 计时。

当 T0 计时时间到达时，T0 在第 6 逻辑行的常闭触点断开，输出继电器 Y001 被置 0，变频器 RH 端子变为 OFF。同时 T0 在第 7 逻辑行的常开触点闭合，输出继电器 Y002 被置 1，即变频器 RM 端子为 ON，电动机按第 2 段速度运转（40Hz）。

当 T1 计时时间到达时，T1 在第 7 逻辑行的常闭触点断开，输出继电器 Y002 被置 0，变频器 RM 端子变为 OFF。同时 T1 在第 8 逻辑行的常开触点闭合，输出继电器 Y003 被置 1，即变频器 RL 端子为 ON，电动机按第 3 段速度运转（10Hz）。

当 T2 计时时间到达时，T2 在第 8 逻辑行的常闭触点断开，输出继电器 Y003 被置 0，变频器 RL 端子变为 OFF，电动机停止运行。同时，T2 在第 3 逻辑行的常闭触点断开，输出继电器 Y000 被置 0，变频器 STF 端子变为 OFF。同时，Y000 在第 5 逻辑行的常开触点断开，定时器 T0、T1、T2 停止计时。

2）关门控制。

在变频器通电的前提下，按下关门按钮 SB2，输入继电器 X002 常开触点闭合，输出继电器 Y004 被置 1。Y004 的主触头闭合，将变频器的 STR、SD 端子接通，即 STR 端子输入为 ON；Y004 在第 6 逻辑行的常开触点闭合，输出继电器 Y001 被置 1，即变频器 RH 端子为 ON，此时电动机按第 1 段速度（20Hz）反转，驱动电梯轿厢工作于关门状态。此外，Y004 在第 5 逻辑行的常开触点闭合，驱动定时器 T0、T1、T2 开始分别进行 2s、6s、10s 计时。

后续定时控制过程与开门控制基本相同，请读者参照自行分析，此处不再赘述。

3）过热保护。

当电梯轿厢工作于开门（关门）状态时，若电动机因过载等原因过热，引起热继电器 FR 常开触点闭合时，则输入继电器 X003 在第 3 逻辑行（第 4 逻辑行）的常闭触点断开，使输出继电器 Y000（Y004）工作于置 0 状态，变频器 STF（STR）变为 OFF，电动机停止运转，从而实现过热保护功能。

需要指出的是，该电梯轿厢开关门控制系统设计方案仅考虑基本控制功能，在生产实践中尚需考虑设置短路、过电压等保护环节。此外，开门与关门的联锁控制也是必须具备的环节。

4）系统仿真调试。

①按照图 9-4 所示系统硬件接线图接线并检查、确认接线正确。

②利用 FR – E740 型变频器操作面板按表 9-4 设定参数。

③利用 GX 软件和 GX Simulator – 6 仿真软件输入并运行程序，监控程序运行状态，分析程序运行结果。

④程序符合控制要求后再接通主电路试车，进行系统仿真调试，直到最大限度地满足系统控制要求为止。

9.1.3　工程案例 3：8 站小推车控制系统设计与实施

1. 项目导入

某 8 站小推车位置示意图如图 9-6 所示。请用三菱 FX_{2N} 系列 PLC 与三菱 FR – E700 系列变频器联机对该控制系统设计并实施。

该 8 站小推车控制系统控制要求设定如下：

1）小车所停位置号小于呼叫号时，小车右行至呼叫号处停车。

2）小车所停位置号大于呼叫号时，小车左行至呼叫号处停车。

3）小车所停位置号等于呼叫号时，小车原地不动。

4）具有左行、右行、原地不动指示。

5）起动前有报警信号，报警 5s 后方可左行或右行。

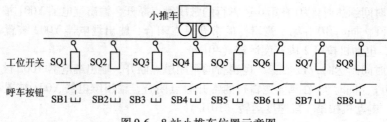

图9-6　8站小推车位置示意图

6）小车具有正/反转点动运行功能。

7）具有小车运行位置的七段数码管显示功能。

2. 项目实施

（1）I/O地址分配

根据8站小推车控制系统控制要求，可设定PLC的I/O分配表，如表9-5所示。

表9-5　I/O地址分配表

输入			输出		
元器件代号	地址号	功能说明	元器件代号	地址号	功能说明
SB1	X0	呼车按钮1	a	Y0	数码管a段
SB2	X1	呼车按钮2	b	Y1	数码管b段
SB3	X2	呼车按钮3	c	Y2	数码管c段
SB4	X3	呼车按钮4	d	Y3	数码管d段
SB5	X4	呼车按钮5	e	Y4	数码管e段
SB6	X5	呼车按钮6	f	Y5	数码管f段
SB7	X6	呼车按钮7	g	Y6	数码管g段
SB8	X7	呼车按钮8	—	Y10	右行指示
SQ1	X10	工位限位开关1	—	Y11	左行指示
SQ2	X11	工位限位开关2	—	Y12	小车右行STR
SQ3	X12	工位限位开关3	—	Y13	小车左行STF
SQ4	X13	工位限位开关4	—	Y14	报警信号
SQ5	X14	工位限位开关5	—	Y15	变频器JOG信号
SQ6	X15	工位限位开关6	—	Y16	原点指示
SQ7	X16	工位限位开关7			
SQ8	X17	工位限位开关8			
—	X20	点动/自动转换			
SB01	X21	点动右行			
SB02	X22	点动左行			

（2）硬件接线图设计

根据表9-5所示的I/O地址分配表，可对系统硬件接线图进行设计，如图9-7所示。

（3）FR-E700系列变频器参数设置

根据8站小推车控制系统控制要求，需要对变频器进行有关参数设置，具体见表9-6。

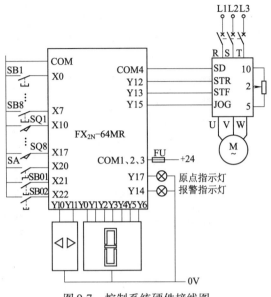

图 9-7　控制系统硬件接线图

表 9-6　变频器参数设置表

参数编号	参数名称	设定值
Pr. 7	加速时间	5s
Pr. 8	减速时间	4s
Pr. 15	点动频率	10Hz
Pr. 16	点动加减速时间	2s
Pr. 79	运行模式	2

（4）PLC 程序设计

根据系统控制要求和 I/O 地址分配表，可对 PLC 程序进行设计。8 站小推车控制系统控制程序如图 9-8 所示。

程序详解：

1）点动运行。

①小车点动右行。合上点动/自动选择开关 SA，输入继电器 X20 得电闭合，其在第 1 逻辑行中的常开触点闭合，执行跳转指令 CJ，程序跳转至 P1 处；X20 在第 14 逻辑行的常开触点闭合，在其上升沿时，执行区间复位指令 ZRST，输出继电器 Y10 ~ Y15 复位并保持。

按下 SB01，输入继电器 X21 得电闭合，其在第 15 逻辑行的常开触点闭合，输出继电器 Y12 得电，其主触点闭合后加至变频器 STR 端子；同时，输出继电器 Y10 得电，驱动外接指示灯实现右行指示功能。X21 在第 17 逻辑行的常开触点闭合，输出继电器 Y17 复位并保持，原位指示灯熄灭；同时，输出继电器 Y15 得电，输出信号至变频器端子 JOG。通过变频器使小车点动右行。

松开 SB01，输入继电器 X21 失电，其在第 15、17 逻辑行的常开触点断开，输出继电器 Y12、Y15 断电，此时无输出信号至变频器端子 STR、JOG，即通过变频器使小车停止右行。同时，输出继电器 Y10、Y17 断电，外接右行指示灯熄灭，原位指示灯亮。

②小车点动左行。按下 SB02，输出继电器 X22 得电闭合，松开 SB02，输出继电器 X22 失电断开，通过控制输出继电器 Y13、Y11 通断，可使小车实现点动左行控制功能。具体工作过程与小车点动右行相同，此处不再赘述。

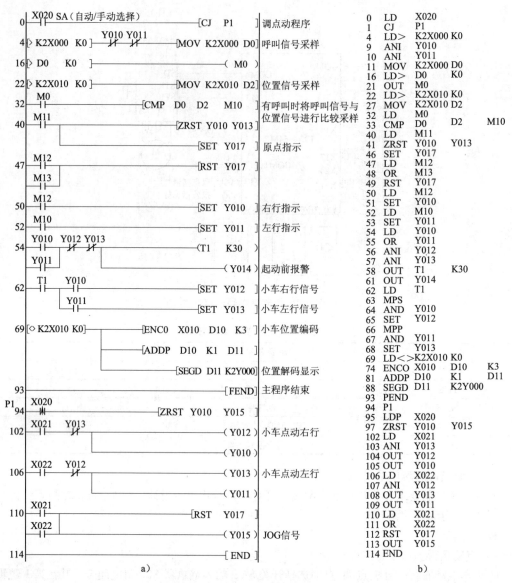

图 9-8　8 站小推车控制系统程序

a) 梯形图　b) 语句指令表

2) 自动运行。

断开点动/自动选择开关 SA, 输入继电器 X20 失电断开, 不执行跳转指令 CJ。

当有呼叫信号时, 按钮 SB1 ~ SB8 中有的被按下, 使 K2X000 (X0 ~ X7) 中相应的输入继电器得电, 因此 K2X000 > K0, 第 2 逻辑行中比较触点闭合, 执行 MOV 指令, 将 K2X000 写入数据寄存器 D0。同时, 小车所停位置信号 K2X010 > K0, 第 4 逻辑行中比较触点闭合, 执行 MOV 指令, 将 K2X010 写入数据寄存器 D2。

当 D0 > K0 时, 第 3 逻辑行中比较触点闭合, 辅助继电器 M0 得电, 其在第 5 逻辑行中的常开触点闭合, 执行比较指令 CMP, 将呼叫信号与位置信号进行比较。

当小车所在位置号大于呼叫信号, 即 D2 > D0 时, 则辅助继电器 M10 得电, 其在第 9 逻辑行的常开触点闭合, 输出继电器 Y11 得电, 外接指示灯亮, 实现小车左行指示功能。Y11 在第 10

逻辑行中的常开触点闭合，输出继电器 Y14 得电，外接指示灯亮，实现起动前报警指示功能。定时器 T1 得电开始 3s 计时，计时时间到达后，其在第 11 逻辑行中的通电延时常开触点闭合，此时由于 Y11 在第 11 逻辑行中的常开触点也闭合，故输出继电器 Y13 置位并保持，输出信号至变频器端子 STF，同时输出继电器 Y17 复位，原点指示灯熄灭。通过变频器使小车左行，当小车左行到呼叫位置时，小车所在位置号 D2 等于呼叫信号 D0，即 D2 = D0，执行比较指令 CMP 的结果，使辅助继电器 M11 得电，其在第 6 逻辑行中的常开触点闭合，执行区间复位指令 ZRST，使输出继电器 Y10 ~ Y13 复位，小车停止运行，此时控制器工作于待机状态。同时，输出继电器 Y17 得电，其外接指示灯亮，实现原点指示功能。

当小车所在位置号等于呼叫信号，即 D2 = D0 时，执行比较指令 CMP 的结果，使辅助继电器 M11 得电，具体工作过程与小车左行到呼叫位置时相同，不再赘述。

当小车所在位置号小于呼叫信号，即 D2 < D0，则 M12 得电，其在第 8 逻辑行中的常开触点闭合，输出继电器 Y10 得电，其外接指示灯亮，实现右行指示功能。同时 Y10 在第 10 逻辑行中的常开触点闭合，输出继电器 Y14 得电，外接指示灯亮，实现起动前报警指示功能；定时器 T1 得电，开始 3s 计时，当计时结束后，T1 在第 11 逻辑行中的通断延时常开触点闭合（此时 Y10 在第 11 逻辑行中的常开触点闭合），输出继电器 Y12 置位并保持，输出信号至变频器端子 STR，同时输出继电器 Y17 复位，原点指示灯熄灭。通过变频器使小车右行，当小车右行至呼叫位置时，小车所在位置号 D2 等于呼叫信号 D0，即 D2 = D0，执行比较指令 CMP 的结果，使辅助继电器 M11 得电，其在第 6 逻辑行中的常开触点闭合，执行区间复位指令 ZRST，使输出继电器 Y10 ~ Y13 复位，小车停止运行，此时控制器工作于待机状态。同时，输出继电器 Y17 得电，其外接指示灯亮，实现原点指示功能。

3）小车所在位置显示。

当小车停留在位置 3，则输入继电器 X12 得电闭合，因此 K2X010 ≠ K0，第 12 逻辑行中的比较触点闭合。

①执行编码指令 ENCO，执行结构使 D10 = K2。

②执行加 1 指令 ADDP。

由于小车停留位置的行程开关 SQ1 ~ SQ8 与 PLC 的输入继电器 X10 ~ X17 端口连接，因此在 D10 中存放的位置参数为 0 ~ 7。为此，执行加 1 指令，使 D10 中存放的位置号为 1 ~ 8。

③执行 SEGD 指令，译码结果为 D11 = K2Y000 = 2#01001111，数码管显示 "3"。

4）系统仿真调试。

①按照图 9-7 所示的系统硬件接线图接线并检查、确认接线正确。

②利用 FR - E740 型变频器操作面板按表 9-6 设定参数。

③利用 GX 软件和 GX Simulator - 6 仿真软件输入并运行程序，监控程序运行状态，分析程序运行结果。

④程序符合控制要求后再接通主电路试车，进行系统仿真调试，直到最大限度地满足系统控制要求为止。

9.2　三菱 FR - E700 系列变频器的 PID 控制及应用

9.2.1　PID 控制的基本概念

变频器支持单回路的 PID 控制，可与传感器等组成闭环控制系统，实现对被控量的自动调节，在温度、压力、流量等参数要求恒定的场合应用十分广泛，是变频器在节能领域常用的一种控制方法。

PID 控制是指将被控量的检测信号（即由传感器测得的实际值）反馈至变频器，与被控量的目标信号（即设定值）进行比较，以判断是否已经达到预定的控制目标。若尚未达到，则根据两者的差值进行调整，直至达到预定的控制目标为止。

PID 控制框图如图 9-9 所示。

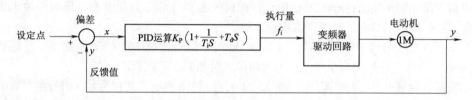

图 9-9　PID 控制框图

K_p—比例常数　T_i—积分时间　S—演算子　T_d—微分时间

图 9-9 中，把模拟量控制的设定值与反馈值进行偏差计算后送入 PID 控制器中进行 PID 运算，运算后的结果输出到执行器，最终调节电动机的转速，从而调节被控量。

9.2.2　PID 控制方式

目前，变频器的 PID 控制器常用的控制方式有 PI 控制、PD 控制和 PID 控制。

1. PI 控制

PI 控制是由比例控制（P）和积分控制（I）组合而成的，根据偏差及时间变化，产生一个执行量，PI 运算是 P 和 I 运算之和。对于过程值单步变化的动作如图 9-10 所示。

2. PD 控制

PD 控制是由比例控制（P）和微分控制（D）组合而成的，根据改变动态特性的偏差速率，产生一个执行量，PD 运算是 P 和 D 运算之和。对于过程量比例变化的动作如图 9-11 所示。

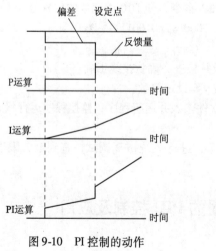

图 9-10　PI 控制的动作

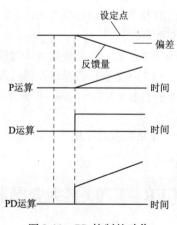

图 9-11　PD 控制的动作

3. PID 控制

PID 运算是 P、I 和 D 三个运算的总和。

9.2.3　三菱 FR－E700 系列变频器的 PID 控制应用

1. 接线原理图

若输入为漏型逻辑，实现 PID 控制的电路连接如图 9-12 所示。该图可实现水管管道压力的自动控制，用变频器调节水泵电动机的转速，用压力传感器检测管道压力，设定值用一个电位器调节 0～10V 的电压送入端子 2 和端子 5，传感器输出的 4～20mA 的电流信号送至变频器的端子 4 和端子 5，偏差信号送至端子 1。

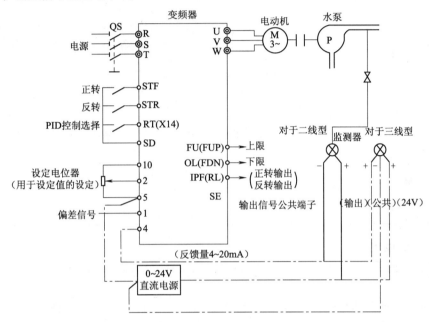

图 9-12　PID 控制电路

图 9-12 中，变频器各 I/O 端子的功能见表 9-7。

表 9-7　I/O 端子功能

信号		使用端子	功能	说　明	备　注	
输入	X14	按照 Pr. 180～Pr. 186 的设定	PID 控制选择	X14 闭合时选择 PID 控制	设定 Pr. 128 为 10、11、20 和 21 中的任一值	
	2	2	设定值输入	输入 PID 的设定值		
	1	1	偏差信号输入	输入外部计算的偏差信号		
	4	4	反馈量输入	从传感器来的 4～20mA 反馈量		
输出	FUP	按照 Pr. 191～Pr. 195 的设定	上限输出	输出指示反馈量信号已超过上限值	Pr. 128＝20，21）	集电极开路输出
	FDN		下限输出	输出指示反馈量信号已超过下限值		
	RL		正（反）转方向信号输出	参数单元显示"Hi"表示正转（FWD）或显示"Low"表示反转（REV）或停止（STOP）	（Pr. 128＝10，11，20，21）	
	SE	SE	输出公共端子	FUP、FDN 和 RL 的公共端子		

当 X14 信号接通时，开始 PID 控制；当信号关断时，变频器的运行不含 PID 的作用。

设定值通过变频器端子2和端子5，或者从Pr. 133中设定，反馈值通过变频器端子4和端子5输入。

当输入外部计算偏差信号时，通过端子1和端子5输入，同时在Pr. 128中设定"10"或"11"。

设定值、偏差值与反馈值的设定如表9-8所示。

表9-8 设定值、偏差值与反馈值的设定

项 目	输 入	说 明	
设定值	通过端子2~5	设定0V为0%，5V为100%	当Pr. 73设定为1、3、5、11、13或15时，端子2选择为5V
		设定0V为0%，10V为100%	当Pr. 73设定为0、2、4、10、12或14时，端子2选择为10V
	Pr. 133	由Pr. 133设定，其设定值为百分数	
偏差值	通过端子1~5	设定−5V为−100%，0V为0%，+5V为+100%	当Pr. 73设定为2、3、5、12、13或15时，端子1选择为5V
		设定−10V为−100%，0V为0%，+10V为+100%	当Pr. 73设定为0、1、4、10、12或14时，端子1选择为10V
反馈值	通过端子4、5	4mA相当于0%，20mA相当于100%	

2. PID参数设定

使用变频器内置PID功能进行控制时，除定义变频器的I/O端子功能外，还必须设定变频器PID参数。

PID参数的设定如表9-9所示。其中Pr. 128用来设定闭环控制的反馈类型为正反馈还是负反馈；Pr. 129用来设定PID调节的比例范围常数；Pr. 130用来设定PID积分时间常数；Pr. 133用来用PU设定PID控制的设定值；Pr. 134用来设定微分时间常数。

表9-9 PID参数的设定

参数号	名 称	设定值	说 明		
Pr. 128	选择PID控制	10	对于加热、压力等控制	偏差值信号输入（端子1）	PID负反馈
		11	对于冷却等控制		PID正反馈
		20	对于加热、压力等控制	检测值信号输入（端子4）	PID负反馈
		21	对于冷却等控制		PID正反馈
Pr. 129	PID比例范围常数	0.1%~1000%	如果比例范围较窄（参数设定值较小），反馈量的微小变化会引起执行量的很大改变，因此，随着比例范围变窄，响应的灵敏度（增益）得到改善，但稳定性变差，例如：发生振荡 增益 $K = 1/$比例范围		
		9999	无比例控制		
Pr. 130	PID积分时间常数	0.1~3600s	该时间是指由积分（I）作用时达到与比例（P）作用时相同的执行量所需要的时间，随着积分时间的减少，达到设定值就越快，但也容易发生振荡		
		9999	无积分控制		

（续）

参数号	名 称	设定值	说 明
Pr. 131	上限	0% ~ 100%	设定上限，如果检测值超过此设定值，变频器输出 FUP 信号（检测值的 4mA 等于 0% ，20mA 等于 100%）
		9999	功能无效
Pr. 132	下限	0% ~ 100%	设定下限，（如果检测值超过此设定值，变频器输出一个报警，同样，检测值的 4mA 等于 0% ，20mA 等于 100%）
		9999	功能无效
Pr. 133	PID 控制设定值	0% ~ 100%	仅在 PU 操作或 PU/外部组合模式下对 PU 指令有效 对于外部操作，设定值由端子 2 ~ 5 间的电压决定 Pr. 902 值等于 0% 和 Pr. 903 值等于 100%
Pr. 134	PID 微分时间常数	0.01 ~ 10.00s	时间值仅要求向微分作用提供一个与比例作用相同的检测值，随着时间的增加，偏差改变会有较大的响应
		9999	无微分控制

3. 操作过程

PID 控制的操作过程如图 9-13 所示，先设定变频器的 PID 参数，然后对各 I/O 端子功能进行设定，再接通 X14 端子即可运行调试。

4. 校准

（1）设定值输入校准

1）在端子 2 和端子 5 间输入电压（如 0V），使设定值设定为 0% 。

2）用 Pr. 902 校正。此时，输入的频率将作为偏差值 = 0% （如 0Hz）时变频器的输出频率。

3）在端子 2 和端子 5 输入电压（如 5V），使设定值设定为 100% 。

4）用 Pr. 903 校正。此时，输入的频率将作为偏差值 = 100% （如 50Hz）时变频器的输出频率。

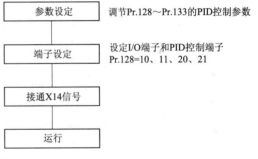

图 9-13 PID 控制操作过程

（2）传感器的输出校准

1）在端子 4 和端子 5 之间输入电流（如 4mA）相当于传感器输出值为 0% 。

2）用 Pr. 904 进行校准。

3）在端子 4 和端子 5 之间输入电流（如 20mA）相当于传感器输出值为 100% 。

4）用 Pr. 905 进行校准。

Pr. 904 和 Pr. 905 所设定的频率必须与 Pr. 902 和 Pr. 903 所设定的一致，以上所述的校准如图 9-14 所示。

（3）PID 控制校准实例

在 PID 的控制下，假设使用一个 4mA 对应 0℃，20mA 对应 50℃ 的传感器来检测房间温度。设定值通过变频器端子 2 和端子 5（0 ~ 5A）给定，需控制室温保持在 25℃。

PID 控制校准过程如图 9-15 所示。

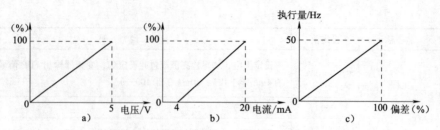

图 9-14　设定值、反馈值与执行量的线性关系

a）设定值的设定　b）反馈值　c）执行量

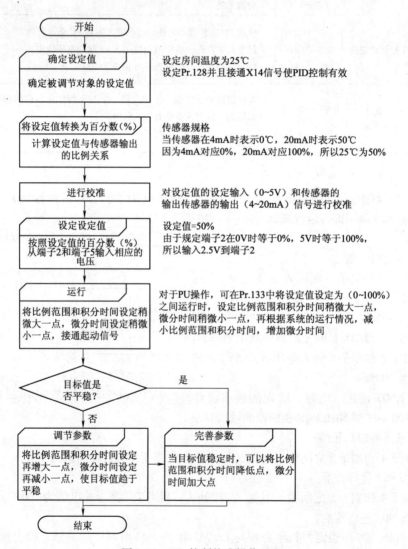

图 9-15　PID 控制校准操作过程

第3篇 图解三菱GOT－F900系列触摸屏入门与提高

第10章 初识三菱GOT－F900系列触摸屏

导读：触摸屏是"人"与"机器"交流信息的窗口，"人"可以通过该窗口向"机器"发送命令，也可以通过此窗口监控"机器"的状态信息，所以触摸屏又称"人机界面"。本章主要介绍其基本结构及工作原理。

10.1 触摸屏概述

触摸屏（Touch Screen）又称为"触控屏"和"触控面板"，是触摸式图形显示终端的简称，是一种人机交互装置。当接触了屏幕上的图形按钮时，屏幕上的触觉反馈系统可根据预先编制的程序驱动各种连接装置，可用以取代机械式的按钮面板，并借助液晶显示画面制造出生动的影音效果。

触摸屏作为一种最新的计算机输入设备，它是目前最简单、方便、自然的一种人机交互方式。触摸屏的应用范围非常广泛，主要应用于公共信息的查询，如电信局、税务局、银行、电力等部门的业务查询；城市街头的信息查询；此外，还应用于工业控制、航天军工和多媒体等领域。

此外，触摸屏赋予了多媒体系统以崭新的面貌，是极富吸引力的全新多媒体交互设备。它极大地简化了计算机的使用，使计算机展现出更大的魅力，解决了公共信息市场上计算机所无法解决的问题，已成为系统设计师设计相关系统产品时的优选方案之一。

10.1.1 触摸屏的基本概念

所谓触摸屏，从市场概念来讲，就是一种人人都会使用的计算机输入设备，或者说是人人都会使用的与计算机沟通的设备。不用学习，人人都会使用，是触摸屏最大的魔力，这一点无论是键盘还是鼠标，都无法与其相比。人人都会使用，也就标志着计算机应用普及时代的真正到来。这也是发展触摸屏，努力形成我国触摸产业的原因。

从技术原理角度来讲，触摸屏是一套透明的绝对定位系统，首先它必须保证是透明的，因此它必须通过材料科技来解决透明问题，像数字化仪表、写字板和电梯开关，它们都不是触摸屏；其次它是绝对坐标系统，手指摸哪就是哪，不需要第二个动作，不像鼠标，是相对定位的一套系统，我们可以注意到，触摸屏软件都不需要光标，有光标反倒影响用户的注意力，因为光标是给相对定位的设备用的，相对定位的设备要移动到一个地方首先要知道现在在何处，往哪个方向去，每时每刻还需要不停地给用户反馈当前的位置才不至于出现偏差。这些对采取绝对坐标定位的触摸屏来说都不需要；再其次就是能检测手指的触摸动作并且判断手指位置，各类触摸屏技术就是围绕"检测手指触摸"这一主题进行研发的。

1. 触摸屏的发展

触摸屏起源于 20 世纪 70 年代，早期多被装于工控计算机、POS 机终端等工业或商用设备之中。

2007 年 iPhone 手机的推出，成为触控行业发展的一个里程碑。苹果公司把一部至少需要 20 个按键的移动电话，设计成仅需三四个键，剩余操作则全部交由触控屏幕完成。除赋予了使用者更加直接、便捷的操作体检之外，还使手机的外形变得更加时尚轻薄，增加了人机直接互动的亲切感，引发消费者的热烈追捧，同时也开启了触摸屏向主流操控界面迈进的征程。

2. 触摸屏的特点

在工程技术中，触摸屏具有如下显著特点：

1）操作简单。只需用手指触摸触摸屏上的相应指示按钮，便可进入信息平台。

2）界面友好。使用者即使没有计算机相关的专业知识，根据屏幕上的信息和指令，也可以进行操作。

3）信息丰富。触摸屏存储信息种类丰富，包括文字、声音、图形和图像等。信息存储量几乎不受限制，任何复杂的数据信息，都可以纳入多媒体系统。

4）安全可靠。可长时间连续运行，系统稳定可靠，正常操作不会出现错误或死机，易于维护。

5）扩展性好。具有良好的扩展性，可随时增加系统的内容和数据，并为系统的联网运行、多数据库的操作提供方便。

6）动态联网。根据用户需要，可与各种局域网或广域网连接。

10.1.2　触摸屏的应用与发展前景

1. 触摸屏的基本功能

在工程技术中，触摸屏在控制系统中的基本功能如下：

1）设备工作状态显示。如指示灯、按钮、文字、图形和曲线等，也可以显示直线、圆和长方形等简单图形，还可以显示数字和英文、日文、中文等文字。位图也可以作为预定义画面组件导入和显示。可显示 PLC 中字元件设定值和当前值，也可以以数字或棒图的形式显示，供监视用。图形组件的指定区域可以根据 PLC 中位元件的开/关状态反转显示。

2）数据、文字输入操作、打印输出。监视并改变数值数据，可以监视和改变每个元件的开/关状态和 PLC 中每个定时器、计算器的设定值和当前值以及数据寄存器的值。

3）生产工艺存储，设备生产数据记录，可以将报警（位元件 ON）存储为报警历史，每个元件的报警频率可以作为历史数据存储。使用画面创建软件可通过个人计算机读出报警历史信息，并将信息传入打印机。

4）简单的逻辑和数值运算，如与、或、非、加和减等。

5）可连接多种工业控制设备组网，配置各种接口，例如 RS-232（串口）、RS-422、RS-485 接口，MPI、Profibus-DP、USB，可选以太网接口，可远程下载/上传组态和硬件升级产品。

2. 触摸屏的典型应用

目前，触摸屏在公共信息查询、工业控制、航天军工和多媒体等领域已得到广泛应用。其典型应用如图 10-1 所示。

a)　　　　　　　　　b)　　　　　　　　　c)

图 10-1　触摸屏的典型应用

a）手机触摸屏　b）触摸显示屏　c）工业触摸显示器

值得注意的是，触摸屏产品是为了解决 PLC 的人机交互问题而产生的，但随着计算机技术和数字电子技术的发展，很多工业控制设备都具备了串口通信功能，所以只要有串口通信功能的工业控制设备，如变频器。直流调速器、温控仪表和数采模块等都可以连接触摸屏产品，来实现人机交互功能。本章仅介绍触摸屏与 PLC 连接的情况，对其他工业控制设备与触摸屏的连接感兴趣的读者可参照相关参考文献自行学习。

3. 触摸屏的发展前景

随着数字电路和计算机技术的发展，未来的触摸屏产品在功能上的高、中、低划分将越来越不明显，触摸屏的功能将越来越丰富；5.7in 以上的触摸屏产品将全部是彩色显示屏，其寿命也将更长。由于计算机硬件成本的降低，触摸屏产品将以平板 PC 为硬件的高端产品为主，因为这种高端的产品在处理器速度、存储容量、通信接口种类和数量、组网能力、软件资源共享上都有较大的优势，是未来触摸屏产品的发展方向。当然，小尺寸的（显示尺寸小于 5.7in）触摸屏产品，由于其在体积和价格上的优势，随着其功能的进一步增强（如增加 I/O 功能），将在小型机械设备的人机交互应用中得到广泛应用。

10.2　触摸屏的基本结构及工作原理

触摸屏产品包含触摸屏硬件和相应的专用画面组态软件，一般情况下，不同厂家的触摸屏硬件使用不同的画面组态软件，连接的主要设备种类是 PLC。

10.2.1　触摸屏的基本结构

触摸屏产品由硬件和软件两部分组成，硬件部分包括处理器、显示器、输入系统、通信接口、数据存储单元等，如图 10-2a 所示。

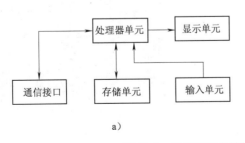
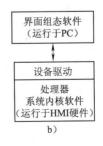

a）　　　　　　　　　b)

图 10-2　触摸屏基本结构

a）硬件组成　b）软件组成

　　处理器的性能决定了触摸屏产品的性能高低，是其核心单元。根据触摸屏的产品等级不同，处理器可分别选用 8 位、16 位、32 位的处理器。

　　触摸屏软件一般分为两部分，即运行于触摸屏硬件中的系统软件和运行于 PC Windows 操作系统下的画面组态软件。实际应用时，用户必须先使用触摸屏画面组态软件制作"工程文件"，再通过 PC 和触摸屏产品的串行通信口，把编制好的"工程文件"下载到触摸屏的处理器中运行。

10.2.2　触摸屏的工作原理

　　"触摸屏"仅是人机界面产品中可能用到的硬件部分，是一种替代鼠标及键盘部分功能，安装在显示屏前端的输入设备。各种触摸屏技术都是依靠传感器来工作的，甚至有的触摸屏本身就是一套传感器。各自的定位原理和各自所用的传感器决定了触摸屏的反应速度、可靠性、稳定性和寿命。

　　触摸屏由触摸检测部件和触摸屏控制器组成。触摸检测部件安装在显示器屏幕前面，用于检测用户触摸位置，接收后送触摸屏控制器；而触摸屏控制器的主要作用是从触摸点检测装置上接收触摸信息，并将它转换成触点坐标，再送给 CPU，它同时能接收 CPU 发来的指令信号并执行。

　　由上述分析可知，触摸屏的基本原理是：用手指或其他物体触摸安装在显示器前端的触摸屏，所触摸的位置（以坐标形式）由触摸屏控制器检测，并通过接口（如 RS - 232 串行口）送到 CPU，从而确定输入的信息。

10.2.3　常用触摸屏技术介绍

　　按照触摸屏的工作原理和传输信息的介质，可以把触摸屏分为电阻式、电容感应式、红外线式以及表面声波式 4 种。每一类触摸屏都有其各自的优缺点，要了解哪种触摸屏适用于哪种场合，关键在于要懂得每一类触摸屏技术的工作原理和特点。

1. 电阻式触摸屏技术

（1）基本结构与工作原理

电阻式触摸屏的基本结构与典型应用如图 10-3 所示。

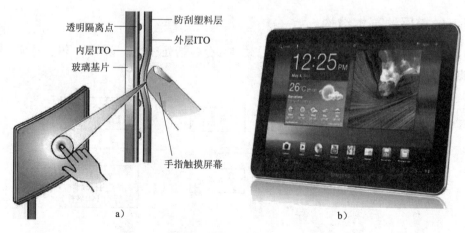

图 10-3　电阻式触摸屏的基本结构与典型应用
a）基本结构　b）典型应用——平板电脑

由图 10-3 可见，电阻式触摸屏利用压力感应进行工作，由触摸屏屏体和触摸屏控制器两部分组成。其中触摸屏屏体实质上是一块与显示器表面配合密切的电阻薄膜屏。

电阻薄膜屏是一种多层复合薄膜，由一层玻璃或硬塑料平板作为基层，表面涂有一层透明氧化金属导电层，上面再覆一层经过外表面硬化处理、光滑防刮的塑料层，该塑料层的内表面也涂有一层导电层，两层导电层之间有许多细小的透明隔离点把两层导电层绝缘隔开。

电阻式触摸屏的关键在于材料的性能，常用的透明导电涂层材料有以下两种：

第一种是氧化铟（ITO）。ITO 是弱导电体，当厚度降到 180nm 以下时会突然变得透明，透光率为 80%，但若再薄，透光率反而下降，到 30nm 厚度时透光率又上升到 80%。ITO 是所有电阻式触摸屏及电容式触摸屏都能用到的主要材料，实际上四线电阻式和电容式触摸屏的工作面都是 ITO 涂层。

第二种是镍金涂层。五线电阻式触摸屏的外导电层使用的是延展性好的镍金涂层材料，可有效延长触摸屏的使用寿命，但是工艺成本较昂贵。镍金导电层虽然延展性好，但是只能作为透明导体，不适合作为电阻式触摸屏的工作面，只能作为感探层。

当手指触摸屏幕时，两层导电层在触摸点位置就有接触，使电阻发生变化，在 X 和 Y 两个方向上产生信号，然后送往触摸屏控制器。控制器检测到这一接触并计算出触点坐标（X、Y）的位置，再模拟鼠标的方式运作。

（2）常用电阻式触摸屏产品简介

电阻式触摸屏根据电阻薄膜屏引出线数的多少，可分为四线、五线等多线电阻式触摸屏。

1）四线电阻式触摸屏。四线电阻式触摸屏的两层透明金属导电层工作时，每层均施加 5V 恒定电压：一个竖直方向，一个水平方向。其主要特点是高解析度、高速传输响应；表面硬度高，从而可减少擦伤、刮伤及防化学处理；具有光面及雾面处理，一次校正，稳定度高，永不漂移。

2）五线电阻式触摸屏。五线电阻式触摸屏的基层把两个方向的电场通过精密电阻网络加在玻璃的导电工作面上，可以简单地理解为两个方向的电场分时工作叠加在同一工作面上，而外层镍金导电层仅仅当作纯导体。当触摸时通过分时检测内层 ITO 接触点 X 轴和 Y 轴电压值来测定触摸点的位置。五线电阻式触摸屏的内层 ITO 需 4 条引线，外层只作导体仅为一条，触摸屏的引出线共有 5 条。其主要特点是高解析度、高速传输响应；表面硬度高，可减少擦伤、刮伤及防化学处理，同点触摸 3000 万次仍可使用；一次校正，稳定度高，永不漂移。五线电阻式触摸屏的缺点是价位高，对环境要求高。

（3）电阻式触摸屏的局限

电阻式触摸屏的优点是性价比和反应灵敏度均较高，且无论是四线电阻式触摸屏还是五线电阻式触摸屏都是对外界完全隔离的工作环境，故不怕灰尘和水汽，能适应各种恶劣的环境。比较适合在工业控制领域及办公室内使用。电阻式触摸屏共同的缺点是电阻触摸屏的外层薄膜容易被划伤导致触摸屏不可用，且多层结构会导致很大的光损失，对于手持设备通常需要加大背光源来弥补透光性不好的问题，但这样也会增加电池的消耗。

2. 电容式触摸屏技术

（1）基本结构与工作原理

电容式触摸屏技术是利用人体的电流感应进行工作的，其基本结构与典型应用如图 10-4 所示。

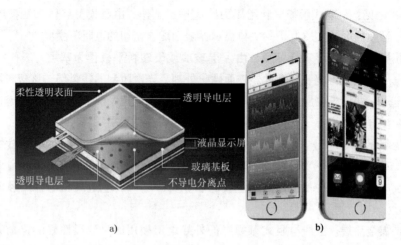

图 10-4　电容式触摸屏的基本结构与典型应用

a) 基本结构　b) 典型应用——智能手机

由图 10-4 可见，电容式触摸屏是一块四层复合玻璃屏，玻璃屏的内表面和夹层各涂有一层 ITO，最外层是一薄层硅土玻璃保护层，夹层 ITO 涂层作为工作面，4 个角上引出 4 个电极，内层 ITO 为屏蔽层以保证良好的工作环境。

当用户触摸电容式触摸屏时，由于人体电场、用户手指和触摸屏工作面形成一个耦合电容，对于高频电流来说，电容呈现的容抗 X_c 小，于是手指从接触点吸走一个很小的电流。这个电流分别从触摸屏 4 角上的电极中流出，并且流经这 4 个电极的电流与手指到 4 角的距离成正比，控制器通过对这 4 个电流比例的精确计算，得出触摸点的位置。

（2）电容式触摸屏的特点

电容式触摸屏的透光率和清晰度均优于四线电阻式触摸屏，但与表面声波式触摸屏和五线电阻式触摸屏相比还存在差距。电容式触摸屏反光严重，而且四层复合电容式触摸屏对不同波长光线的透光率不相同，存在色彩失真的问题。此外，由于光线在各层间的反射，还造成图像字符的模糊。

电容式触摸屏在原理上把人体当作电容器的一个电极使用，当有导体靠近且与夹层 ITO 工作面之间耦合出足够容量值的电容时，流出的电流就足够引起电容式触摸屏的误动作。此外，电容量虽然与极间距离成反比，但与相对面积成正比，并且还与介质的绝缘系数有关。因此，当较大面积的手掌或手持的导电物靠近电容式触摸屏而不是触摸时，就会引起电容式触摸屏的误动作，在天气潮湿的条件下，这种情况尤为严重，手扶住显示器、手掌靠近显示器 7cm 以内或身体靠近显示器 15cm 以内就能引起电容式触摸屏的误动作。

电容式触摸屏的另一个缺点是用戴手套的手或手持不导电的物体触摸时没有反应，这是因为增加了更为绝缘的介质。

电容式触摸屏更主要的缺点是漂移。当环境温度、湿度改变或周围电场发生改变时，都会引起电容式触摸屏的漂移，造成不准确。例如：开机后显示器温度上升会造成漂移，用户触摸屏幕的同时另一只手或身体一侧靠近显示器会漂移等。

由于电容式触摸屏具有不易误触、耐用度高、使用寿命长、只需触摸无需按压操作等优点，在智能手机、金融商业系统和户政查询系统等领域已得到广泛应用。

3. 红外线式触摸屏技术

（1）基本结构与工作原理

红外线式触摸屏是利用 X、Y 轴方向上密布的红外线矩阵来检测并定位用户的，其基本结构与典型应用如图 10-5 所示。

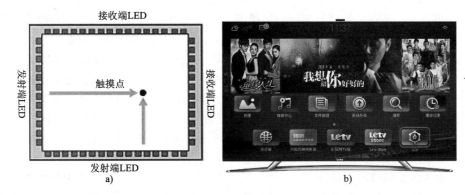

图 10-5　红外线式触摸屏的基本结构与典型应用

a）基本结构　b）典型应用——触摸智能电视机

由图 10-5 可见，红外线式触摸屏由装在触摸屏外框上的红外线发射与接收感测元件构成，在屏幕表面上，形成红外线探测网，任何触摸物体可改变触点上的红外线而实现触摸屏操作。

当用户触摸红外线式触摸屏时，触控操作的物体（比如手指）就会挡住该位置的横竖两条红外线，因而可以判断出触摸点在屏幕上的位置而实现操作的响应。

（2）红外线式触摸屏的特点

早期观念上，红外线式触摸屏存在分辨率低、触摸方式受限制和易受环境干扰而误动作等技术上的局限，因而一度淡出过市场。此后第二代红外线式触摸屏部分解决了抗光干扰的问题，第三代和第四代在提升分辨率和稳定性能上亦有所改进，但都没有在关键指标或综合性能上有质的飞跃。

第五代红外线式触摸屏是全新一代的智能技术产品，它实现了 1000×720 高分辨率、多层次自调节和自恢复的硬件适应能力和高度智能化的识别，可长时间在各种恶劣环境下任意使用。并且可针对用户定制扩充功能，如网络控制、声感应、人体接近感应、用户软件加密保护和红外数据传输等。

由于红外线式触摸屏具有性价比高、安装容易、能较好地感应轻微触摸与快速触摸等特点，已在医疗器械、ATM 机和触摸电视机等领域得到广泛应用。

4. 表面声波式触摸屏技术

（1）基本结构与工作原理

表面声波是超声波的一种，是在介质（例如玻璃或刚性材料）表面浅层传播的机械能量波。表面声波式触摸屏的基本结构与典型应用如图 10-6 所示。

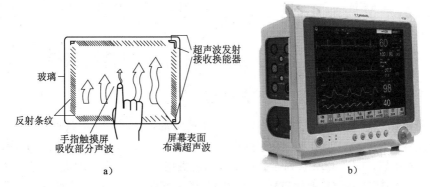

图 10-6　表面声波式触摸屏的基本结构与典型应用

a）基本结构　b）典型应用——医疗器械

由图 10-6 可见，表面声波式触摸屏由触摸屏、声波发生器、反射器和声波接收器组成。其中触摸屏部分可以是一块平面、球面或是柱面的玻璃平板，安装在液晶显示器或等离子显示器屏幕的前面。这块玻璃平板只是一块纯粹的强化玻璃，区别于其他触摸屏技术是没有任何贴膜和覆盖层。玻璃屏的左上角和右下角各固定竖直和水平方向的超声波发射换能器，右上角则固定两个相应的超声波接收换能器。玻璃屏的 4 个周边则刻有 45°角由疏到密间隔非常精密的反射条纹。声波发生器的作用是发送一种高频声波跨越屏幕表面，形成表面声波探测网。

当用户触摸表面声波式触摸屏时，触点上的声波即被阻止，因而可以判断出触摸点在屏幕上的位置而实现操作的响应。

（2）表面声波式触摸屏的特点

表面声波触摸屏具有清晰度较高、抗刮伤性良好、反应灵敏、不受温度和湿度等环境因素影响、分辨率高、寿命长（维护良好情况下达 5000 万次）；透光率高（92%）；没有漂移，只需安装时一次校正；有第三轴（即压力轴）效应，目前在医疗器械和 ATM 机等领域得到了广泛应用。

值得注意的是，表面声波式触摸屏需要经常维护，因为灰尘、油污甚至饮料的液体沾污在触摸屏的表面，都会阻塞触摸屏表面的导波槽，使表面声波不能正常传送，或使波形改变造成控制器无法正常识别，从而影响触摸屏的正常使用，用户需严格注意环境卫生。必须经常擦抹触摸屏表面以保持屏面的光洁，并定期做全面彻底擦除。

表 10-1 列出了各类型触摸屏的优缺点，供用户选用时参考。

表 10-1　不同触摸屏的比较

性能指标	四线电阻 式触摸屏	五线电阻 式触摸屏	表面声波 式触摸屏	电容式 触摸屏	红外线 式触摸屏
清晰度	一般	较好	很好	一般	一般
反光性	很少	有	很少	较严重	
透光率（%）	60	75	92	85	
分辨率/像素	4096 × 4096	4096 × 4096	4096 × 4096	1024 × 1024	可达 1000 × 720
防刮擦	是其主要缺陷	较好、怕锐器	非常好	一般	
反应速度/ms	10 ~ 20	10	10	15 ~ 24	50 ~ 300
使用寿命	5×10^6 次以上	3.5×10^7 次以上	5×10^7 次以上	2×10^7 次以上	较短
缺陷	怕划伤	怕锐器划伤	长时间灰尘积累	怕电磁场干扰	怕光干扰

10.3　三菱 GOT – F900 系列触摸屏快速入门及选型指标

10.3.1　三菱 GOT – F900 系列触摸屏快速入门

三菱公司推出的触摸屏（人机界面）主要有三大系列：GOT2000 系列、GOT1000 系列、GOT – F900 系列。其中 GOT2000 为最新系列产品，具有以太网、RS – 232，RS – 422/485 通信接口等丰富的标准配置；GOT1000 系列又分为基本功能机型 GT15 和高性能机型 GT11 两个系列；GOT – F900 系列触摸屏由于功能比较齐全且价格低廉、性能稳定，已在各领域得到广泛应用，本项目选取 GOT – F900 系列触摸屏为例进行介绍。三菱触摸屏常用系列产品如图 10-7 所示。

图 10-7　常用三菱触摸屏产品

a) GOT2000　b) GOT1000　c) GOT – F900

1. GOT – F900 系列触摸屏型号命名

GOT – F900 系列触摸屏型号命名提供的信息如下：

$$F9\square \ \square \ \square GOT - \bigcirc \ \bigcirc \ \underline{\bigcirc\bigcirc} - \bigcirc - \bigcirc - \bigcirc$$
$$① \ ② \ ③ \qquad ④ \ ⑤ \quad ⑥ \quad ⑦ \ ⑧ \ ⑨$$

其中①~⑨的含义如下：

①代表尺寸。2：3in；3：4in；4：5.7in（在 F940WGOT 中为 5.7in）。

②代表 PLC 的连接规格。0：RS – 422，RS – 232 接口；3：RS – 232C × 2 通道接口。在便携式 GOT 情况下，0：RS – 422 接口；3：RS – 232C 接口。

③代表画面形状。None：标准型；W：宽面型。

④代表画面色彩。T：TFT，256 色 LCD；S：STN，8 色 LCD；L：STN，黑白色 LCD；D：STN，蓝色 LCD。

⑤代表面板色彩。W：白色；B：黑色。

⑥代表输入电源规格。D：24V 直流电；D5：5V 直流电。

⑦代表类型。None：面板表面安装类型；K：附带多种键区。

⑧代表类型。None：面板表面安装类型；H：便携式 GOT。

⑨代表海外型号：

E：在系统画面上可以显示英语或者日语。用户画面上可以显示汉语（简/繁），还可以显示韩语及一些西欧国家语言，如法语、德语等。

C：在系统画面上可以显示汉语或者英语。用户画面上可以显示日语、韩语及一些西欧国家语言，如法语、德语等。

T：在系统画面上只有英语，在用户画面上可以显示英语和汉语（简/繁）。

例如：F940GOT – LWD – C，表示屏幕大小是 5.7in，接口是一个 RS – 422 和一个 RS – 232，画面形状为标准型，色彩是黑白两色，面板为白色，电源规格为直流 24V，为面板表面安装类型，系统画面语言可以是汉语或者英语，用户画面可以是日语、韩语及一些西欧国家语言。

2. GOT – F900 系列触摸屏参数规格

表 10-2 为三菱 GOT – F900 系列触摸屏部分参数规格。

表 10-2　三菱 GOT – F900 系列触摸屏参数规格

项目		规　　格		
		F940GOT – LWD	F940GOT – SWD	F940WGOT – TWD
显示元件	LCD 类型	STN 型全点阵 LCD		TFT 型全点阵 LCD
	点距（水平×垂直）	0.36mm × 0.36mm		0.324mm × 0.375mm
	显示颜色	单色（黑/白）	8 色	256 色

（续）

项目		规　格		
		F940GOT – LWD	F940GOT – SWD	F940WGOT – TWD
屏幕		"320 × 240 点"液晶有效显示尺寸：115mm × 86mm（6in 型）		"480 × 234 点"液晶有效显示尺寸：155. 5mm × 87. 8mm（7in 型）
键	所用键数	每屏最大触摸键数目为 50		
	配制（水平 × 垂直）	"20 × 12"矩阵配制		"30 × 12"矩阵配制
通信接口	RS – 422	符合 RS – 422 标准，单通道，用于 PLC 通信（F943GOT 没有 RS – 422 接口）		
	RS – 232C	符合 RS – 232C 标准，双通道，用于画面数据传送时与 PC 通信		
画面数量		用户创建画面：最多 500 个画面（画面编号：No. 0 ~ No. 499）系统画面：25 个画面（画面编号：No. 1001 ~ No. 1025）		
用户存储容量		512KB		1MB

3. F940GOT – SWD 简介

在工程技术中，GOT – F900 系列触摸屏种类较多，其中 F940GOT – SWD 型触摸屏是目前应用比较广泛的一种。

F940GOT – SWD 具有 8 色 STN 彩色液晶显示，画面尺寸为 5. 7in（对角），分辨率为 320 × 240，用户存储器容量 512KB，可生成 500 个用户画面，能与三菱 FX 系列、A 系列 PLC 进行联机，也可与定位模块 FX_{2N} – 10GM、FX_{2N} – 20GM 及三菱变频器进行联机，同时还可与其他厂商的 PLC 进行联机，如 OMRON、SIEMENS、AB 等。

F940GOT – SWD 外观如图 10-8 所示。

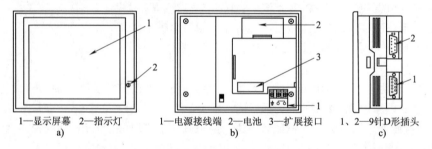

1—显示屏幕　2—指示灯　　　1—电源接线端　2—电池　3—扩展接口　　1、2—9针D形插头
a)　　　　　　　　　　b)　　　　　　　　　　c)

图 10-8　F940GOT – SWD 外观示意图
a）正面图　b）背面图　c）侧面图

（1）正面图

F940GOT – SWD 的正面如图 10-8a 所示。

1）显示屏幕：320 × 240 点图形显示，字符串：40 个字符 × 15 行。

2）指示灯：指示触摸屏的运行和停止状态以及工作是否正常。

（2）背面图

F940GOT – SWD 的背面如图 10-8b 所示。

1）电源接线端：为触摸屏提供电源和接地。

2）电池：存储采样数据、警报记录和当前时间。画面数据存储在内置的闪存中，闪存不需要电池。

3）扩展接口：连接可选的扩展设备。

（3）侧面图

F940GOT – SWD 的侧面如图 10-8c 所示。

1) 9 针 D 形插头，阴型 PLC 端口（RS – 422 端口）。用于与 PLC 的 RS – 422 端口连接，也用于连接两个或多个 GOT 单元（RS – 422 连接）。

2) 9 针 D 形插头，阳型 PC 端口（RS – 232C 端口）。用于在传送画面创建软件创建的画面数据时与 PC 的连接。用于到 PLC 或微型计算机主板的 RS – 232C 连接。用于连接两个或多个 GOT 单元（RS – 232C 连接）或用于与条形阅读器、打印机等外部设备的通信。

10.3.2　触摸屏的选型指标

在工程技术中，对触摸屏进行选型时主要考虑如下指标：

1) 显示屏尺寸及色彩、分辨率；

2) 处理器的速度性能；

3) 输入方式：触摸屏或薄膜键盘；

4) 画面存储容量，需要注意厂商标注的容量单位是字节（byte），还是位（bit）；

5) 通信口种类及数量，是否支持打印功能；

6) 触摸屏漂移。传统的鼠标是一种相对定位系统，只和前一次鼠标的位置坐标有关。而触摸屏则是一种绝对坐标系统，要选哪里就直接点哪里，与相对定位系统有着本质的区别。绝对坐标系统的特点是每一次定位坐标与上一次定位坐标没有关系，每次触摸的数据通过校准转为屏幕上的坐标，不管在什么情况下，触摸屏这套坐标在同一点的输出数据都是稳定的。不过由于技术原理的原因，并不能保证同一点触摸每一次采样数据都是相同的，不能保证绝对坐标定位。触摸点不准，这就是触摸屏最怕的问题：漂移。而事实上，经过技术革新，对于性能质量好的触摸屏来说，漂移的情况出现得并不是很严重。

10.4　触摸屏与外围设备的连接

10.4.1　触摸屏通信接口介绍

在工程技术中，不同生产厂家触摸屏采用的通信接口大致相同，掌握常用通信接口应用特性是将触摸屏与外围设备正确连接的技术保障。本节以三菱 GOT – F900 系列触摸屏为例，进行介绍。

1. GOT – F900 系列触摸屏通信接口

GOT – F900 系列各型号触摸屏通信接口如图 10 – 9 所示。

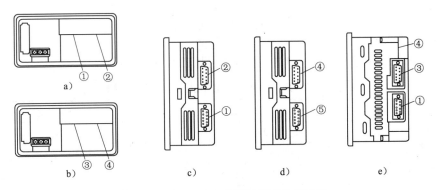

图 10-9　GOT – F900 系列触摸屏通信接口

a) F930GOT　b) F933GOT　c) F940GOT　d) F943GOT　e) F940WGOT

①~④的含义如下：

①连接 PLC 端口（RS‐422），9 针 D‐sub，阴型。可以通过 RS‐422 连接 PLC，也可以通过这个端口连接两个或更多个 GOT 模块（F920GOT‐K 除外）。RS‐422 端口如图 10‐10 所示。

②连接个人计算机/PLC 端口（RS‐232C），9 针 D‐sub，阳型。连接个人计算机利用画面设计软件创建画面数据；也可以利用该端口连接 PLC 或计算机主板（在 F920GOT‐K 型中，只有 Q 系列 PLC 能连接）；也可以通过这个端口连接两个或更多个 GOT 模块、条码阅读器或打印机（F920GOT‐K 除外）。RS‐232C 端口如图 10-11 所示。

图 10-10　RS‐422 端口　　　　　　　　　图 10-11　RS‐232C 端口

③PLC 端口（RS‐232C），9 针 D‐sub，阳型。连接 PLC 或计算机主板，也可以通过这个端口连接两个或更多个 GOT 模块、条码阅读器或打印机。

④个人计算机端口（RS‐232C），9 针 D‐sub，阳型。连接个人计算机利用画面设计软件创建画面数据；或者连接条码阅读器、打印机。本端口不能用来连接 PLC。

2. 触摸屏通信接口针脚布置及数据连接线

（1）触摸屏通信端口针脚布置

触摸屏通信端口 RS‐422、RS‐232C 针脚布置如图 10-12 所示。

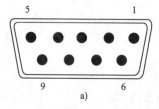
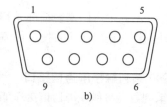

a)　　　　　　　　　　　　b)

图 10-12　触摸屏通信端口针脚布置

a）RS‐422　b）RS‐232C

（2）触摸屏通信端口针脚功能

GOT‐F900 系列触摸屏通信接口各针脚的功能见表 10-3。

表 10-3　GOT‐F900 系列触摸屏通信接口针脚的功能

D‐sub 针脚号	RS‐422	RS‐232C
1	TXD +（SDA）	NC
2	RXD +（RDA）	RD（RXD）
3	RTS +（RSA）	SD（TXD）
4	CTS +（CSA）	ER（DTR）
5	SG +（GND）	SG +（GND）

（续）

D – sub 针脚号	RS – 422	RS – 232C
6	TXD –（SDB）	DR（DSR）
7	RXD –（RDB）	RS（RTS）
8	RTS –（RSB）	GS（CTS）
9	CTS –（CSB）	用户不可使用

（3）触摸屏通信端口数据连接线

个人计算机与触摸屏通信线的连接如图 10-13 所示。

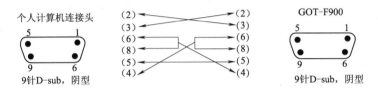

图 10-13　个人计算机与触摸屏通信线的连接

触摸屏与 FX$_{2N}$ 系列 PLC 的通信连接如图 10-14 所示。

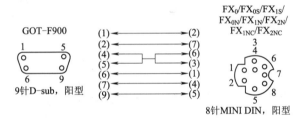

图 10-14　触摸屏与 FX$_{2N}$ 系列 PLC 的通信连接

10.4.2　触摸屏与外围设备的连接方法

在工程技术中，GOT 中的显示画面（工程文件）是使用专用软件（GT Designer2）通过个人计算机所创建的。该工程文件需与外围设备（触摸屏、PLC 等）进行正确连接才能实现对应控制功能。个人计算机、触摸屏与 PLC 之间的连接如图 10-15 所示。

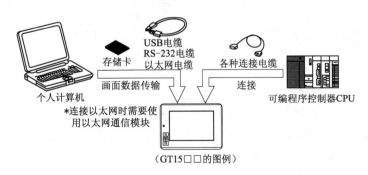

图 10-15　触摸屏与外围设备的连接

10.4.3 触摸屏与 PLC 联机原理

触摸屏与可编程序控制器 CPU 连接时，通过输入单元（如触摸屏、键盘、鼠标等）写入工作参数或输入操作命令，实现人与机器的信息交互。触摸屏所进行的动作最终由 PLC 来完成，触摸屏仅仅是改变或显示 PLC 的数据，下面通过如图 10-16 所示的电路进行说明。

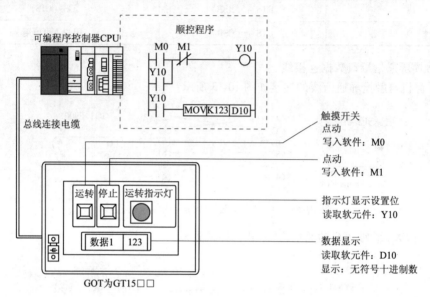

图 10-16 触摸屏与 PLC 联机实例

工作说明：

1）触摸 GOT 的触摸开关"运转"时，分配到触摸开关中的位软元件"M0"为 ON，如图 10-17 所示。

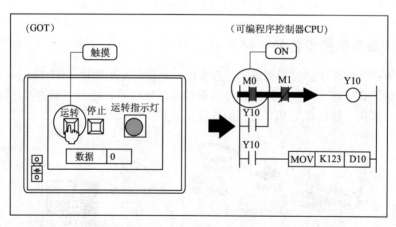

图 10-17 触摸屏与 PLC 联机原理（一）

2）当 M0 = ON 时，位软元件"Y10"也为 ON。此时，分配了位软元件"Y10"的 GOT 运转指示灯显示"ON"图形，如图 10-18 所示。

3）由于位软元件"Y10"处于 ON 状态，因此"123"被存储到字软元件"D10"中，此时，分配了字软元件"D10"的 GOT 数据显示器显示"123"，如图 10-19 所示。

4）触摸 GOT 的触摸开关"停止"时，分配到触摸开关中的位软元件"M1"处于 ON 状态。由于该位软元件"M1"为位软元件"Y10"的 OFF 条件，故 GOT 的运行指示灯将变为 OFF 状态，如图10-20所示。

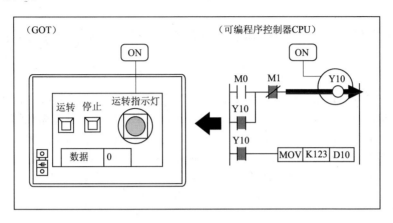

图 10-18　触摸屏与 PLC 联机原理（二）

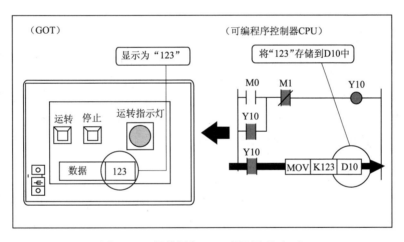

图 10-19　触摸屏与 PLC 联机原理（三）

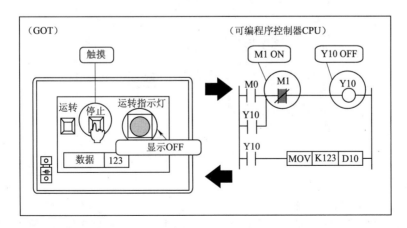

图 10-20　触摸屏与 PLC 联机原理（四）

第 11 章　三菱触摸屏 GT 组态软件的应用

导读：根据需要尽量精确地把机器或过程映射在操作单元上，这个过程称为组态过程，故触摸屏编程软件也叫组态软件。三菱 GT Designer2 Version2 中文版（以下简称 GT 软件）是目前国内使用比较广泛的组态软件版本，能够对三菱全系列的触摸屏进行编程。和 GT Designer2 Version1（GOT 模拟仿真软件）软件以及 GX – Developer、GXSimulator2 – C（三菱 PLC 编程及仿真软件）一起安装，能在个人计算机上仿真触摸屏的运行情况，给项目调试带来很大的方便。本章以 GT Designer2 Version2 组态软件为例进行介绍其应用特性。

11.1　三菱触摸屏 GT 组态软件的安装

11.1.1　GT 软件的基本硬件要求

1）个人计算机主机：建议使用 CPU 为 80486 或更高级的机型；
2）内存：建议使用 64MB 以上 RAM 扩充内存；
3）硬盘：硬盘必须有 100MB 以上的空间；
4）显示器：一般用 VGA 或 SVGA 显示卡，Windows 色彩显示设置为 256 色；
5）鼠标：使用中文 Windows 兼容滑鼠。

11.1.2　GT 软件的安装

GT 软件包含两个文件夹，如图 11-1 所示，其中"EnvMEL"为 WinXP 安装环境软件包，GT D2 为触摸屏图形编程软件（组态软件）。

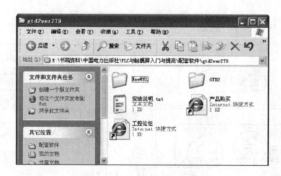

图 11-1　GT 软件的内容

安装步骤：

1）启动电脑进入 Windows 操作系统。

2）把载有 GT 软件的光盘放进个人计算机的光驱里面，如图 11-2 所示。稍等片刻后，将启动菜单画面。

3）单击需安装软件（此处只安装 GT Designer2 Version2 软件），进入如图 11-3 所示的界面，打开"安装说明"文本文档，了解软件的安装说明后，可按下述步骤对软件安装。

①安装 EnvMEL 环境软件包。双击"EnvMEL"图标，如图 11-3 所示；双击安装程序"SET-UP. EXE"图标进行软件安装，按照提示进行的安装界面，如图 11-4 所示，单击"结束"按钮，即可完成 EnvMEL 环境软件包的安装。

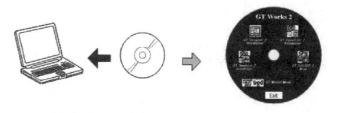

图 11-2　GT 软件安装光盘的装载

图 11-3　EnvMEL 环境软件包安装程序

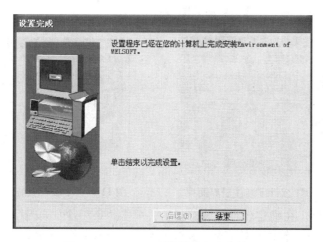

图 11-4　EnvMEL 环境软件包安装界面

②安装 GT 软件。双击"GT D2"图标，如图 11-5 所示；双击安装程序"SETUP. EXE"图标进行软件安装，软件安装初始界面如图 11-6 所示。

a）输入姓名及公司名称后，单击"下一个"按钮，如图 11-7 所示。显示确定对话信息后，按照信息提示进行操作。

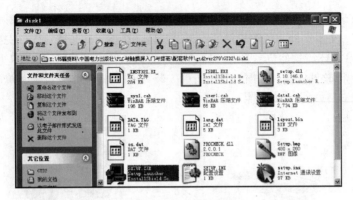

图 11-5　GT 软件安装程序

图 11-6　GT 软件安装初始界面

图 11-7　GT 软件安装信息确定界面

b）输入产品的产品 ID，单击"下一个"按钮，如图 11-8 所示。一般情况下，产品 ID 记载在产品所附带的软件注册证中。

c）指定安装目标文件夹。安装目标文件夹默认为"C：/MELSEC"。用户选择默认安装路径时，单击"下一个"按钮即可；需要变更安装路径时，单击"浏览"按钮，重新变更目标驱动器、文件夹。GT 软件安装路径选择界面如图 11-9 所示。

图 11-8　GT 软件安装注册界面

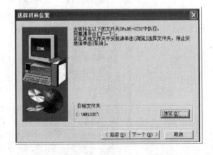

图 11-9　GT 软件安装路径选择界面

d）GT 软件安装。在确定软件安装路径后，单击"下一个"按钮，进入 GT 软件安装界面，软件开始安装，安装完毕后，出现如图 11-10 所示的软件安装完毕确定对话框，单击"确定"按钮，即可完成 GT Designer2 Version2 组态软件的安装。

11.1.3　GT 软件安装注意事项

在工程技术中，安装 GT 软件时应注意如下事项。

图 11-10　GT 软件安装完毕确定对话框

1）在进行安装之前，应结束在 Windows 中运行的其他所有应用程序；

2）在安装 GT 软件之前，不要将 GOT 与个人计算机相连接；

3）使用 WindowsNT Workstation4.0、Windows2000 Professional、WindowsXP Professional、WindowsXP Home Edition 时，应以具有 Administrator（计算机管理员）属性的用户进行登录；

4）GT 软件安装过程中，不要安装其他软件；

5）GT 软件安装过程中，不要将 CD – ROM 从 CD – ROM 驱动器中取出；

6）GT 软件安装过程中，不要通过 USB 电缆连接 GOT。

11.2　GT 软件的应用

GT 软件的应用主要包括新建项目、上传画面信息和下载画面信息等。为了便于后续内容的讲解，此处列出 GT Designer2 基本画面构成，如图 11-11 所示。

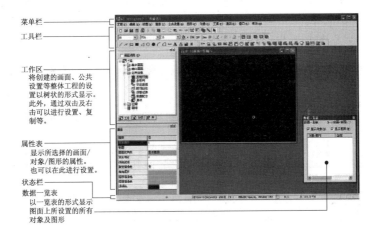

图 11-11　GT Designer2 基本画面构成

11.2.1　新建项目

1. 画面创建之前的设置

在创建画面之前，通常要求通过向导设置所使用的 GOT 及所连接的可编程序控制器的类型，以及画面的标题等。具体步骤如下：

1）单击"开始"→"程序"→"MELSOFT 应用程序"→"GT Designer2"，打开软件，跳出"工程选择"对话框，如图 11-12 所示。

图 11-12　"工程选择"对话框界面

2）单击"新建"按钮，出现"新建工程向导"对话框，如图 11-13 所示。

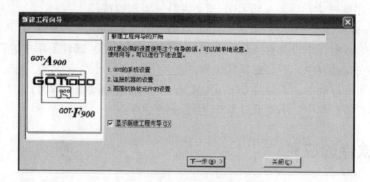

图 11-13　"新建工程向导"对话框

值得注意的是，在图 11-13 中，如果在"显示新建工程向导"的选择框内取消勾选，将从下一步的新建开始不显示向导。

3）单击"下一步"按钮，出现 GOT 类型选择界面，如图 11-14 所示。

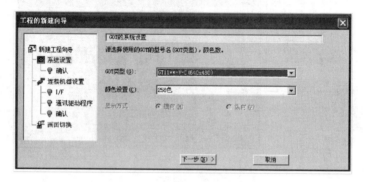

图 11-14　GOT 类型选择界面

例如：

GOT 类型：GT11 * * – V – C（640 ×480）；

颜色设置：256 色。

4）单击"下一步"按钮，出现 GOT 类型确定界面，如图 11-15 所示。

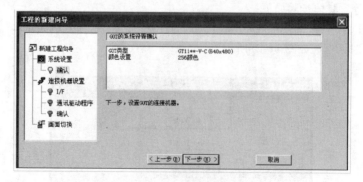

图 11-15　GOT 类型确定界面

5）单击"下一步"按钮，出现选择与 GOT 相连接机器界面，如图 11-16 所示。

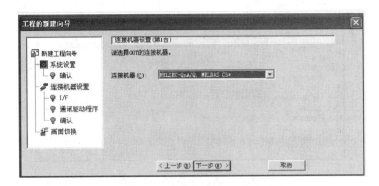

图 11-16　连接机器类型界面

例如：

连接机器：MELSEC – QnA/A，MELDAS C6＊。

6）单击"下一步"按钮，出现选择 MELSEC – QnA/Q 的连接 I/F 选择界面，如图 11-17 所示。

图 11-17　I/F 选择界面

例如：

I/F：标准 I/F（标准 RS – 422）。

7）单击"下一步"按钮，出现通信驱动程序选择界面，如图 11-18 所示。

图 11-18　通信驱动程序选择界面

例如：

通信驱动程序：A/QnA/Q CPU，QJ71C42。

8）单击"下一步"按钮，出现确定通信驱动程序界面，如图 11-19 所示。

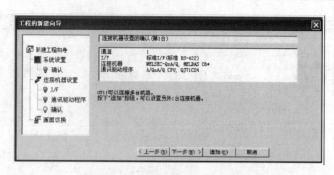

图 11-19 通信驱动程序确定界面

9）单击"下一步"按钮，出现画面切换软元件设置界面，如图 11-20 所示。在该界面中，用户可设置"基本画面"的"切换软元件"。

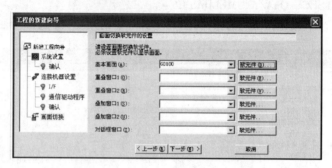

图 11-20 画面切换软元件设置界面

例如：

基本画面切换软元件：GD100。

注：GD100 是 GT1175 – V（640 480）的内部画面寄存器。

10）单击"下一步"按钮，出现确定通信驱动程序界面，如图 11-21 所示。

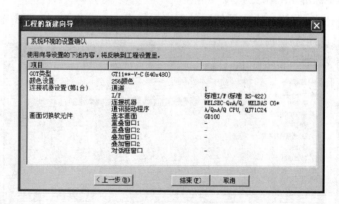

图 11-21 系统环境设置确认界面

11）经确认无误后，单击"结束"按钮，出现画面属性设置对话框界面，如图 11-22 所示。在基本属性栏设置中，可以进行如下设置：

①画面编号。一般从 1 开始设计画面。

②标题。输入画面的名称。

③画面的种类。可以选择基本画面或窗口画面，如选择窗口画面，可以设置窗口画面的大小，一般小于基本画面。

④安全等级。默认是 0 级，0 级没有密码保护功能，除此以外有 1～15 共 15 个级别，15 是最高级，每个级别都可以有不同的保护密码。

⑤详细说明。可以输入文字说明画面的功能等。

⑥指定背景色。可以改变画面的背景色、前景色和填充图案。

此外，图 11-22 中的辅助设置和按键窗口两栏一般不用设置，单击"确定"按钮，画面设置完毕。图 11-23 所示为 GT 软件设计界面，其中黑色部分为画面设计区，选择不同型号的触摸屏，设计区的大小不同。

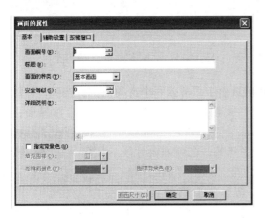

图 11-22　"画面的属性"对话框

图 11-23　GT 软件设计界面

2. 画面创建

GT 软件的功能非常强大，使用比较复杂，为了方便说明软件的应用，本书以读者熟悉的丫—△减压起动为例进行说明。

（1）控制要求

1）首页设计。利用文字说明项目的名称等信息，触摸任何地方，都能进入到操作页面。

2）操作页面。有两个按钮，一个是起动按钮；一个是停止按钮。3 个指示灯分别和程序中的 Y0、Y1、Y2 相连，分别指示电动机电源、△联结和丫联结。为了动态地表示起动过程，可以用棒图和仪表分别来显示起动的过程，两页能自由地切换。

（2）设计过程

1）首页设计。

①打开软件，新建文件，如图 11-12 所示。选择触摸屏的型号为 A960GOT（640×400）、PLC 的型号选择 MELSEC–FX 系列，文件名称是"丫–△起动"。

②文字输入。单击工作栏中的 $\boxed{A}$，此时光标变成十字交叉，单击画面设计区，跳出如图 11-24 所示的"文本"对话框，在文本输入栏输入文字"丫–△减压起动"。选择文本的类型、方向、文本颜色和文本的尺寸，单击"确定"按钮，再把文本移动到适当的位置。用同样的方法，可以输入其他文字。

③设计时钟和日期。单击工具栏中的 $\boxed{\otimes}$，光标变成十字交叉，在画面设计区单击一下，出现个人计算机当前时钟 20:52，单击工具栏中的 $\boxed{\nwarrow}$，使光标变回箭头，双击时钟，弹出"时刻显示"对话框，如图 11-25 所示，在该对话框中，可以选择日期/时刻，数值的尺寸、颜色、图形等。

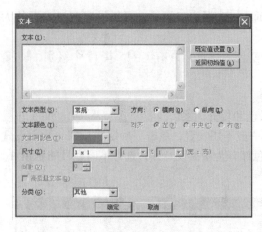

图 11-24　"文本"对话框

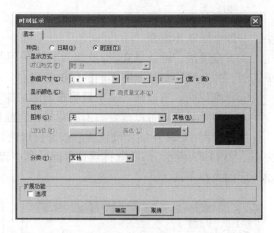

图 11-25　"时刻显示"对话框

④画面切换按钮制作。根据项目设计要求，在该页面中需覆盖一个透明的翻页按钮，即触摸到任何位置都能进行画面切换。单击工具栏中的开关按钮 ，弹出开关功能选择界面，如图 11-26 所示。

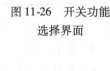

选择第一行第四个画面切换开关，光标变成十字交叉，在画面设计区单击，出现绿色方框，让光标变回箭头形，双击绿色框，弹出"画面切换开关"对话框，如图 11-27 所示。在该对话框中，切换画面的种类选择"基本画面"；切换到固定画面序号选"2"；按钮的图形选择"无"。单击"确定"按钮，再把按钮拉到覆盖整个画面的大小。首页制作完成，如图 11-28 所示。

图 11-26　开关功能
选择界面

图 11-27　"画面切换开关"对话框

图 11-28　首页设计界面

2）操作页面设计。

①新建页面。单击工具栏 ，跳出如图 11-22 所示"画面的属性"对话框。画面编号设置为"2"，标题为"操作页面"，安全等级为"0"，单击"确定"按钮，画面 2 新建完毕。

②制作控制按钮、指示灯。根据 PLC 的梯形图程序（见图 11-43），起动按钮为 M0，停止按钮为 M1。GT 软件有一个丰富的图库，图库中的图形形象逼真，用户可以直接调用图库中的图形

作为各种开关、按钮和指示灯等。单击画面左侧 ，跳出图库列表框，如图 11-29 所示。

由图 11-29 可知，列表中包括 Lamp（灯）、Switch（开关）、Figure（图形）、Key（键盘）和 Special Parts（特殊图形）等项。双击 Switch，拉出所有有关开关的列表，双击其中一行，则弹出各种开关的外形，如图 11-30 所示。单击其中任意一个开关，把光标移到画面设计区，单击鼠标左键，则开关画在了设计区。用同样的方法，选择列表中的 Lamp 项（图像库一览表如图 11-31 所示），可以在画面中制作各种指示灯，然后在每个按钮和指示灯下标明该器件的功能，如图 11-32 所示。

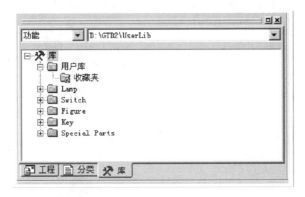

图 11-29　图库列表框界面

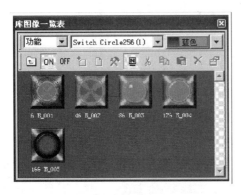

图 11-30　圆形按钮图形

图 11-31　指示灯图形

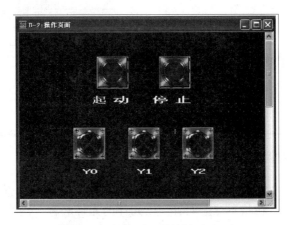

图 11-32　操作页面设计界面（一）

③按钮和 PLC 软元件的连接，此处以起动按钮 M0 为例进行介绍。双击该按钮，弹出"多用动作开关"对话框，如图 11-33 所示。单击"位"按钮，弹出"动作（位）"对话框，如图 11-34 所示，单击"软元件"按钮，选择软元件 M0，动作设置选择交替。单击"确定"按钮，在多用动作设置栏中出现"1 交替 M0"，单击"确定"按钮，起动按钮 M0 设置完毕。用同样的方法，可以设置停止按钮 M1。

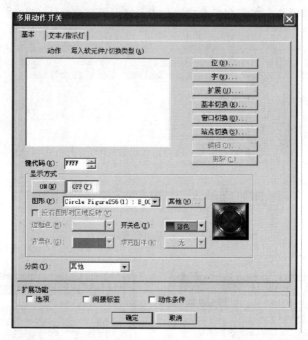

图 11-33　　"多用动作开关"对话框

④指示灯和 PLC 连接，此处以 Y0 为例进行介绍。双击该指示灯，弹出"指示灯显示（位）"对话框，如图 11-35 所示。

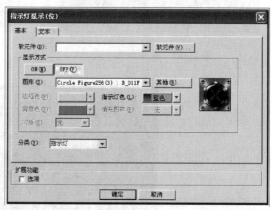

图 11-34　　"动作（位）"对话框　　　　　　图 11-35　　"指示灯显示（位）"对话框

图 11-35 中，单击"软元件"按钮，弹出"软元件"对话框，选择 Y0，单击"确定"按钮。元件设置完毕后，在指示灯上能看到该元件的元件名称。用同样的方法，可设置 Y1 和 Y2。

注意：按钮和指示灯还可以通过工具栏中的 ⊞ 和 ⊞ 制作，其中 ⊞ 可以设计各种按钮，⊞ 可以制作指示灯，具体操作方法和前面所讲的方法相似，读者可以自行进行尝试。

⑤数据输入和显示设计。在使用触摸屏时，经常要在触摸屏中设置数据输入到 PLC 中，或把 PLC 中的数据显示出来。本例中是设置 D200，作为丫－△减压起动的延时时间。单击工具栏中的 ⊞ 或 ⊞，光标变成十字交叉，在画面设计区单击一下，出现 01234 数据框，再单击工具栏中的 ⊞，光标变回箭头，双击数据框，弹出"数值显示"对话框，如图 11-36 所示。

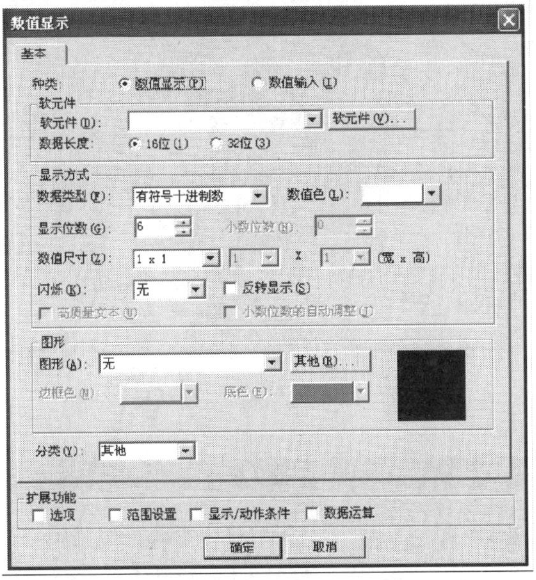

图 11-36　"数值显示"对话框

图 11-36 中，由于在丫－△减压起动中，D200 的数值需要在触摸屏上设置，所以设置 D200 时，选择"数值输入"。而 T0 的当前值需要显示出来，但不能更改，所以选择"数值显示"。在显示方式栏中，可以设置数据类型，一般选择"有符号十进制数"，数值颜色、显示位数、数值尺寸、是否闪烁等可以根据自己的需要进行设置，设置完毕后单击"确定"按钮即可。用同样的方法可以设置 T0。设置完毕后，在数据框中有软元件的编号。如果是选择"数据输入"，在运行时，单击该数据，会自动跳出一个键盘，如图 11-37 所示，输入数据，单击 ⊞，就能把数据输入。

图 11-37　输入数字的键盘

⑥棒图设计。为了动态地反映起动过程，使画面有动感，通常使用棒图进行表示，本软件中称为液位控制，液位会随着 PLC 内的数据变化而变化。设计方法如下：

单击工具栏中的 ⊞，光标变成十字交叉，在画面设计区单击，出现液位框 ⊞，再单击工具栏中的 ⊞，光标变回箭头，双击液位框，弹出"液位"对话框，如图 11-38 所示。单击"软元件"按钮，在软元件设置对话框中设置 T0，在显示方式栏中设置各种颜色，显示方向设置向右，上限设置为 D200，下限设置为 0，单击"确定"按钮，液位图设置完毕。

⑦仪表显示设计。在工程技术中，也可以将程序中 T0 的数值通过仪表来表示，设计方法如下：

单击工具栏中的 ，光标变成十字交叉，在画面设计区单击鼠标左键，出现仪表图标，再单击工具栏中的 ，光标变回箭头，双击仪表图标，弹出"画板仪表"对话框，如图 11-39 所示。"基本"选项卡中可设置软元件名称、显示方式和图形样式等；"刻度/文本"选项卡可设置刻度；"扩展功能"项目栏可设置数据类型和刻度值。

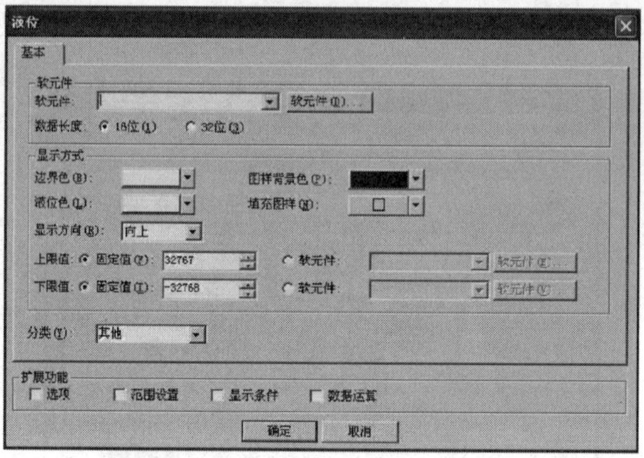

图 11-38　　"液位"对话框

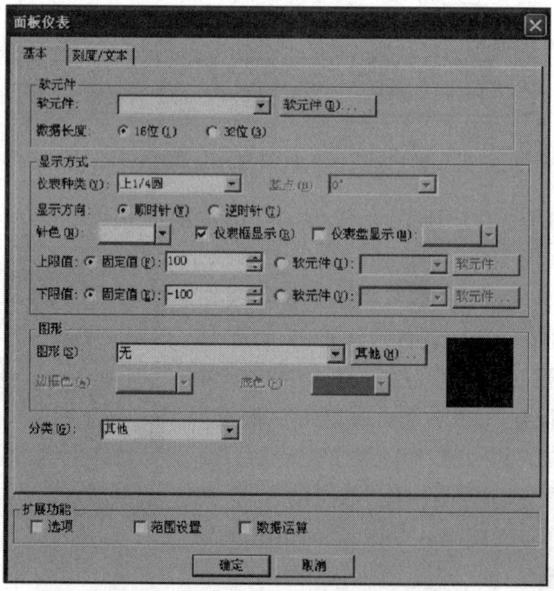

图 11-39　　"画板仪表"对话框

⑧画面切换按钮设计。单击工具栏中的开关按钮 ，弹出如图 11-26 所示的开关功能选择界面，选择第四个画面切换开关，单击设计画面区，出现开关图形，使光标变成箭头后双击该图形，弹出"画面切换开关"对话框，如图 11-27 所示。在切换画面种类中选择"基本画面"；切换到固定画面选择"1"；按钮的形状和颜色根据需要进行设置，在本例中选择"Rectangle（1）：rect - 28"；再单击"文本/指示灯"，在按钮为 OFF 状态时选择显示文本"返回首页"，这样画面切换按钮就制作完成了。适当整理画面，使各个器件排列整齐美观，单击"保存"按钮，如图 11-40 所示。

图 11-40　操作页面设计界面（二）

3）保存创建的工程文件。

以下介绍所创建工程文件的保存，具体步骤如下：

①选择"工程"→"另存为"菜单，如图 11-41 所示。

②显示"另存为"对话框后，选择保存路径，设置文件名，如图 11-42 所示。

③单击"保存"按钮，保存工程文件。

图 11-41　工程文件保存界面（一）

图 11-42　工程文件保存界面（二）

11.2.2　画面仿真调试

　　利用 GT 软件进行编程时，设计好画面后，可以先在计算机上仿真调试，调试完毕后，再下载到触摸屏，这样可以提高设计效率。仿真调试时，必须在计算机上安装好 PLC、触摸屏的仿真软件（GX – Developer + GX – Simulator2）。仿真调试操作方法如下：

　　1）编制 PLC 的控制程序，并仿真调试。本例 Y – △减压起动控制线路梯形图程序如图 11-43 所示。

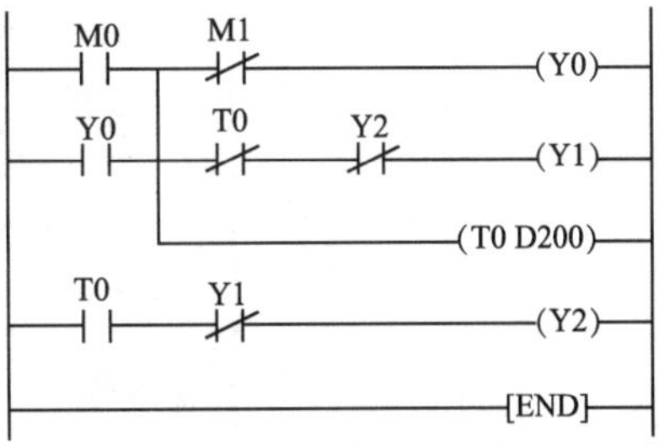

　　2）打开 GT 的模拟仿真软件 GT – Simulator2。单击该软

图 11-43　Y – △减压起动梯形图程序

件工具栏中的打开按钮，根据画面的存储路径，打开已设计好的画面，软件自动读取画面，如图 11-44 所示。读取完毕后，就可以运行，用鼠标单击相应的按钮，可以听到"嘀"的声音，说明输入信号已经起作用；单击数据输入，会自动跳出键盘。单击键盘上的按钮，就能输入数据。此外，该软件还可以监控 PLC 的梯形图，所以调试梯形图和调试画面都非常方便。图 11-45 所示是正在运行的画面。单击，可以退出仿真运行，当画面需要更改时，要单击"保存"按钮，再重新读入才能运行。

图 11-44　软件正在读取画面　　　　　　　图 11-45　正在运行的画面

11.2.3　上传项目

上传项目是指将触摸屏中的工程画面信息通过电缆上传至个人计算机。具体操作如下：

1）正确连接个人计算机与触摸屏，如图 11-46 所示。

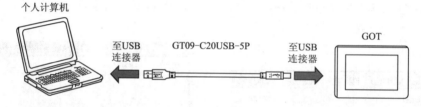

图 11-46　个人计算机与触摸屏连接

2）单击菜单栏"通信（C）"→"跟 GOT 的通信（G）"→"上载→计算机"，弹出上载画面信息对话框，如图 11-47 所示。

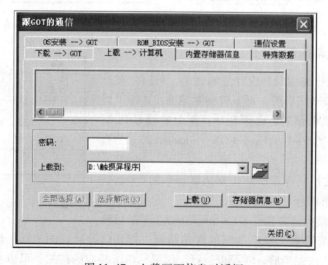

图 11-47　上载画面信息对话框

3）在图 11-47 中，输入画面信息密码，单击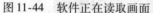，选择上传画面信息保存路径，再单击"上载"按钮，弹出如图 11-48 所示正在通信的界面，上传完毕后，就可以在个人计算机上对该工程画面信息进行操作。如果在上传过程中出现通信错误，可以在"通信设置"选项卡中进行通信设置，主要是进行通信端口的选择（COM 口）。

图 11-48　上传通信界面

11.2.4　下载项目

下载项目是指将经仿真调试后的工程画面信息通过电缆下载到触摸屏。具体操作如下：

1）正确连接个人计算机与触摸屏，如图 11-46 所示。

2）单击菜单栏"通信（C）"→"跟 GOT 的通信（G）"，弹出通信设置对话框，如图11-49所示。

3）在图 11-49 中，单击"全部选择（A）"按钮，说明把工程中的全部画面和参数下载到触摸屏中，再单击"下载（D）"按钮，弹出如图 11-50 所示正在通信的界面，下载完毕后，就可以在触摸屏上进行操作。如果在下载过程中出现通信错误，可以在"通信设置"选项卡中进行设置，主要是进行通信端口的选择（COM 口）。

图 11-49　通信设置对话框

图 11-50　下载通信界面

11.2.5　触摸屏与 PLC 的连接

将基本 OS、通信驱动程序和工程数据传输至 GOT 中后，可将 GOT 与可编程序控制器 CPU 进行连接，从而实现系统功能控制。在本节中，介绍将 GT15□□型触摸屏与 QCPU 进行总线连接的示例。

1. 通信模块的安装

将通信模块安装至 GOT 的步骤如下：

1）关闭 GOT 电源；

2）卸下 GOT 的两处扩展模块盖板；

3）将总线连接模块对准 GOT 机壳的槽后嵌入；

4）将总线模块的固定螺栓（4 个）以 0.43 ~ 0.5N·m 的拧紧力矩拧紧。

通信模块的安装步骤可用图 11-51 进行描述。

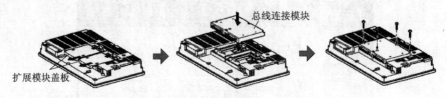

图 11-51　通信模块安装步骤

2. 连接可编程序控制器 CPU

将控制系统所有的电源关闭后，可将触摸屏与可编程序控制器 CPU 进行连接，如图 11-52 所示。关于连接时系统配置的详细内容，请参阅《GOT1000 操作手册》。

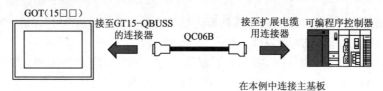

图 11-52　触摸屏与可编程序控制器 CPU 连接

11.3　GT 软件画面设置

在触摸屏应用中，有时需要设计多种画面，主要有基本画面和窗口画面，这些画面在不同的场合用途不同，基本画面是常用的设计画面，如 "丫－△减压起动" 案例中主要是应用基本画面，画面切换主要是采用画面切换按钮，通过手触摸进行操作。但在有的工程中，通常要设计一些报警信息或操作提示等。这些信息通常可用窗口画面进行设计，该类型画面当条件满足时这些自动弹出。另外还有些画面需要设置安全等级，只有知道密码才能进行操作。

11.3.1　GOT 的画面配置

本节以图 11-53 所示的 GOT 画面界面为例介绍 GOT 的画面配置。

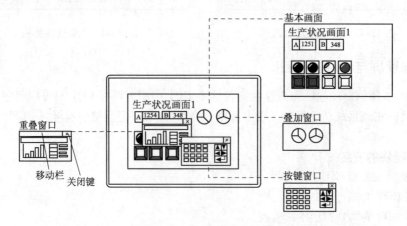

图 11-53　GOT 的画面配置

图 11-53 中，GOT 显示的用户创建画面由基本画面及窗口画面所构成。其中基本画面是指作为 GOT 显示画面的基本的画面。在一个工程文件中，最多可创建 4096 个基本画面，可以通过触摸开关及可编程序控制器进行显示切换。在基本画面中，有基本画面（背面）及基本画面（前面）的概念，对每个配置的对象可以选择前面或背面。此外，前面、背面称为图层，有关图层功能的详细内容，请参阅《GT Designer2 画面设计手册》，此处不予介绍。

窗口画面是指可在基本画面上显示的画面。通常包括重叠窗口、叠加窗口和按键窗口，最多可创建 1024 个窗口画面。

GOT 画面种类及内容可通过表 11-1 进行描述。

表 11-1　GOT 画面种类及内容

画面种类		内　　容
基本画面		是在 GOT 中显示的作为用户创建画面的基本画面 GT11□□可以以对象为单位进行横向显示/纵向显示（顺时针方向旋转 90°）的选择
窗口画面	重叠窗口	是在基本画面上弹出显示的窗口 最多可同时显示 2 个重叠窗口（重叠窗口 1、重叠窗口 2） 可以通过手动对重叠窗口进行移动及关闭
	叠加窗口	是在基本画面上层叠（合成显示）显示的窗口 最多可同时显示 2 个叠加窗口 如果切换叠加窗口，可以变更部分基本画面
	按键窗口	是在基本画面上用于输入显示的数值及 ASCⅡ代码的弹出式窗口 在按键窗口中，包含有用户创建的内容及 GOT 中预先准备的内容

11.3.2　GT 软件画面切换设置

利用 GT 软件进行画面切换方法如下：

新建工程，当弹出画面切换软元件的设置界面时，设置切换画面的软元件，如图11-54所示。

图 11-54　画面切换软元件设置界面

图 11-54 中，基本画面软元件选择"D0"、重叠窗口 1 软元件选择"D1"、重叠窗口 2 软元件选择"D2"、叠加窗口软元件选择"D3"。当 PLC 运行程序时，改变相应的数据寄存器内的数值就能实现切换画面功能。如当 D0 = 2 时，就能切换到基本画面 2；当 D1 = 2 时，就能切换到重叠窗口画面 2。

　　为了说明简便，本节设计几个简单的基本画面和窗口画面，然后修改 D0、D1、D2 和 D3 中的数值，观察画面切换的情况。设计的画面如图 11-55 所示。

　　图 11-55 中，每个画面都可以修改 D0、D1、D2 和 D3 的数值，单击"保存"按钮保存设置后，即可以运行。通过运行可以知道，当改变 D0 的数值时，如 D0 = 1，就切换到基本画面 1；当 D0 = 2 时，就切换到基本画面 2。当改变 D1 或 D2 的数值时，能翻出窗口画面，如图 11-56 所示。窗口画面所处的位置可以通过拖动窗口画面的蓝条进行移动。单击窗口画面左上角的小方块就能关闭窗口画面，或者把相应的数据寄存器改成 0 也能关闭窗口画面。改变 D3 的数值，弹出重叠画面，重叠画面和窗口画面比较是没有画面框，没有关闭按钮，所以要关闭重叠画面，只要把 D3 数值改成 0 即可。图 11-57 所示是基本画面上显示重叠画面。

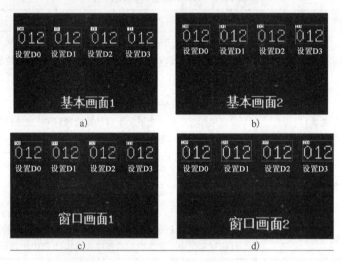

图 11-55　基本画面和窗口画面实例

a）基本画面 1　b）基本画面 2　c）窗口画面 1　d）窗口画面 2

图 11-56　基本画面显示窗口画面

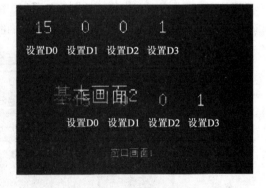

图 11-57　基本画面上显示重叠窗口画面

11.3.3　GT 软件密码设置

　　三菱公司的触摸屏一般设置了 15 级密码保护，1 是最低级别，15 是最高级别，且用高级别的密码能打开同级别或低级别的画面。画面密码设置方法如下：

　　1）画面安全等级设置。以图 11-55 所示的 4 个画面为例，将基本画面 1 设置成 3 级，密码为 5216443；基本画面 2 设置成 15 级，密码为 3446125；窗口画面 1 设置成 5 级，密码为 819012；

窗口画面 2 设置为 0 级，不需要密码。打开基本画面 1，在画面的任意地方单击鼠标右键，单击"画面的属性（S）"，弹出"画面的属性"对话框，如图 11-58 所示。在安全等级栏设置安全等级为 3，用同样的方法设置其他几个画面的安全等级。

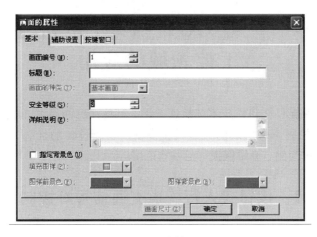

图 11-58　安全等级设置

2）画面密码设置。单击菜单栏中的"公共设置（M）"→"系统环境（E）"→"密码"→"选中相应级别"→"编辑"，弹出"密码"对话框，如图 11-59 所示。在密码栏中输入密码"5216443"，单击"确定"按钮，密码框消失，同时在相应的等级栏中出现一串星号"＊＊＊＊＊＊"，表示密码设置成功。

3）画面密码修改。在系统环境界面，单击"编辑 E"，弹出"密码"对话框，输入旧密码，系统确认密码正确后，再重新输入新密码即可。值得注意的是，删除密码也是如此，需要输入旧密码，故一定要注意，只有知道旧密码才能对密码进行编辑或删除。

4）打开设置密码的画面。当要打开设置了密码的画面时，会弹出如图 11-60 所示的画面，提示输入密码，密码输入正确后，提示按左上角的小方块（Please press the Upper left corner），就打开画面，如果输入密码的级别不够，则打不开画面。密码错误，提示"Unmatched pass word"，表示密码无效。

图 11-59　密码设置对话框界面

图 11-60　输入密码框界面

5）密码退回。当打开密码保护画面后，在密码设置时定义的软元件（如 D0）就等于画面的等级值，比如画面的安全等级为 3，则 D0 = 3。要退出这个密码，可以通过画面返回按钮使 PLC 程序中的 D0 为 0 即可。但值得注意的是，当需要再打开这个画面时，必须重新输入密码。

第12章 三菱GOT－F900系列触摸屏在工控领域的应用

导读：随着触摸屏技术及PLC技术的快速发展，其应用已涉及工业控制等各领域，由触摸屏与PLC联机构成的控制系统已成为大型机械设备及智能设备的优选方案之一。本章以三菱GOT－F900系列触摸屏为例，介绍触摸屏的基本应用。

12.1 工程案例1：按钮式人行横道交通信号灯控制系统设计与实施

1. 项目导入

图12-1所示为按钮式人行横道交通信号灯控制系统示意图。请用PLC与GOT－F900系列触摸屏对该控制系统进行设计并实施。

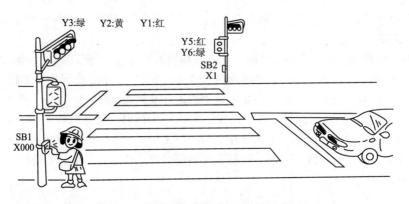

图12-1 按钮式人行横道交通信号灯控制

按钮式人行横道交通信号灯控制功能设定如下：

1）当人行横道按钮SB1或SB2被按下时，交通信号灯按图12-2所示的顺序变化。如果交通信号灯已经进入运行变化，按钮将不起作用。

2）触摸屏可完成人行横道按钮输入、信号灯状态指示和定时器定时时间动态显示等功能。

3）触摸屏共有2个画面。其中画面1是系统上电后即进入的画面，在画面1上单击任何一个地方，即进入画面2。画面2是交流信号灯控制与显示主画面，按下触摸键与按下人行横道SB1、SB2功能相同。画面2上用"数值显示"和"棒图"两种形式动态显示定时器T0～T3的定时时间；利用触摸屏指示灯分别指示车道、人行横道交通信号灯工作状态，指示灯颜色要求OFF状态时为白色，ON状态时按照交通信号灯颜色进行设置。按画面2中的"返回首页"按钮，返回到画面1。

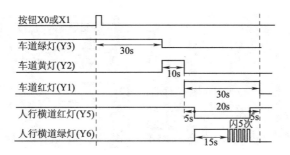

图 12-2　按钮式人行横道交通信号灯时序图

2. 项目实施

（1）I/O 地址分配

根据按钮式人行横道交通信号灯控制要求，选用 FX_{2N} – 48MR 型 PLC 和 F940GOT – SWD 触摸屏。触摸屏和 PLC 的 I/O 地址分配如表 12-1 所示。

表 12-1　I/O 地址分配表

PLC I/O 地址分配				触摸屏 I/O 地址分配			
PLC 输入		PLC 输出		触摸屏输入		触摸屏输出	
软元件	功能说明	软元件	功能说明	软元件	功能说明	软元件	功能说明
X0	人行横道按钮	Y1	车道红灯	M21	人行横道按钮	Y1 ~ Y6	交通信号灯指示
X1	人行横道按钮	Y2	车道黄灯	M22	人行横道按钮	T0 ~ T3	定时时间动态显示
		Y3	车道绿灯				
		Y5	人行横道红灯				
		Y6	人行横道绿灯				

（2）硬件接线图设计

根据按钮式人行横道交通信号灯控制要求，选用 FX_{2N} – 48MR 型 PLC。根据表 12-1 所示的 I/O 地址分配表，可对系统硬件接线图进行设计，如图 12-3 所示。

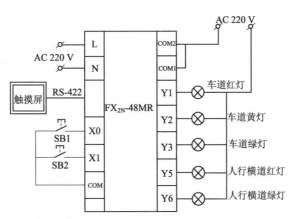

图 12-3　控制系统硬件接线图

（3）触摸屏画面设计

根据系统控制要求，利用 GT 组态软件对触摸屏画面进行设计，如图 12-4 所示。

图 12-4 触摸屏画面设计

a) 画面 1 b) 画面 2

（4）PLC 程序设计

根据控制要求，当未按下按钮 SB1 或 SB2 时，人行横道红灯和车道绿灯亮；当按下按钮 SB1 或 SB2 时，人行横道指示灯和车道指示灯按照图 12-2 所示时序图运行，是具有两个分支的并行流程。其状态转移图如图 12-5 所示，对应梯形图如图 12-6 所示。

程序说明：

1）PLC 从 STOP→RUN 变换时，初始状态 S0 动作，车道信号为绿灯，人行横道信号为红灯。

2）当按下触摸屏触摸键或人行横道按钮 SB1（或 SB2）后，则状态转移到 S20 和 S30，车道为绿灯，人行横道为红灯。

3）30s 后，车道为黄灯，人行横道仍为红灯。

4）再过 10s 后，车道变为红灯，人行横道仍为红灯。同时定时器 T2 开始计时，5s 后 T2 触点接通，人行横道变为绿灯。

5）15s 后，人行横道绿灯开始闪烁，0.5s 闪烁一次。

6）闪烁中 S32、S33 反复循环工作，计数器 C0 设定值为 5，当循环达到 5 次时，C0 常开触点闭合，动作状态向 S34 转移，人行横道变为红灯，其间车道仍为红灯，5s 后返回初始状态。

7）在状态转移过程中，即使按动触摸屏触摸键或人行横道按钮 SB1（或 SB2）也无效。

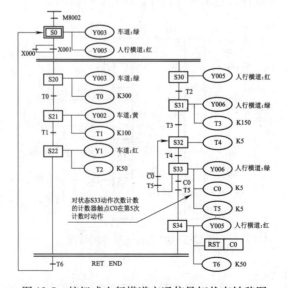

图 12-5 按钮式人行横道交通信号灯状态转移图

（5）安装与调试

1）按图 12-3 所示的控制系统硬件接线图接线并检查，确认接线正确。其中触摸屏的 RS – 232C 通信端口与计算机连接，RS – 422 通信端口与 PLC 相连。

2）利用 GX 软件编写图 12-6 所示的梯形图程序，并将经仿真调试无误的控制程序下载至 PLC 中。

3）利用 GT 组态软件设计图 12-5 所示的触摸屏画面，并经与 PLC 联机仿真调试无误后下载到触摸屏中。写入后，观察触摸屏画面是否与计算机画面一致。

4）PLC 程序及触摸屏画面符合控制要求后再接通主电路试车，进行系统统调，直到最大限度地满足系统控制要求为止。

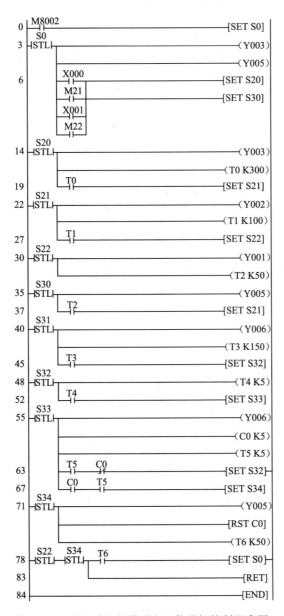

图 12-6　按钮式人行横道交通信号灯控制程序图

12.2 工程案例 2：知识竞赛抢答器控制系统设计与实施

1. 项目导入

设计一个知识竞赛抢答器控制系统，要求用 PLC 和 GOT – F900 系列触摸屏进行控制和显示，具体控制要求如下：

1）儿童 2 人、学生 1 人、专家 2 人共 3 组抢答，竞赛者若要回答主持人所提出的问题时，需抢先按下抢答按钮。

2）为了给参赛儿童组优待，儿童 2 人（SB1 和 SB2）中任一个人按下按钮时均可抢答，"儿童"指示灯 HL1 和"彩灯"指示灯 HL4 同时点亮表示抢答成功；为了对专家组做一定限制，只有 2 人（SB4 和 SB5）同时都按下时才可抢答成功，"专家"指示灯 HL3 和"彩灯"指示灯 HL4 才能点亮；当学生组（SB3）抢先按下按钮时，"学生"指示灯 HL2 和"彩灯"指示灯 HL4 同时点亮表示抢答成功。

3）若在主持人按下开始按钮后 30s 内有人抢答，则幸运彩灯点亮表示祝贺，同时触摸屏显示"恭喜你，抢答成功！"。否则，30s 后显示"很遗憾！抢答失败！"，再过 3s 后返回原显示主界面。

4）触摸屏可完成开始、介绍题目、返回、清零和加分等功能，并可显示各组的总得分。

5）触摸屏共有 5 个画面。其中画面 1 是系统上电后即进入的画面，在画面 1 上单击任何一个地方，即进入画面 2。画面 2 是知识抢答的主画面，主持人按"介绍题目"按钮对题目进行介绍后，按"开始抢答"按钮，开始一轮抢答，若有人在 30s 内抢答，则"儿童""学生""专家"和"彩灯"4 个指示灯中有两个指示灯会变成红色显示，同时自动跳转到抢答成功画面 4，5s 后自动返回到主画面；若无人抢答，则自动跳转到抢答失败画面 5，3s 后自动返回到主画面 2。按下画面 2 上的"介绍题目"按钮，则指示灯熄灭，按"加分"按钮，画面自动跳转到统计画面 3，同时给正确答案的队加 10 分，在画面 3 上用"数值显示"和"棒图"两种形式显示 3 队的得分情况。主持人按下"总分"按钮时，也进入画面 3，显示场上各队的得分情况。按画面 3 中的"返回"按钮，返回到主画面 2。

2. 项目实施

（1）I/O 地址分配

根据知识竞赛抢答器控制系统控制要求，选用 F940GOT – SWD 触摸屏，触摸屏和 PLC 的 I/O 地址分配如表 12-2 所示。抢答器的各组抢答按钮、各组的抢答指示灯、彩灯仍占用 PLC 的 I/O 端口。"开始抢答""介绍题目""加分""总分"和"清零"等按钮在触摸屏上进行设置。儿童总分 D11、学生总分 D12、专家总分 D13 分别在触摸屏上进行动态显示。

表 12-2 I/O 地址分配表

PLC I/O 地址分配				触摸屏 I/O 地址分配			
PLC 输入		PLC 输出		触摸屏输入		触摸屏输出	
软元件	功能说明	软元件	功能说明	软元件	功能说明	软元件	功能说明
X1	儿童抢答按钮 A	Y0	儿童抢答指示	M21	开始抢答	D11	儿童总分
X2	儿童抢答按钮 B	Y1	学生抢答指示	M22	介绍题目	D12	学生总分
X3	学生抢答按钮	Y2	专家抢答指示	M23	加分	D13	专家总分
X4	专家抢答按钮 A	Y3	彩灯	M34	清零		
X5	专家抢答按钮 B						

（2）硬件接线图设计

根据知识竞赛抢答器控制系统控制要求，选用 FX$_{2N}$ – 32MR 型 PLC。根据表 12-2 所示的I/O 地址分配表，可对系统硬件接线图进行设计，如图 12-7 所示。

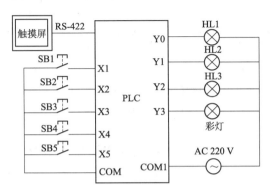

图 12-7　控制系统硬件接线图

（3）触摸屏画面设计

根据系统控制要求，利用 GT 组态软件对触摸屏画面进行设计，如图 12-8 所示。

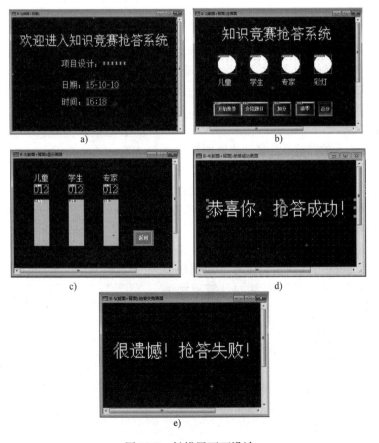

图 12-8　触摸屏画面设计

a）画面1　b）画面2　c）画面3　d）画面4　e）画面5

（4）PLC 程序设计

触摸屏画面设计好后，还需为 PLC 编写控制程序。知识竞赛抢答器系统控制程序如图 12-9 所示。

程序详解：

下面对照图 12-7 所示硬件接线图和图 12-9 所示程序来说明 PLC 与触摸屏联机实现知识竞赛抢答器控制的工作原理。

1）开始抢答及抢答计时控制。

由步 1～步 5 实现该控制功能。在触摸屏上按下 M21，M100 为 ON，其常开触点闭合（步 13～步 26），则进入开始计时阶段，此时定时器 T1 和 T2 开始计时。

2）抢答控制。

由步 13～步 33 实现该控制功能。当主持人按下 M21 后，同时在 30s 有效抢答时间内，若有人抢答，如 X4 与 X5 同时闭合，则 Y002 置为 ON，指示灯 Y002 点亮，同时彩灯 Y003 也被点亮，此时其他组抢答均无效。

3）画面切换控制。

由步 44～步 76 实现该控制功能。根据系统的控制要求，用需要切换的条件去控制 MOV 指令的执行，需要当前显示哪个画面，就将哪个画面的序号通过 MOV 指令传送给 D0。

4）清零与统计控制。

由步 82～步 106 实现该控制功能。在触摸屏上按下 M24，执行 ZRST 指令，对 D11、D12、D13 清零。当有人抢答时，按加分键 M23，就给回答正确的队加上 10 分，并在触摸屏画面 3 上动态显示。

（5）安装与调试

1）按图 12-7 所示的控制系统硬件接线图接线并检查，确认接线正确。其中触摸屏的 RS – 232C 通信端口与计算机连接，RS – 422 通信端口与 PLC 相连。

2）利用 GX 软件编写图 12-9 所示的梯形图程序，并将经仿真调试无误的控制程序下载至 PLC 中。

3）利用 GT 组态软件设计图 12-8 所示的触摸屏画面，并经与 PLC 联机仿真调试无误后下载到触摸屏中。写入后，观察触摸屏画面是否与计算机画面一致。

4）PLC 程序及触摸屏画面符合控制要求后再接通主电路试车，进行系统统调，直到最大限度地满足系统控制要求为止。

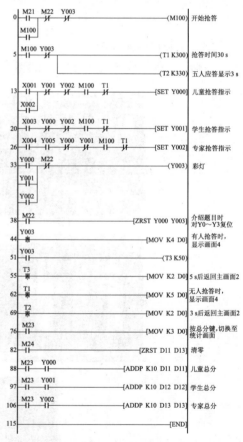

图 12-9　知识竞赛抢答器系统控制程序

第13章　三菱 PLC、变频器与触摸屏综合应用工程案例

导读：随着 PLC、变频器和触摸屏技术的快速发展，由 PLC、变频器和触摸屏组合的控制系统已在工业控制等领域得到了广泛应用。本章通过具体工程实例，介绍三菱 PLC、变频器和触摸屏的综合应用。

13.1　工程案例1：工业洗衣机控制系统设计与实施

1. 任务导入

利用三菱 PLC、变频器和触摸屏设计一个工业洗衣机的综合控制系统，控制流程如图 13-1 所示。

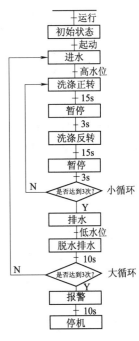

图 13-1 中，工业洗衣机的进水和排水分别由进水电磁阀和排水电磁阀执行。进水时，通过电控系统使进水电磁阀打开，经进水管将水注入外筒；排水时，通过电控系统使排水电磁阀打开，将水由外筒排出机外。洗涤正、反转由洗涤电动机驱动波盘正、反转实现，此时脱水筒（内筒）并不旋转。脱水时，通过电控系统将离合器合上，由洗涤电动机驱动脱水筒（内筒）正转进行甩干。高低水位开关分别用来检测高、低水位；起动按钮用来起动洗衣机工作；停止按钮用来实现手动进水、排水、脱水及报警；排水按钮用来实现手动排水。

工业洗衣机控制要求设定如下：

1）系统通电后，自动进入初始状态，准备起动。

2）按起动按钮开始进水，当水位到达高水位时，停止进水，并开始正转洗涤。正转洗涤 15s，暂停 3s，反转洗涤 15s，暂停 3s，此过程为一次小循环。若小循环次数不满 3 次，则返回进水，开始下一个小循环；若小循环次数达到 3 次，则开始排水。

3）当水位下降到低水位时，开始脱水并继续排水，脱水时间为 10s，10s 时间到，即完成一次大循环。若大循环次数未达到 3 次，则返回进水，开始下一次大循环；若大循环次数达到 3 次，则进行洗完报警。报警 10s 后结束全部过程，自动停机。

图 13-1　工业洗衣机
控制流程

4）洗衣机"正转洗涤15s"和"反转洗涤15s"过程，要求使用变频器驱动电动机，且实现3段速运行，即先以30Hz频率运行5s，接着变为45Hz频率运行5s，最后以25Hz频率运行5s。

5）脱水时的变频器输出频率为50Hz，设定其加速、减速时间均为2s。

6）通过触摸屏设定起动按键和停止按键，显示正反转运行时间和循环次数等参数。

2. 项目实施

（1）I/O 地址分配

根据工业洗衣机控制要求，选用 FX$_{2N}$ – 48MR 型 PLC、FR – E740 型变频器和 GOT – F900 系列触摸屏。触摸屏和 PLC 的 I/O 地址分配如表13-1 所示。

表13-1   I/O 地址分配表

PLC I/O 地址分配				触摸屏 I/O 地址分配			
PLC 输入		PLC 输出		触摸屏输入		触摸屏输出	
软元件	功能说明	软元件	功能说明	软元件	功能说明	软元件	功能说明
X0	起动按钮	Y0	进水电磁阀	M1	起动触摸键	T0	正转1段速运行时间
X1	停止按钮	Y1	排水电磁阀	M2	停止触摸键	T1	正转2段速运行时间
X2	排水按钮	Y2	脱水离合器			T2	正转3段速运行时间
X3	高水位传感器	Y3	报警指示灯			T3	反转1段速运行时间
X4	低水位传感器	Y4	运行信号（STF）			T4	反转2段速运行时间
		Y5	运行信号（STR）			T5	反转3段速运行时间
		Y6	RH（1速）			C0	小循环次数
		Y7	RM（2速）			C1	大循环次数
		Y10	RL（3速）			M100	进水显示
						M101	排水显示
						M102	脱水显示
						M103	报警显示

（2）硬件接线图设计

根据工业洗衣机控制要求及I/O地址分配，可对系统硬件接线图进行设计，如图13-2所示。

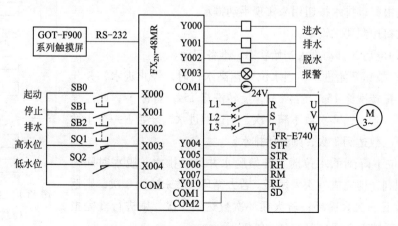

图 13-2   系统硬件接线图

（3）触摸屏画面制作

根据系统控制要求，利用 GT 组态软件对触摸屏画面进行设计，如图 13-3 所示。

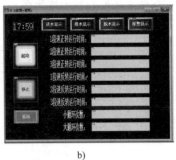

a)　　　　　　　　　　　　　　　　b)

图 13-3　触摸屏画面

a）首页画面　b）运行画面

（4）变频器参数设置

根据系统控制要求，需设定变频器的基本参数、操作模式选择参数和多段速度设定等参数，具体参数设定见表 13-2。

表 13-2　变频器参数设置表

参数号	名称	设定值
Pr. 1	上限频率	50Hz
Pr. 2	下限频率	0Hz
Pr. 3	基准频率	50Hz
Pr. 4	多段速度设定（1 速）	30Hz
Pr. 5	多段速度设定（2 速）	45Hz
Pr. 6	多段速度设定（3 速）	25Hz
Pr. 7	加速时间	2s
Pr. 8	减速时间	2s
Pr. 9	电子过电流保护	电动机的额定电流
Pr. 79	运行模式选择	3

（5）PLC 程序设计

由图 13-1 所示的控制流程可知，本项目工业洗衣机控制属于典型的顺序控制，可优先选择步进指令进行编程。根据控制要求，设计出控制系统的状态转换图如图 13-4 所示。对应梯形图如图 13-5 所示。

（6）系统仿真调试

1）按照图 13-2 所示的系统硬件接线图接线并检查、确认接线正确。

2）利用 FR - E740 型变频器操作面板按表 13-2 设定参数。

3）利用 GX 软件和 GX Simulator - 6 仿真软件输入并运行程序，监控程序运行状态，分析程序运行结果。

4）利用 GT 组态软件和 GT – Simulator2 触摸屏仿真软件设计触摸屏画面并运行画面，监控程序运行状态，分析程序运行结果。

5）程序符合控制要求后再接通主电路试车，进行系统仿真调试，直到最大限度地满足系统控制要求为止。

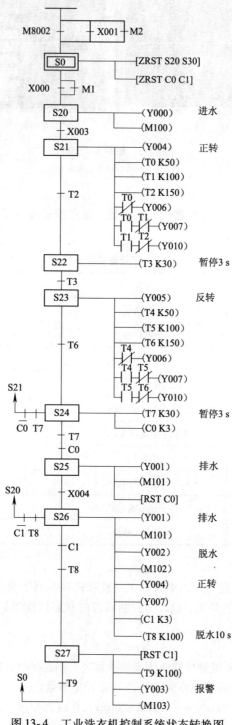

图 13-4　工业洗衣机控制系统状态转换图

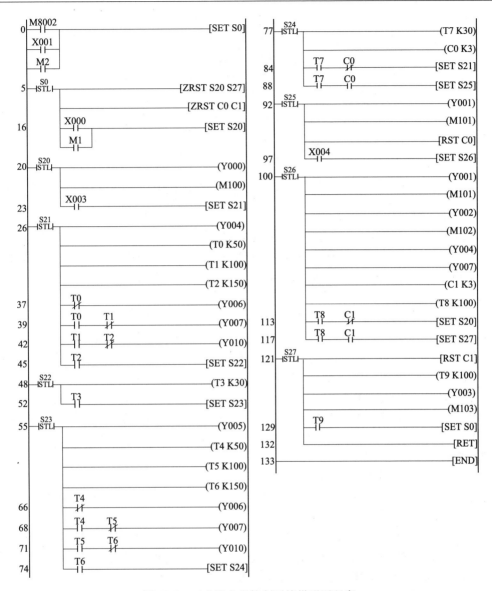

图 13-5　工业洗衣机控制系统梯形图程序

13.2　工程案例 2：恒压供水控制系统设计与实施

1. 任务导入

图 13-6 所示为恒压供水泵站的构成示意图，由水泵、水泵电动机、压力传感器、变频器及 PLC 组成。其中压力传感器用于检测管网中的水压，并把检测到的压力信号送入 PLC 的模拟量输入模块中，经 PLC 的 PID 指令进行 PID 运算与调节，输出调节量经 D - A 转换后送至变频器调节水泵电动机的转速，从而调节供水量。请用三菱 PLC、变频器与触摸屏对该控制系统进行设计并实施。

（1）PLC 在恒压供水泵站中的主要任务

PLC 在恒压供水泵站中的主要任务如下：

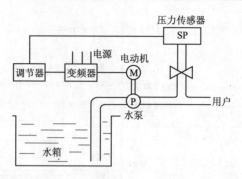

图 13-6　变频恒压供水系统的基本构成

1）代替调节器，实现 PID 控制。

2）控制水泵的运行与切换。在多泵组恒压供水泵站中，为了使设备均匀地使用，水泵及电动机是轮换工作的。在设单一变频器的多泵组泵站中，与变频器相连接的水泵（称变频泵）也是轮流工作的。变频器在运行且达到最高频率时，增加一台工频泵投入运行。PLC 则是泵组管理的执行设备。

3）变频器的驱动控制。恒压供水泵站中变频器常采用模拟量控制方式，这需要采用具有模拟量输入/输出的 PLC 或采用 PLC 的模拟量扩展模块，压力传感器送来的模拟信号输入到 PLC 或模拟量扩展模块的输入端，而输出端送出经给定值与反馈值比较并经 PID 处理后的模拟量控制信号，并依此信号的变化改变变频器的输出频率。

4）泵站的其他逻辑控制。除了泵组的运行管理外，泵站还有许多其他逻辑控制工作，如手动、自动操作转换，泵站的工作状态指示，泵站工作异常的报警以及系统的自检等，这些都可以在 PLC 的控制程序中实现。

（2）控制要求

设计一个恒压供水系统，控制要求如下：

1）共有两台水泵，要求一台运行，一台备用，自动运行时水泵运行累计 100h 轮换一次，手动时不切换。

2）两台水泵分别由 M1、M2 电动机拖动，由接触器 KM1、KM2 控制。

3）切换后起动和停电后起动需 5s 报警，运行异常可自动切换到备用泵，并报警。

4）水压在 0～1MPa 可调，通过触摸屏输入调节。

5）触摸屏可以显示设定水压、实际水压、水泵的运行时间、转速和报警信号等。

2. 项目实施

（1）I/O 地址分配

根据恒压供水控制系统控制要求，选用 F940GOT - SWD 触摸屏，触摸屏和 PLC 的 I/O 地址分配如表 13-3 所示。

表 13-3　I/O 地址分配表

PLC I/O 地址分配				触摸屏 I/O 地址分配			
PLC 输入		PLC 输出		触摸屏输入		触摸屏输出	
软元件	功能说明	软元件	功能说明	软元件	功能说明	软元件	功能说明
X1	1 号泵水流开关	Y0	KM1（控制 1 号泵接触器）	M500	自动起动	Y0	1 号泵运行指示

（续）

PLC I/O 地址分配				触摸屏 I/O 地址分配			
PLC 输入		PLC 输出		触摸屏输入		触摸屏输出	
软元件	功能说明	软元件	功能说明	软元件	功能说明	软元件	功能说明
X2	2号泵水流开关	Y1	KM2（控制2号泵接触器）	M100	手动1号泵	Y1	2号泵运行指示
X3	过电压保护开关	Y4	报警器 HA	M101	手动2号泵	T20	1号泵故障
		Y10	变频器正转起动端子 STF	M102	停止	T21	2号泵故障
				M103	运行时间复位	D101	当前水压
				M104	清除报警	D502	水泵累计运行时间
				D500	水压设定	D102	水泵电动机转速

（2）硬件接线图设计

根据恒压供水控制系统控制要求，PLC选用 FX$_{2N}$-32MR 型，变频器选用三菱 FR-E740 型，模拟量扩展模块采用输入/输出混合模块 FX$_{0N}$-3A，变频器通过 FX$_{0N}$-3A 的模拟量输出来调节电动机的转速。根据控制要求及 I/O 地址分配，可对系统硬件接线图进行设计，如图13-7所示。

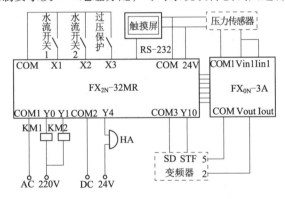

图13-7 控制系统硬件接线图

（3）触摸屏画面制作

根据系统控制要求，利用 GT 组态软件对触摸屏画面进行设计，如图13-8所示。

 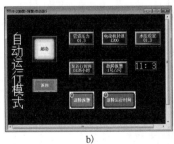 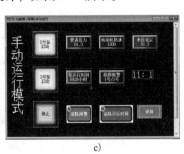

a)   b)   c)

图13-8 触摸屏画面

a）首页画面 b）自动运行画面 c）手动运行画面

（4）变频器参数设置

根据系统的控制要求，需要对变频器进行有关参数设置，具体见表 13-4。

表 13-4　变频器参数设置表

参数编号	参数名称	设定值
Pr. 1	上限频率	50Hz
Pr. 2	下限频率	30Hz
Pr. 3	基准频率	50Hz
Pr. 7	加速时间	3s
Pr. 8	减速时间	3s
Pr. 9	电子过电流保护	电动机的额定电流
Pr. 13	起动频率	10Hz
Pr. 73	模拟量输入选择	1
Pr. 160	用户参数组读取选择	0
Pr. 79	运行模式设置	2

（5）PLC 程序设计

变频器有关参数设定好后，还需为 PLC 编写控制程序。恒压供水系统控制程序如图 13-9 所示。

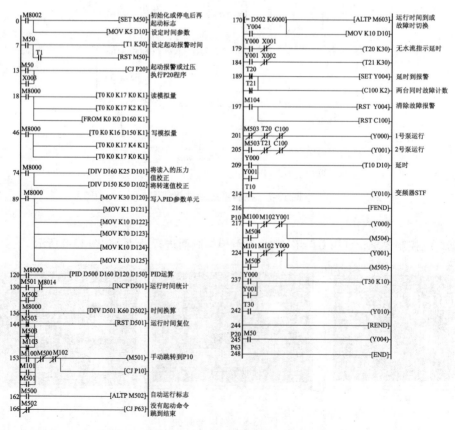

图 13-9　恒压供水系统控制程序

（6）系统仿真调试

1）按照图 13-7 所示的系统硬件接线图接线并检查、确认接线正确。

2）利用 FR - E740 型变频器操作面板按表 13-4 设定参数。

3）利用 GX 软件和 GX Simulator - 6 仿真软件输入并运行程序，监控程序运行状态，分析程序运行结果。

4）利用 GT 组态软件和 GT - Simulator2 触摸屏仿真软件设计触摸屏画面并运行画面，监控程序运行状态，分析程序运行结果。

5）程序符合控制要求后再接通主电路试车，进行系统仿真调试，直到最大限度地满足系统控制要求为止。

附　　录

附录 A　三菱 FX$_{2N}$ 系列 PLC 指令一览表

一、基本指令简表

指令助记符、名称	功能	电路表示和可用软元件	指令助记符、名称	功能	电路表示和可用软元件
[LD] 取	触点运算开始 a 触点	XYMSTC	[ORB] 电路块或	串联电路块的并联连接	
[LDI] 取反	触点运算开始 b 触点	XYMSTC	[OUT] 输出	线圈驱动指令	(YMSTC)
[LDP] 取脉冲	上升沿检测运算开始	XYMSTC	[SET] 置位	线圈接通保持指令	[SET YMS]
[LDF] 取脉冲	下降沿检测运算开始	XYMSTC	[RST] 复位	线圈接通清除指令	[RST YMSTCD]
[AND] 与	串联连接 a 触点	XYMSTC	[PLS] 上沿脉冲	上升沿检测指令	[PLS YMSTCD]
[ANI] 与非	串联连接 b 触点	XYMSTC	[PLF] 下沿脉冲	下降沿检测指令	[PLF YM]
[ANDP] 与脉冲	上升沿检测串联连接	XYMSTC	[MC] 主控	公共串联点的连接线圈指令	[MC N0 Y 或M]
[ANDF] 与脉冲	下降沿检测串联连接	XYMSTC	[MCR] 主控复位	公共串联点的清除指令	[MCR N0]
[OR] 或	并联连接 a 触点	XYMSTC			

（续）

指令助记符、名称	功能	电路表示和可用软元件	指令助记符、名称	功能	电路表示和可用软元件
［ORI］或非	并联连接 b 触点	XYMSTC	［MPS］进栈	运算存储	MPS
［ORP］或脉冲	脉冲上升沿检测并联连接	XYMSTC	［MRD］读栈	存储读出	MPS MRD MPP
［ORF］或脉冲	脉冲下降沿检测并联连接	XYMSTC	［MPP］出栈	存储读出与复位	
			［INV］反转	运算结果的反转	INV
［ANB］电路块与	并联电路块的串联连接		［NOP］空操作	无动作	
			［END］结束	顺控程序结束	顺控程序结束，回到"0"步

二、步进指令简表

指令助记符、名称	功能	电路表示和可用软元件	指令助记符、名称	功能	电路表示和可用软元件
［STL］步进开始	步进梯形图开始	STL —(Y0)	［RET］步进结束	步进梯形图结束	［RET］

三、功能指令表

指令分类	功能号 FNC NO.	指令助记符	功能	对应 PLC 型号			
				FX$_{1S}$	FX$_{1N}$	FX$_{2N}$	FX$_{2NC}$
程序流程	00	CJ	条件跳转	○	○	○	○
	01	CALL	子程序调用	○	○	○	○
	02	SRET	子程序返回	○	○	○	○
	03	IRET	中断返回	○	○	○	○
	04	EI	中断许可	○	○	○	○
	05	DI	中断禁止	○	○	○	○
	06	FEND	主程序结束	○	○	○	○
	07	WDT	监控定时器	○	○	○	○
	08	FOR	循环开始	○	○	○	○
	09	NEXT	循环结束	○	○	○	○

（续）

指令分类	功能号 FNC NO.	指令助记符	功能	对应 PLC 型号			
				FX$_{1S}$	FX$_{1N}$	FX$_{2N}$	FX$_{2NC}$
传送与比较	10	CMP	比较	○	○	○	○
	11	ZCP	区间比较	○	○	○	○
	12	MOV	传送	○	○	○	○
	13	SMOV	位传送	—	—	○	○
	14	CML	反相传送	—	—	○	○
	15	BMOV	成批传送	○	○	○	○
	16	FMOV	多点传送	—	—	○	○
	17	XCH	数据交换	—	—	○	○
	18	BCD	BCD 码变换	○	○	○	○
	19	BIN	BIN 码变换	○	○	○	○
四则逻辑运算	20	ADD	BIN 加法	○	○	○	○
	21	SUB	BIN 减法	○	○	○	○
	22	MUL	BIN 乘法	○	○	○	○
	23	DIV	BIN 除法	○	○	○	○
	24	INC	BIN 加 1	○	○	○	○
	25	DEC	BIN 减 1	○	○	○	○
	26	WAND	逻辑字与	○	○	○	○
	27	WOR	逻辑字或	○	○	○	○
	28	WXOR	逻辑字异或	○	○	○	○
	29	NEG	求补码	—	—	○	○
循环移位	30	ROR	循环右移	—	—	○	○
	31	ROL	循环左移	—	—	○	○
	32	RCR	带进位循环右移	—	—	○	○
	33	RCL	带进位循环左移	—	—	○	○
	34	SFTR	位右移	○	○	○	○
	35	SFTL	位左移	○	○	○	○
	36	WSFR	字右移	—	—	○	○
	37	WSFL	字左移	—	—	○	○
	38	SFWR	移位写入	○	○	○	○
	39	SFRD	移位读出	○	○	○	○
数据处理	40	ZRST	批次复位	○	○	○	○
	41	DECO	译码	○	○	○	○
	42	ENCO	编码	○	○	○	○
	43	SUM	置 1 位数求和	—	—	○	○

（续）

指令分类	功能号 FNC NO.	指　令 助记符	功能	对应 PLC 型号			
				FX_{1S}	FX_{1N}	FX_{2N}	FX_{2NC}
数据处理	44	BON	置 1 位数判断	—	—	○	○
	45	MEAN	平均值	—	—	○	○
	46	ANS	信号报警器置位	—	—	○	○
	47	ANR	信号报警器复位	—	—	○	○
	48	SOR	BIN 平方根	—	—	○	○
	49	FLT	BIN 整数→二进制 浮点数转换	—	—	○	○
高速处理	50	REF	输入/输出刷新	○	○	○	○
	51	REFF	滤波调整	—	—	○	○
	52	MTR	矩阵输入	○	○	○	○
	53	HSCS	比较置位（高速计数器）	○	○	○	○
	54	HSCR	比较复位（高速计数器）	○	○	○	○
	55	HSZ	区间比较（高速计数器）	—	—	○	○
	56	SPD	脉冲密度	○	○	○	○
	57	PLSY	脉冲输出	○	○	○	○
	58	PWM	脉宽调制	○	○	○	○
	59	PLSR	可调速脉冲输出	○	○	○	○
方便指令	60	IST	状态初始化	○	○	○	○
	61	SER	数据查找	—	—	○	○
	62	ABSD	凸轮控制（绝对方式）	○	○	○	○
	63	INCD	凸轮控制（增量方式）	○	○	○	○
	64	TTMR	示教定时器	—	—	○	○
	65	STMR	特殊定时器	—	—	○	○
	66	ALT	交替输出	○	○	○	○
	67	RAMP	斜坡信号	○	○	○	○
	68	POTC	旋转工作台控制	—	—	○	○
	69	SORT	数据排序	—	—	○	○
外围设备 I/O	70	TKY	十键输入	—	—	○	○
	71	HKY	十六键输入	—	—	○	○
	72	DSW	数字开关	○	○	○	○
	73	SEGD	七段码译码	—	—	○	○
	74	SEGL	带锁存七段码译码	○	○	○	○
	75	ARWS	方向开关	—	—	○	○
	76	ASC	ADC Ⅱ 码转换	—	—	○	○
	77	PR	ADC Ⅱ 码打印	—	—	○	○

（续）

指令分类	功能号 FNC NO.	指 令 助记符	功能	对应 PLC 型号			
				FX$_{1S}$	FX$_{1N}$	FX$_{2N}$	FX$_{2NC}$
外围 设备 I/O	78	FROM	BFM 读出	—	○	○	○
	79	TO	BFM 写入	—	○	○	○
外 围 设 备 SER	80	RS	串行数据传送	○	○	○	○
	81	PRUN	八进制位传送	○	○	○	○
	82	ASC I	HEX→ASC II 转换	○	○	○	○
	83	HEX	ASC II →HEX 转换	○	○	○	○
	84	CCD	校验码	○	○	○	○
	85	VRRD	电位器值读出	○	○	○	○
	86	VRSC	电位器刻度	○	○	○	○
	87	—	—	—	—	—	—
	88	PID	PID 运算	○	○	○	○
	89	—	—	—	—	—	—
浮 点 数	110	ECMP	二进制浮点数比较	—	—	○	○
	111	EZCP	二进制浮点数区间比较	—	—	○	○
	118	EBCD	二进制浮点数转换成 十进制浮点数			○	○
	119	EBIN	十进制浮点数转换成 二进制浮点数			○	○
	120	EADD	二进制浮点数加法	—	—	○	○
	121	ESUB	二进制浮点数减法	—	—	○	○
	122	EMUL	二进制浮点数乘法	—	—	○	○
	123	EDIV	二进制浮点数除法	—	—	○	○
	127	ESQR	二进制浮点数开方	—	—	○	○
	129	INT	二进制浮点数转换成 二进制整数	—	—	○	○
	130	SIN	二进制浮点正弦函数	—	—	○	○
	131	COS	二进制浮点余弦函数	—	—	○	○
	132	TAN	二进制浮点正切函数	—	—	○	○
	147	SWAP	上下字节变换	—	—	○	○
定 位	155	ABS	ABS 现在值读出	○	○	—	—
	156	ZRN	原点回归	○	○	—	—
	157	PLSY	可变脉冲输出	○	○	—	—
	158	DRVI	相对定位	○	○	—	—
	159	DRVA	绝对定位	○	○	—	—

（续）

指令分类	功能号 FNC NO.	指 令 助记符	功能	对应 PLC 型号			
				FX$_{1S}$	FX$_{1N}$	FX$_{2N}$	FX$_{2NC}$
时钟运算	160	TCMP	时钟数据比较	○	○	○	○
	161	TZCP	时钟数据区间比较	○	○	○	○
	162	TADD	时钟数据加法运算	○	○	○	○
	163	TSUB	时钟数据减法运算	○	○	○	○
	166	TRD	时钟数据读取	○	○	○	○
	167	TWR	时钟数据写入	○	○	○	○
	169	HOUR	计时	○	○	—	—
外围设备	170	GRY	格雷码变换	—	—	○	○
	171	GBIN	格雷码逆变换	—	—	○	○
	176	RD3A	模拟块读出	○	○	—	—
	177	WR3A	模拟块写入	○	○	—	—
触点比较	224	LD =	[S1·] = [S2·]	○	○	○	○
	225	LD >	[S1·] > [S2·]	○	○	○	○
	226	LD <	[S1·] < [S2·]	○	○	○	○
	228	LD < >	[S1·] ≠ [S2·]	○	○	○	○
	229	LD ≤	[S1·] ≤ [S2·]	○	○	○	○
	230	LD ≥	[S1·] ≥ [S2·]	○	○	○	○
	232	AND =	[S1·] = [S2·]	○	○	○	○
	233	AND >	[S1·] > [S2·]	○	○	○	○
	234	AND <	[S1·] < [S2·]	○	○	○	○
	236	AND < >	[S1·] ≠ [S2·]	○	○	○	○
	237	AND ≤	[S1·] ≤ [S2·]	○	○	○	○
	238	AND ≥	[S1·] ≥ [S2·]	○	○	○	○
	240	OR =	[S1·] = [S2·]	○	○	○	○
	241	OR >	[S1·] > [S2·]	○	○	○	○
	242	OR <	[S1·] < [S2·]	○	○	○	○
	244	OR < >	[S1·] ≠ [S2·]	○	○	○	○
	245	OR ≤	[S1·] ≤ [S2·]	○	○	○	○
	246	OR ≥	[S1·] ≥ [S2·]	○	○	○	○

注："○"为该机型适用。

附录 B 三菱 FR-E740 型变频器参数一览表

下列表中符号的意义说明如下：
1）有◎标记的参数表示的是简单模式参数。
2）$\boxed{V/F}$—V/F 控制，$\boxed{先进磁通}$—先进磁通矢量控制。
3）$\boxed{通用磁通}$—通用磁通矢量控制（无标记的功能表示所有控制都有效）。
4）"参数复制"等栏中的"×"表示不可以，"○"表示可以。

功能	参数 / 关联参数	名称	单位	初始值	范围	内容	参数复制	参数清除	参数全部清除
手动转矩提升 $\boxed{V/F}$	0 ◎	转矩提升	0.1%	6%4%3% *	0~30%	0Hz 时的输出电压以% 设定 *根据容量不同而不同（6%：0.75kV·A 以下/4%：1.5kV·A ~ 3.7kV·A/3%：5.5kV·A、7.5kV·A）	○	○	○
	46	第2转矩提升	0.1%	9999	0~30% 9999	RT 信号为 ON 时的转矩提升 无第2转矩提升	○	○	○
上下限频率	1 ◎	上限频率	0.01Hz	120Hz	0~120Hz	输出频率的上限	○	○	○
	2 ◎	下线频率	0.01Hz	0Hz	0~120Hz	输出频率的下限	○	○	○
	18	高速上限频率	0.01Hz	120Hz	120~400Hz		○	○	○
基准频率电压 $\boxed{V/F}$	3 ◎	基准频率	0.01Hz	50Hz	0~400Hz	电动机的额定频率（50/60Hz）	○	○	○
	19	基准频率电压	0.1V	9999	0~1000V 8888 9999	基准电压 电源电压的 95% 与电源电压一样	○	○	○
	47	第2V/F（基准频率）	0.01V	9999	0~400Hz 9999	RT 信号 ON 时的基准频率 第2V/F 无效	○	○	○
通过多段速设定运行	4 ◎	多段速设定（高速）	0.01Hz	50Hz	0~400Hz	RH – ON 时的频率	○	○	○
	5 ◎	多段速设定（中速）	0.01Hz	30Hz	0~400Hz	RM – ON 时的频率	○	○	○
	6 ◎	多段速设定（低速）	0.01Hz	10Hz	0~400Hz	RL – ON 时的频率	○	○	○

（续）

功能	参数 关联参数	名称	单位	初始值	范围	内容	参数复制	参数清除	参数全部清除
通过多段速设定运行	24～27	多段速设定（4速～7速）	0.01Hz	9999	0～400Hz 9999	可以用 RH、RM、RL、REX 信号的组合来设定 4 速～15 速的频率 9999：不选择	○	○	○
	232～239	多段速设定（8速～15速）	0.01Hz	9999	0～400Hz 9999				
加减速时间的设定	7◎	加速时间	0.1/0.01s	5/10s*	0～3600s/ 0～360s	电动机加速时间 *根据变频器容量不同而不同（3.7kV·A 以下/5.5kV·A、7.5kV·A）	○	○	○
	8◎	减速时间	0.1/0.01s	5/10s*	0～3600s/ 0～360s	电动机减速时间 *根据变频器容量不同而不同（3.7kV·A 以下/5.5kV·A、7.5kV·A）	○	○	○
	20	加减速基准频率	0.01Hz	50Hz	1～400Hz	加减速时间基准的频率 加减速时间在停止～Pr.20 间的频率变化时间	○	○	○
	21	加减速时间单位	1	0	0	单位：0.1s 范围：0～3600s ／ 可以改变加减速时间的设定与设定范围	○	○	○
					1	单位：0.01s 范围：0～360s			
	44	第2加减速时间	0.1/0.01s	5/10s*	0～3600s/ 0～360s	RT 信号为 ON 时的加减速时间 *根据变频器容量不同而不同（3.7kV·A 以下/5.5kV·A、7.5kV·A）	○	○	○
	45	第2减速时间	0.1/0.01s	9999	0～3600s/ 0～360s	RT 信号为 ON 时的减速时间	○	○	○
					9999	加速时间＝减速时间			
	147	加减速时间切换频率	0.01Hz	9999	1～400Hz	Pr.44、Pr.45 的加减速时间的自动切换为有效的频率	○	○	○
					9999	无功能			
电动机的过热保护（电子过电流保护）	9◎	电子过电流保护	0.01A	变频器额定电流*	0～500A	设定电动机的额定电流 *对于 0.75kV·A 以下的产品，应设定为变频器额定电流的85%	○	○	○
	51	第2电子过电流保护	0.01A	9999	0～500A	RT 信号为 ON 时有效 设定电动机的额定电流	○	○	○
					9999	第2电子过电流保护无效			

（续）

功能	参数 关联 参数	名称	单位	初始值	范围	内容	参数 复制	参数 清除	参数 全部 清除
直流制动 预备励磁	10	直流制动 动作频率	0.01Hz	3Hz	0 ~ 120Hz	直流制动的动作频率	○	○	○
	11	直流制动 动作时间	0.1s	0.5s	0	无直流制动	○	○	○
					0.1 ~ 10s	直流制动的动作时间			
	12	直流制动 动作电压	0.1%	4%	0	无直流制动	○	○	○
					0.1% ~ 30%	直流制动电压（转矩）			
起动 频率	13	起动频率	0.01Hz	0.5Hz	0 ~ 60Hz	起动时的频率	○	○	○
	571	起动时 维持时间	0.1s	9999	0 ~ 10s	Pr.13 起动频率的维持时间	○	○	○
					9999	起动时的维持功能无效			
适合用途 的 V/F 线 V/F	14	适用负 载选择	1	0	0	用于恒转矩负载	○		
					1	用于低转矩负载			
					2	恒转矩 升降用	反转时提升 0%			
					3		正转时提升 0%			
点动运行	15	点动频率	0.01Hz	5Hz	0 ~ 400Hz	点动运行时的频率	○	○	○
	16	点动加减 速时间	0.1/0.01s	0.5s	0 ~ 3600s/ 0 ~ 360s	点动运行时的加减速时间 加减速时间是指加、减速到 Pr.20 加减速基准频率中 设定频率的时间 加减速时间不能分别设定	○		
输出停止 信号 MRS 的逻辑选择	17	MRS 输 入选择	1	0	0	常开输入	○	○	○
					2	常闭输入（b 触点输入规格）			
					4	外部端子：常闭输入（b 触点 输入规格） 通信：常开输入			
失速防止 动作	22	失速防止 动作水平	0.1%	150%	0	失速防止动作无效	○	○	○
					0.1% ~ 200%	失速防止动作开始的电流值			
	23	倍速时失速 防止动作水 平补偿系数	0.1%	9999	0 ~ 200%	可降低额定频率以上的高速运 行时的失速动作水平	○	○	○
					9999	一律 Pr.22			
	48	第 2 失速防 止动作水平	0.1%	9999	0	第 2 失速防止动作无效	○	○	○
					0.1% ~ 200%	第 2 失速防止动作水平			
					9999	与 Pr.22 同一水平			
	66	失速防止动 作水平降低 开始频率	0.01Hz	50Hz	0 ~ 400Hz	失速防止动作水平开始降低时 的频率	○	○	○

（续）

功能	参数 关联 参数	名称	单位	初始值	范围	内容	参数 复制	参数 清除	参数 全部 清除
失速防止 动作	156	失速防止 动作选择	1	0	0 ~ 31 100、101	根据加减速的状态选择是否防 止失速	○	○	○
	157	OL 信号输 出延时	0.1s	0s	0 ~ 25s	失速防止动作时输出的 OL 信号 开始输出的时间	○	○	○
					9999	无 OL 信号输出	○	○	○
	277	失速防止 电流切换	1	0	0	输出电流超过限制水平时，通过 限制输出频率来限制电流	○	○	○
					1	输出转矩超过显示水平时，通过 限制输出频率来限制转矩， 限制水平以电动机额定转矩为 基准			
加减速 曲线	29	加减速曲 线选择	1	0	0	直流加减速	○	○	○
					1	S 曲线加减速 A			
					2	S 曲线加减速 B			
再生单元 的选择	30	再生制动 功能选择	1	0	0	无再生功能 制动单元（FR – BU2） 高功率因数变流器（FR – HC） 电源再生共同变流器（FR – CV）	○	○	○
					1	高频度用制动电阻器（FR – ABR）			
					2	高功率因数变流器（FR – HC） （选择瞬时停电再起动时）			
	70	特殊再生 制动使用率	0.1%	0%	0 ~ 30%	使用高频度用制动电阻器（FR – ABR）时的制动器使用率	○	○	○
避免机械 共振点 （频率跳变）	31	频率跳 变 1A	0.01Hz	9999	0 ~ 400Hz、 9999		○	○	○
	32	频率跳 变 1B	0.01Hz	9999	0 ~ 400Hz、 9999		○	○	○
	33	频率跳 变 2A	0.01Hz	9999	0 ~ 400Hz、 9999	1A ~ 1B、2A ~ 2B、3A ~ 3B 跳 变时的频率 9999：功能无效	○	○	○
	34	频率跳 变 2B	0.01Hz	9999	0 ~ 400Hz、 9999		○	○	○
	35	频率跳 变 3A	0.01Hz	9999	0 ~ 400Hz、 9999		○	○	○
	36	频率跳 变 4B	0.01Hz	9999	0 ~ 400Hz、 9999		○	○	○

（续）

功能	参数 关联 参数	名称	单位	初始值	范围	内容	参数 复制	参数 清除	参数 全部 清除
转速显示	37	转速显示	0.001	0	0	频率的显示及设定	○	○	○
					0.01～9998	50Hz 运行时的机械速度			
RUN 键旋 转方向 的选择	40	RUN 键旋 转方向 的选择	1	0	0	正转	○	○	○
					1	反转			
输出频率和 电动机转速 的检测（SU、 FU 信号）	41	频率到达 动作范围	0.1%	10%	0～100%	SU 信号为 ON 时的水平	○	○	○
	42	输出频 率检测	0.01Hz	6Hz	0～400Hz	FU 信号为 ON 时的频率	○	○	○
	43	反转时输出 频率检测	0.01Hz	9999	0～400Hz	反转时 FU 信号为 ON 时的频率	○	○	○
					9999	与 Pr.42 的设定值一致			
DU/PU 监视内容 的变更、 累计监视 值的清除	52	DU/PU 主显示 数据选择	1	0	0、5、 7～12、 14、20 23～25 52～57 61、62 100	选择操作面板和参数单元所显示的监视器、输出到端子 AM 的监视器 0：输出频率（Pr.52） 1：输出频率（Pr.158） 2：输出电流（Pr.158） 3：输出电压（Pr.158） 5：频率设定值	○	○	○
	158	AM 端子 功能选择	1	1	1～3、5、 7～12、 14、21、 24、52、 53、61、 62	7：电动机转矩 8：变流器输出电压 9：再生制动器使用率 10：电子过电流保护负载率 11：输出电流峰值 12：变流器输出电压峰值 14：输出电力 20：累计通电时间（Pr.52） 21：基准电压输出（Pr.158） 23：实际运行时间（Pr.52） 24：电动机负载率 25：累计电力（Pr.52） 52：PID 目标值 53：PID 测量值 54：PID 偏差（Pr.52） 55：输入/输出电子状态（Pr.52） 56：选件输入端子状态（Pr.52） 57：选件输出端子状态（Pr.52） 61：电动机过电流保护负载率 62：变频器过电流保护负载率 100：停止中设定频率 　　运行中输出频率（Pr.52）	○	○	○

（续）

功能	参数 关联 参数	名称	单位	初始值	范围	内容		参数 复制	参数 清除	参数 全部 清除
DU/PU 监视内容 的变更、 累计监视 值的清除	170	累计电能 表清零	1	9999	0	累计电能表监视清零时设定为"0"		○	×	○
					10	通信监视情况下的上限值在 0~9999kW·h范围内设定				
					9999	通信监视情况下的上限值在 0~65535 kW·h范围内设定				
	171	实际运行 时间清零	1	9999	0、9999	运行时间监视器清零时设定为"0" 设定为9999时不会清零		×	×	×
	268	监视器小 数位选择	1	9999	0	用整数值显示		○	○	○
					1	显示到小数点下1位				
					9999	无功能				
	563	累计通电 时间次数	1	0	0~65535	通电时间监视器显示超过 65535h后的次数（仅读取）		×	×	×
	564	累计运转 时间次数	1	0	0~65535	运行时间监视器显示超过 65535h后的次数（仅读取）		×	×	×
从端子 AM 输出的监 视基准	55	频率监视基准	0.01Hz	50Hz	0~400Hz	输出频率监视值输出到端子 AM 时的最大值		○	○	○
	56	电流监视 基准	0.01A	变频器额 定电流	0~500A	输出电流监视值输出到端子 AM 时的最大值		○	○	○
瞬时停电 再起动动 作/非强制 驱动功能 （高速 起步）	57	再起动自由 运行时间	0.1s	9999	0	1.5kV·A 以下为1s 2.2kV·A~7.5kV·A 为2s 的自由运行时间			○	○
					0.1~5s	瞬时停电到复电后由变频器引 导再起动的等待时间				
					9999	不进行再起动				
	58	再起动上升 时间	0.1s	1s	0~60s	再起动时的电压上升时间		○	○	○
	30	再生制动 功能选择	1	0	0、1	MRS（X10）-ON→OFF 时、 由起动频率起动		○	○	○
					2	MRS（X10）-ON→OFF 时、 再起动动作				
	162	瞬时停电 再起动动 作选择	1	1	0	有频率搜索		○	○	○
					1	无频率搜索（减电压方式）				
					10	每次起动时频率 搜索	使用频率 搜索时， 对接线长 度有限制			
					11	每次起动时的减 电压方式				

（续）

功能	参数 关联 参数	名称	单位	初始值	范围	内容	参数 复制	参数 清除	参数 全部 清除
瞬时停电 再起动动 作/非强制 驱动功能 （高速 起步）	165	再起动 失速防止 动作水平	0.1%	150%	0～200%	将变频器额定电流设为100%， 设定再起动动作时的失速防止 动作水平	○	○	○
	298	频率搜索 增益	1	9999	0～32767	通过V/F控制实施了离线自动 调谐时，将设定电动机常数 （R1）以及瞬时停电再起动的 频率搜索所必需的频率搜索 增益	○	×	○
					9999	使用三菱电动机（SF－JR、SF－ HRCA）常数			
	299	再起动时 的旋转方向 检测选择	1	0	0	无旋转方向检测	○	○	○
					1	有旋转方向检测			
					9999	Pr.78＝0时，有旋转方向检测 Pr.78＝1、2时，无旋转方向 检测			
	611	再起动时 的加速时间	0.1s	9999	0～3600s	再起动时到达设定频率的加速 时间	○	○	○
					9999	再起动时的加速时间为通常的 加速时间（Pr.7等）			
遥控设定 功能	59	遥控功 能选择	1	0	0	RH、RM、RL 信号功能／频率设定 记忆功能；多段速设定 —	○	○	○
					1	遥控设定／有			
					2	遥控设定／无			
					3	遥控设定／无（用STF/ STR－OFF来消除 遥控设定频率）			
节能控制 选择 V/F	60	节能控 制选择	1	0	0	通常运行模式	○	○	○
					9	最佳励磁控制模式			
自动加减速	61	基准电流	0.01A	9999	0～500A	以设定值（电机额定电流）为 基准	○	○	○
					9999	以变频器额定电流为基准			
	62	加速时 基准值	1%	9999	0～200%	以设定值为限制值	○	○	○
					9999	以150%为限制值			

（续）

功能	参数 关联参数	名称	单位	初始值	范围	内容	参数复制	参数清除	参数全部清除
自动加减速	63	减速时基准值	1%	9999	0~200%	以设定值为限制值	○	○	○
					9999	以150%为限制值			
	292	自动加减速	1	0	0	通常模式	○	○	○
					1	最短加减速模式　无制动器			
					11	最短加减速模式　有制动器			
					7	制动器顺控模式1			
					8	制动器顺控模式2			
	293	加减速个别动作选择模式	1	0	0	对于最短加减速模式的加速、减速均计算加减速时间	○	○	○
					1	仅对最短加减速模式的加速时间进行计算			
					2	仅对最短加减速模式的减速时间进行计算			
报警发生时的再试功能	65	再试选择	1	0	0~5	再试报警的选择	○	○	○
	67	报警发生时的再试次数	1	0	0	无再试动作	○	○	○
					1~10	报警发生时的再试次数，再试动作中不进行异常输出			
					101~110	报警发生时的再试次数，再试动作中进行异常输出			
	68	再试等待时间	0.1s	1s	0.1~360s	报警发生到再试之间的等待时间	○	○	○
	69	再试次数显示和消除	1	0	0	清除再试后再起动成功的次数	○	○	○
电动机的选择（适用电动机）	71	适用电动机	1	0	0	适合标准电动机的热特性	○	○	○
					1	适合三菱恒转矩电动机的热特性			
					40	三菱高效率电动机（SF-HR）的热特性			
					50	三菱恒转矩电动机（SF-HR-CA）的热特性			
					3	标准电动机			
					13	恒转矩电动机			
					23	三菱标准电动机（SR-JR 4P 1.5kW一下）			
					43	三菱高效率电动机（SF-HR）			
					53	三菱恒转矩电动机（SF-HRCA）			

（适用值23、43、53选择"离线自动调谐设定"）

（续）

功能	参数 关联参数	名称	单位	初始值	范围	内容		参数复制	参数清除	参数全部清除
电动机的选择（适用电动机）	71	适用电动机	1	0	4	标准电动机	可以进行自动调谐数据读取以及变更设定	○	○	○
					14	恒转矩电动机				
					24	三菱标准电动机（SR - JR 4P 1.5kW 一下）				
					44	三菱高效率电动机（SF - HR）				
					54	三菱恒转矩电动机（SF - HRCA）				
					5	标准电动机	星形接线，可以进行电动机常数的直接输入			
					15	恒转矩电动机				
					6	标准电动机	三角形接线，可以进行电动机常数的直接输入			
					16	恒转矩电动机				
	450	第2适用电动机	1	9999	0	适合标准电动机的热特性		○	○	○
					1	适合三菱恒转矩电动机的热特性				
					9999	第2电机无效（第1电动机（Pr.71）的热特性）				
载波频率和 Soft - PWM 选择	72	PWM 频率选择	1	1	0 ~ 15	PWM 载波频率，设定值以 kHz 为单位，其中 0 表示 0.7kHz，15 表示 14.5kHz		○	○	○
	240	Soft - PWM 动作选择	1	1	0	Soft - PWM 无效		○	○	○
					1	Pr.72 = 0 ~ 5 时，Soft - PWM 有效				
模拟量输入选择	73	模拟量输入选择	1	1	0	端子2输入 0 ~ 10V / 极性可逆 无		○	×	○
					1	0 ~ 5V				
					10	0 ~ 10V	有			
					11	0 ~ 5V				
	267	端子4输入选择	1	0	0	端子4输入 4 ~ 20mA		○	×	○
					1	端子4输入 0 ~ 5V				
					2	端子4输入 0 ~ 10V				

（续）

功能	参数 关联参数	名称	单位	初始值	范围	内容	参数复制	参数清除	参数全部清除
模拟量输入的响应性或噪声消除	74	输入滤波时间常数	1	1	0~8	对于模拟量输入的 1 次延迟滤波器时间常数设定值越大过滤波效果越明显	○	○	○
复位选择、PU 脱离检测	75	复位选择/PU 脱离检测/PU 停止选择	1	14	0~3、14~17	复位输入接纳选择、PU 接头脱离检测功能选择、PU 停止功能选择初始值为常时可复位、无 PU 脱离检测、有 PU 停止功能	○	×	×
防止参数值被意外改写	77	参数写入选择	1	0	0	仅限于停止时可以写入	○	○	○
					1	不可写入参数			
					2	可以在所有运行模式中不受运行状态限制地写入参数			
电动机的反转防止	78	反转防止选择	1	0	0	正转和反转均可	○	○	○
					1	不可反转			
					2	不可正转			
运行模式的选择	79 ◎	运行模式选择	1	0	0	外部/PU 切换模式	○	○	○
					1	PU 运行模式固定			
					2	外部运行模式固定			
					3	外部/PU 组合运行模式 1			
					4	外部/PU 组合运行模式 2			
					6	切换模式			
					7	外部运行模式（PU 运行互锁）			
	340	通信起动模式选择	1	0	0	根据 Pr.79 的设定	○	○	○
					1	以网络运行模式起动			
					10	以网络运行模式起动，可通过操作面板切换 PU 运行模式与网络运行模式			
控制方法选择 先进磁通 通用磁通	80	电动机容量	0.01kW	9999	0.1~15kW	适用电动机容量	○	○	○
					9999	V/F 控制			
	81	电动机极数	1	9999	2、4、6、8、10	设定电动机极数	○	○	○
					9999	V/F 控制			
	89	速度控制增益（先进磁通矢量）	0.1%	9999	0~200%	在先进磁通矢量控制时，调整由负载变动造成的电动机速度变动	○	×	○
					9999	Pr.71 中设定的电动机所对应的增益			
	800	控制方法选择	1	9999	20	先进磁通矢量控制	设定为 Pr.80、Pr.81≠9999 时	○	○	○
					9999	通用磁通矢量控制			

（续）

功能	参数 关联 参数	名称	单位	初始值	范围	内容	参数 复制	参数 清除	参数 全部 清除
离线 自动 调谐	82	电动机励 磁电流	0.01A*	9999	0~500A*	调谐数据（通过离线自动调谐 测量到的值会自动设定） *根据 Pr.71 的设定值不同而 不同	○	×	○
					9999	使用三菱电动机（SF-JR、SF- HR、SR-JRCA、SF-HRCA）常数			
	83	电动机额 定电压	0.1V	400V	0~1000V	电动机额定电压（V）	○	○	○
	84	电动机额 定频率	0.01Hz	50Hz	10~120Hz	电动机额定频率（Hz）	○	○	○
	90	电动机常 数（R1）	0.001Ω*	9999	0~50Ω*、 9999	调谐数据（通过离线自动调谐 测量到的值会自动设定） *根据 Pr.71 的设定值不同而 不同	○	×	○
	91	电动机常 数（R2）	0.001Ω*	9999			○	×	○
	92	电动机常 数（L1）	0.1mH*	9999	0~1000mH*、 9999	调谐数据（通过离线自动调谐 测量到的值会自动设定） *根据 Pr.71 的设定值不同而 不同	○	×	○
	93	电动机常 数（L2）	0.1mH*	9999			○	×	○
	94	电动机常 数（X）	0.1%*	9999	0~100%*	调谐数据（通过离线自动调谐 测量到的值会自动设定） *根据 Pr.71 的设定值不同而 不同	○	×	○
					9999	使用三菱电动机（SF-JR、 SF-HR、SR-JRCA、SF-HR- CA）常数			
	96	自动调谐 设定/状态	1	0	0	不实施离线自动调谐	○	×	○
					1	先进磁通矢量控制用 离线自动调谐时电动机不运转 （所有电机常数）			
					11	通用磁通矢量控制用 离线自动调谐时电动机不运转 （仅电机常数（R1））			
					21	V/F 控制用离线自动调谐（瞬时 停电再起动（有频率搜索时有））			
	859	转矩电流	0.01A*	9999	0~500A*	调谐数据（通过离线自动调谐 测量到的值会自动设定） *根据 Pr.71 的设定值不同而 不同	○	×	○
					9999	使用三菱电动机（SF-JR、SF- HR、SR-JRCA、SF-HRCA）常数			

（续）

功能	参数 关联参数	名称	单位	初始值	范围	内容	参数复制	参数清除	参数全部清除
通信初始设定	117	PU 通信站号	1	0	0～31 (0～247)	变频器站号指定 1 台个人计算机连接多台变频器时要设定变频器的站号 当 Pr.549 = 1 时设定范围为括号内的数值	○	○	○
	118	PU 通信速率	1	192	48、96、192、384	通信速率 通信速率为设定值 × 100（例如，如果设定值是 192 通信速率则为 19200bit/s）	○	○	○
	119	PU 通信停止位长	1	1	0	停止位长：1bit 数据长：8bit	○	○	○
					1	停止位长：2bit 数据长：8bit			
					10	停止位长：1bit 数据长：7bit			
					11	停止位长：2bit 数据长：7bit			
	120	PU 通信奇偶校验	1	2	0	无奇偶校验	○	○	○
					1	奇校验			
					2	偶校验			
	121	PU 通信再试次数	1	1	0～10	发生数据接收错误时的再试次数容许值 连续发生错误次数超过容许值时，变频器报警并停止	○	○	○
					9999	即使发生通信错误变频器也不会报警并停止			
	122	PU 通信校验时间间隔	0.1s	0	0	可进行 RS - 485 通信 但是，有操作权的运行模式起动瞬间将发生通信错误（E. PUE）	○	○	○
					0.1～999.8s	通信校验（断线检测）时间间隔 无通信状态超过容许时间以上时，变频器将报警并停止			
					9999	不进行通信检测（断线检测）			
	123	PU 通信等待时间设定	1	9999	0～150ms	设定向变频器发出数据后信息返回的等待时间	○	○	○
					9999	用通信数据进行设定			
	124	PU 通信有无 CR/LF 选择	1	1	0	无 CR、LF	○	○	○
					1	有 CR			
					2	有 CR、LF			

（续）

功能	参数 关联 参数	名称	单位	初始值	范围	内容		参数 复制	参数 清除	参数 全部 清除
通信 初始设定	342	通信 EEPROM 写入选择	1	0	0	通过通信写入参数时，写入 到 EEPROM		○	○	○
					1	通过通信写入参数时，写入 到 RAM				
	343	通信错误 计数	1	0	—	显示 Modbus – RTU 通信时的通 信错误次数（仅读取） 只有在选择 Modbus – RTU 协议 时显示		×	×	×
	502	通信异常 时停止模 式选择	1	0	0、3	通信异常 发生时的变频 器动作选择	自由运行停止	○	○	○
					1、2		减速停止			
	549	协议选择	1	0	0	三菱变频器 （计算机连接） 协议	变更设定后 请复位（切 断电源后再供 给电源）变更 的设定在复 位后起作用	○	○	○
					1	Modbus – RTU 协议				
模拟量输 入频率的 变更电压、 电流输入、 频率的调 整（校正）	125 ◎	端子 2 频 率设定增 益频率	0.01Hz	50Hz	0～400Hz	端子 2 输入增益（最大）的 频率		○	×	○
	126 ◎	端子 4 频 率设定增 益频率	0.01Hz	50Hz	0～400Hz	端子 4 输入增益（最大）的 频率		○	×	○
	241	模拟输入显 示单位切换	1	0	0	% 单位	模拟量输入显示 单位的选择	○	○	○
					1	V/mA 单位				
	C2 (902)	端子 2 频 率设定偏 置频率	0.01Hz	0Hz	0～400Hz	端子 2 输入偏置侧的频率		○	×	○
	C3 (902)	端子 2 频率 设定偏置	0.1%	0%	0～300%	端子 2 输入偏置侧电压（电流） 的% 换算值		○	×	○
	C4 (903)	端子 2 频率 设定增益	0.1%	100%	0～300%	端子 2 输入增益侧电压（电流） 的% 换算值		○	×	○
	C5 (904)	端子 4 频率 设定偏置 频率	0.01Hz	0Hz	0～400Hz	端子 4 输入偏置侧的频率		○	×	○
	C6 (904)	端子 4 频率 设定偏置	0.1%	20%	0～300%	端子 4 输入偏置侧电流（电压） 的% 换算值		○	×	○
	C7 (905)	端子 4 频率 设定增益	0.1%	100%	0～300%	端子 4 输入增益侧电流（电压） 的% 换算值		○	×	○

（续）

功能	参数 关联参数	名称	单位	初始值	范围	内容		参数复制	参数清除	参数全部清除
PID 控制/储线器控制	127	PID 控制自动切换频率	0.01Hz	9999	0~400Hz	自动切换到 PID 控制的频率		○	○	○
					9999	无 PID 控制自动切换功能				
	128	PID 动作选择	1	0	0	PID 控制无效		○	○	○
					20	PID 负作用	测量值输入（端子 4）			
					21	PID 正作用	目标值（端子 2 或 Pr.133）			
					40~43	储线器控制				
					50	PID 负作用	偏差值信号输入（Lon Works 通信、CC-Link 通信）			
					51	PID 正作用				
					60	PID 负作用	测定值、目标值输入（Lon Works 通信、CC-Link 通信）			
					61	PID 正作用				
	129	PID 比例带	0.1%	100%	0.1%~1000%	比例带狭窄（参数的设定值小）时，测量值的微小变化可以带来大的操作量变化 随比例带的变小，响应灵敏度（增益）会变得更好，但可能会引起振动等，降低稳定性		○	○	○
					9999	无比例控制				
	130	PID 积分时间	0.1s	1s	0.1~3600s	在偏差步进输入时，仅在积分（I）动作中得到与比例（P）动作相同的操作量所需要的时间（T）随着积分时间变小，到达目标值的速度会加快，但是容易发生振动现象		○	○	○
					9999	无积分控制				
	131	PID 上限	0.1%	9999	0~100%	上限值 反馈量超过设定值的情况下输出 FUP 信号 测量值（端子 4）的最大输入（20mA/5V/10V）相当于 100%		○	○	○
					9999	无功能				
	132	PID 下限	0.1%	9999	0~100%	下限值 反馈量低于设定值范围的情况下输出 FDN 信号 测量值（端子 4）的最大输入（20mA/5V/10V）相当于 100%		○	○	○
					9999	无功能				

（续）

功能	参数关联参数	名称	单位	初始值	范围	内容		参数复制	参数清除	参数全部清除
PID 控制/储线器控制	133	PID 动作目标值	0.1%	9999	0~100%	PID 控制时的目标值		○	○	○
					9999	PID 控制	端子 2 输入电压为目标值			
						储线器控制	固定于 50%			
	134	PID 微分时间	0.01s	9999	0.01~10s	在偏差指示灯输入时，仅得到比例动作（P）的操作量所需要的时间随微分时间的增大，对偏差变化的反应也越大		○	○	○
					9999	无微分控制				
	44	第 2 加减速时间	0.1/0.01s	5/10s *	0~3600/360/360s	储线器控制时，变成主速度的加速时间第 2 加速时间无效* 根据变频器容量不同而不同（3.7kV·A 以下/5.5kV·A、7.5kV·A）		○	○	○
	45	第 2 减速时间	0.1/0.01s	9999	0~3600/360s、9999	储线器控制时，变成主速度的减速时间第 2 减速时间无效		○	○	○
参数单元显示语言选择	145	PU 显示语言切换	1	1	0	FU–PU07	FU–PU04–CH	○	×	×
						日语	英语			
					1	英语	汉语			
					2	德语				
					3	法语				
					4	西班牙语	英语			
					5	意大利语				
					6	瑞典语				
					7	芬兰语				
输出电流检测	150	输出电流检测水平	0.1%	150%	0~200%	输出电流检测水平变频器的额定电流为 100%		○	○	○
	151	输出电流检测信号延迟时间	0.1s	0s	0~10s	输出电流检测时间从输出电流超出设定值到输出电流检测信号（Y12）开始输出为止的时间		○	○	○
	152	零电流检测水平	0.1%	5%	0~200%	零电流检测水平变频器额定电流为 100%		○	○	○

（续）

功能	参数 关联参数	名称	单位	初始值	范围	内容		参数复制	参数清除	参数全部清除
输出电流检测	153	零电流检测时间	0.01s	0.5s	0~1s	从输出电流 Pr. 152 降低到设定值以下到输出零电流检测信号（Y13）为止的时间		○	○	○
用户参数组功能	160 ◎	用户参数组读取选择	1	0	0	显示所有参数		○	○	○
					1	只显示注册到用户参数组的参数				
					9999	只显示简单模式的参数				
	172	用户参数组注册数显示/一次性删除	1	0	0~16	显示注册到用户参数组的参数数量（仅读取）		○	×	×
					9999	将注册到用户参数组的参数一次性删除				
	173	用户参数组注册	1	9999	0~9999、9999	注册到用户参数组的参数编号读取值任何时候都是9999		×	×	×
	174	用户参数组删除	1	9999	0~9999、9999	从用户参数组删除的参数编号读取值任何时候都是9999		×	×	×
操作面板动作选择	161	频率设定/键盘锁定操作选择	1	0	0	M 旋钮频率设定模式	键盘锁定模式无效	○	×	○
					1	M 旋钮电位器模式				
					10	M 旋钮频率设定模式	键盘锁定有效			
					11	M 旋钮电位器模式				
输入端子功能分配	178	STF 端子功能选择	1	60	0~5、7、8、10、12、14~16、18、24、25、60、62、65~67、9999	0：低速运行指令 1：中速运行指令 2：高速运行指令 3：第2功能选择 4：端子3输入选择 5：点动运行选择 7：外部热敏继电器输入		○	×	○
	179	STR 端子功能选择	1	61	0~5、7、8、10、12、14~16、18、24、25、61、62、65~67、9999	8：15 速选择 10：变频器运行许可信号（FR-HC/FR-CV 连接） 12：PU 运行外部互锁 14：PID 控制有效端子 15：制动器开放完成信号 16：PU-外部运行切换 18：V/F 切换		○	×	○

（续）

功能	参数 关联 参数	名称	单位	初始值	范围	内容	参数 复制	参数 清除	参数 全部 清除
输入端子 功能分配	180	RL 端子功 能选择	1	0	0 ～ 5、7、 8、10、 12、14 ～ 16、 18、24、25、 62、65 ～ 67、 9999	24：输出停止	○	×	○
	181	RM 端子 功能选择	1	1		25：起动自保持选择 60：正转指令（只能分配给 STF 端子）（Pr. 178）	○	×	○
	182	RH 端子 功能选择	1	2		61：反转指令（只能分配给 STR 端子）（Pr. 179） 62：变频器复位	○	×	○
	183	MRS 端子 功能选择	1	24		65：PU – NET 运行切换 66：外部 – 网络运行切换	○	×	○
	184	RES 端子 功能选择	1	62		67：指令权切换 9999：无功能	○	×	○
输出端子 功能分配	190	RUN 端子 功能选择	1	0	0、1、3、4、7、 8、11 ～ 16、20、 25、26、46、47、 64、90、91、93、 95、96、98、 99、100、101、 103、104、107、 108、111 ～ 116、 120、125、126、 146、147、164、 190、191、193、 195、196、198、 199、9999	0、100：变频器运行中	○	×	○
	191	FU 端子 功能选择	1	4		1、101：频率到达 3、103：过负载警报 4、104：输出频率检测 7、107：再生制动预报警 8、108：电子过电流保护预报警 11、111：变频器运行准备完毕 12、112：输出电流检测 13、113：零电流检测 14、114：PID 下限 15、115：PID 上限 16、116：PID 正反转动作输出 20、120：制动器开放请求	○	×	○
	192	ABC 端子 功能选择	1	99	0、1、3、4、 7、8、11 ～ 16、20、25、 26、46、47、 64、90、91、 95、96、98、 99、100、101、 103、104、107、 108、111 ～ 116、 120、125、126、 146、147、164、 190、191、195、 196、198、199、 9999	25、225：风扇故障输出 26、126：散热片过热预报警 46、146：停电减速中（保持到解除） 47、147：PID 控制动作中 64、164：再试中 90、190：寿命报警 91、191：异常输出 3（电源切 断信号） 93、193：电流平均值监视信号 95、195：维修时钟信号 96、196：远程输出 98、198：远故障输出 99、199：异常输出 9999、—：无功能 0 ～ 99：正逻辑，100 ～ 199：负逻辑	○	×	○

（续）

功能	参数 关联参数	名称	单位	初始值	范围	内容		参数复制	参数清除	参数全部清除
延长冷却风扇的寿命	244	冷却风扇的动作选择	1	1	0	在电源为 ON 的状态下冷却风扇起动 冷却风扇 ON - OFF 控制无效 （电源为 ON 的状态下总是 ON）		○	○	○
					1	冷却风扇 ON - OFF 控制有效 变频器风扇 ON - OFF 控制有效 变频器运行过程中始终为 ON， 停止时监视变频器的状态，根据温度的高低为 ON 或 OFF				
转差补偿 通用磁通 V/F	245	额定转差	0.01%	9999	0 ~ 50%	电动机额定转差		○	○	○
					9999	无转差补偿				
	246	转差补偿时间常数	0.01s	0.5s	0.01 ~ 10s	转差补偿的响应时间 设定值越小响应速度越快，但负载惯性越大越容易发生再生过电压错误		○	○	○
	247	恒功率区域转差补偿选择	1	9999	0	恒功率区域（比 Pr. 3 中设定的频率还高的频率领域）中不进行转差补偿		○	○	○
					9999	恒功率区域的转差补偿				
接地检测	249	起动时接地检测的有无	1	1	0	无接地检测		○	○	○
					1	有接地检测				
电动机停止方法和起动信号的选择	250	停止选择	0.1s	9999	0 ~ 100s	起动信号为 OFF、经过设定的时间后以自由运行停止	STF 信号：正转起动 STR 信号：反转起动	○	○	○
					1000 ~ 1100s	起动信号为 OFF，经过 (Pr. 250 - 1000) s 后以自由运行停止	STF 信号：起动信号 STR 信号：正转、反转信号			
					9999	起动信号 OFF 后减速停止	STF 信号：正转起动 STR 信号：反转起动			
					8888		STF 信号：起动信号 STR 信号：正转、反转信号			

（续）

功能	参数 关联 参数	名称	单位	初始值	范围	内容	参数 复制	参数 清除	参数 全部 清除
输入输出 断相保护 选择	251	输出断相 保护选择	1	1	0	无输出断相保护	○	○	○
					1	有输出断相保护			
	872	输入断相 保护选择	1	1	0	无输入断相保护	○	○	○
					1	有输入断相保护			
显示变频 器零件 的寿命	255	寿命报警 状态显示	1	0	0 ~ 15	显示控制电路电容器、主电路电 容器、冷却风扇、浪涌电流抑制 电路的各元件的寿命是否到达报 警输出水平（仅读取）	×	×	×
	256	浪涌电流 抑制电路 寿命显示	1%	100%	0 ~ 100%	显示浪涌电流抑制电路的老化 程度（仅读取）	×	×	×
	257	控制电路 电容器 寿命显示	1%	100%	0 ~ 100%	显示控制电路电容器的老化程 度（仅读取）	×	×	×
	258	主电路电 容器寿 命显示	1%	100%	0 ~ 100%	显示主电路电容器的老化程度 （仅读取） 显示通过 Pr. 259 实施测量的值	×	×	×
	259	测定主 电路电容 器寿命	1%	100%	0 ~ 100%	设定为1、并设电源为 OFF，开 始测量主电路电容器的寿命 再次接通电源后 Pr. 259 的设定 值变成 3 时测定完毕	×	×	×
发生掉电 时的运行	261	掉电停止 方式选择	1	0	0	自由运行停止 电压不足或发生掉电时切断 输出	○	○	○
					1	电压不足或发生掉电时减速 停止			
					2	电压不足或发生掉电时减速 停止 掉电减速中复电的情况下进行 再加速			
挡块定位 控制	270	挡块定位 控制选择	1	0	0	无挡块定位控制	○	○	○
					1	有挡块定位控制			
先进磁通 通用磁通	275	挡块定位 励磁电流 低速倍率	0.1%	9999	0 ~ 300%	挡块定位控制时的力（保持转 矩）的大小通常为 130% ~ 180%	○	○	○
					9999	无补偿			

（续）

功能	参数 关联 参数	名称	单位	初始值	范围	内容	参数 复制	参数 清除	参数 全部 清除
挡块定位 控制 先进磁通 通用磁通	276	挡块 定位时 PWM 载波频率	1	9999	0~9	挡块定位控制时的 PWM 载波频率（输出频率 3Hz 以下有效）	○	○	○
					9999	根据 Pr.72PWM 频率选择的设定			
制动器顺 控功能 先进磁通 通用磁通	278	制动开 起频率	0.01Hz	3Hz	0~30Hz	设定电动机的额定转差频率 +1.0Hz 左右 仅 Pr.278≤Pr.282 时可以设定	○	○	○
	279	制动开 起电流	0.1%	130%	0~200%	设定值过低的话，会造成起动时易于滑落，所以一般设定在50%~90% 以变频器额定电流为100%	○	○	○
	280	制动开起电流检测时间	0.1s	0.3s	0~2s	一般设定为 0.1~0.3s	○	○	○
	281	制动操作 开始时间	0.1s	0.3s	0~5s	Pr.292 = 7：制动器缓解之前的机械延迟时间 Pr.292 = 8：设定制动器缓解之前的机械延迟时间 +0.1~0.2s	○	○	○
	282	制动操作 频率	0.01Hz	6Hz	0~30Hz	使制动器开放请求信号（BOF）为 OFF 的频率一般设定为 Pr.278 的设定值 +3~4Hz 仅 Pr.282≥Pr.278 时可以设定	○	○	○
	283	制动操作 停止时间	0.1s	0.3s	0~5s	Pr.292 = 7：设定制动器关闭之前的机械延迟时间 +0.1s Pr.292 = 8：设定制动器关闭之前的机械延迟时间 +0.2~0.3s	○	○	○
	292	自动加减速	1	0	0、1、7、8、11	设定值为"7、8"时，制动器顺控功能有效	○	○	○
偏差控制 先进磁通	286	偏差增益	0.1%	0%	0	偏差控制无效	○	○	○
					0.1%~100%	对应电动机额定频率的额定转矩时的垂下量			
	287	滤波器偏 差时定值	0.01s	0.3s	0~1s	转矩分电流所用一次延迟滤波器的时间常数	○	○	○

（续）

功能	参数 关联 参数	名称	单位	初始值	范围	内容		参数 复制	参数 清除	参数 全部 清除
通过 M 旋钮设定频率变化量	295	频率变化量设定	0.01	0	0	无效		○	○	○
					0.01、0.10、1.00、10.00	通过 M 旋钮变更设定频率时的最小变化幅度				
通信运行指令权与通信速率指令权	338	通信运行指令权	1	0	0	运行指令权通信		○	○	○
					1	运行指令权外部				
	339	通信速率指令权	1	0	0	速度指令权通信		○	○	○
					1	速度指令权外部（通信方式的频率设定无效，外部方式的端子 2 的设定有效）				
					2	速度指令权外部（通信方式的频率设定有效，外部方式的端子 2 的设定无效）				
	550	网络模式操作权选择	1	9999	0	通信选件有效		○	○	○
					2	PU 接口有效				
					9999	通信选件自动识别 通常情况下 PU 接口有效，通信选件被安装后，通信选件有效				
	551	PU 模式操作权选择	1	999	2	PU 运行模式操作权由 PU 接口执行		○	○	○
					3	PU 运行模式操作权由 USB 接口执行				
					4	PU 运行模式操作权由操作面板执行				
					9999	USB 连接、PU07 连接自动识别 优先顺序：USB > PU07 > 操作面板				
远程输出功能(REM 信号)	495	远程输出选择	1	0	0	电源为 OFF 时清除远程输出内容	变频器复位时清除远程输出内容	○	○	○
					1	电源为 OFF 时保持远程输出内容				
					10	电源为 OFF 时清除远程输出内容	变频器复位时保持远程输出内容			
					11	电源为 OFF 时保持远程输出内容				
	496	远程输出内容 1	1	0	0 ~ 4095	可以进行输出端子的 ON/OFF 设置		×	×	×
	497	远程输出内容 2	1	0	0 ~ 4095			×	×	×

（续）

功能	参数/关联参数	名称	单位	初始值	范围	内容	参数复制	参数清除	参数全部清除
部件的维护	503	维护定时器	1	0	0 (1～9999)	变频器的累计通电时间以 100h 为单位显示（仅读取）写入设定值"0"时累计通电时间被清除	×	×	×
	504	维护定时器报警输出设定时间	1	9999	0～9998	设定到维护定时器报警信号（Y95）输出为止的时间	○	×	○
					9999	无功能			
使用了 USB 通信的变频器的安装	547	USB 通信站号	1	0	0～31	变频器站号指定	○	○	○
	548	USB 通信检查时间间隔	0.1s	9999	0	可进行 USB 通信设为 PU 运行模式时报警停止（E. USB）	○	○	○
					0.1～999.8s	通信检查时间间隔			
					9999	无通信检查			
	551	请参照 Pr. 338、Pr. 339							
电流平均值监视信号	555	电流平均时间	0.1s	1s	0.1～1s	开始位输出中（1s）平均电流所需要的时间	○	○	○
	556	数据输出屏蔽时间	0.1s	0s	0～20s	不获取过渡状态数据的时间（屏蔽时间）	○	○	○
	557	电流平均值监视信号基准输出电流	0.01A	变频器额定电流	0～500A	输出电流平均值信号输出的基准（100%）	○	○	○
缓和机械共振	653	速度滤波控制	0.1%	0	0～200%	减少转矩变动、缓和机械共振引起的振动	○	○	○
再生回避功能	882	再生回避动作选择	1	0	0	再生回避功能无效	○	○	○
					1	再生回避功能始终无效			
					2	仅在恒速运行时，再生回避功能有效			
	883	再生回避动作水平	0.1V	DC780V	300～800V	再生回避动作的母线电压水平，如果将母线电压水平设定低了，则不容易发生过电压错误，但实际减速时间会延长，将设定值设为高于电源电压的 $\times\sqrt{2}$ 的值	○	○	○

（续）

功能	参数 关联 参数	名称	单位	初始值	范围	内容	参数 复制	参数 清除	参数 全部 清除
再生回避 功能	885	再生回避 补偿频率 限制值	0.01Hz	6Hz	0～10Hz	再生回避功能启动时上升的频率限制值	○	○	○
					9999	频率限制无效			
	886	再生回避 电压增益	0.1%	100%	0～200%	再生回避动作时的响应性，将 Pr. 886 的设定值设定得大一些，对母线电压变化的响应会变好，但输出频率可能会变得不稳定；	○	○	○
	665	再生回避 频率增益	0.1%	100%	0～200%	如果将 Pr. 886 的设定值设定得小一些，仍旧无法抑制振动时，请将 Pr. 665 的设定值再设定得小一些	○	○	○
自由参数	888	自由参数 1	1	9999	0～9999	可自由使用的参数， 安装多个变频器时可以给每个变频器设定不同的固定数字，这样有利于维护和管理， 关闭变频器电源仍保护内容	○	×	×
	889	自由参数 2	1	9999	0～9999		○	×	×
端子 AM 输出的调整 （校正）	C1 (901)	AM 端 子校正	—	—	—	校正接在端子 AM 上的模拟仪表的标度	○	×	○
	645	AM 端子 0V 调整	1	1000	970～1200	模拟量输出为零时的仪表刻度校正	○	×	○
操作面板 蜂鸣器控制	990	PU 蜂鸣 器控制	1	1	0	无蜂鸣器音	○	×	○
					1	有蜂鸣器音			
PU 对比度 调整	991	PU 对比度 调整	1	58	0～63	参数单位（FR－PU04－CH/FR－PU07）的 LCD 对比度调整 0：弱 ↓ 63：强	○	×	○
被清除 参数、初始 值变更清单	Pr. CL	参数清除	1	0	0、1	设定为"1"时，除了校正用参数外的参数将恢复到初始值			
	ALLC	参数全 部清除	1	0	0、1	设定为"1"时，所有的参数都恢复到初始值			
	Pr. CL	报警历 史清除	1	0	0、1	设定为"1"时，将清除过去 8 次的报警历史			
	Pr. CH	初始值 变更清单	—	—	—	显示并设定初始值变更后的参数			

参考文献

[1] 李金城，等. 三菱 FX$_{2N}$ PLC 功能指令应用详解 [M]. 北京. 电子工业出版社，2014.

[2] 盖超会，等. 三菱 PLC 与变频器触摸屏 [M]. 北京：中国电力出版社，2011.

[3] 郁汉琪，等. 电气控制与可编程序控制器 [M]. 南京：东南大学出版社，2003.

[4] 高安邦，等. 新编机床电气与 PLC 控制技术 [M]. 北京：机械工业出版社，2008.

[5] 薛迎成. PLC 与触摸屏控制技术 [M]. 北京：中国电力出版社，2008.

[6] 王建，等. 触摸屏实用技术 [M]. 北京：机械工业出版社，2012.

[7] 殷庆纵，等. 可编程控制器原理与实践（三菱 FX$_{2N}$ 系列）[M]. 北京：清华大学出版社，2012.

[8] 郑凤翼. 轻松解读三菱变频器原理与应用 [M]. 北京：机械工业出版社，2012.

[9] 巫莉，等. 手把手教你学三菱 PLC [M]. 北京：中国电力出版社，2013.

[10] 郭艳萍，等. 电气控制与 PLC 应用 [M]. 2 版. 北京：人民邮电出版社，2013.

[11] 刘建华，等. 三菱 FX2N 系列 PLC 应用技术 [M]. 北京：机械工业出版社，2013.

[12] 肖明耀. 三菱 FX 系列 PLC 应用技能实训 [M]. 北京：中国电力出版社，2010.

[13] 三菱电机株式会社. FX 系列可编程控制器编程手册. 2001.